美容行业职业技能等级认定培训教材
世界技能大赛成果转化教材

美容师基础知识

人力资源社会保障部教材办公室
中国美发美容协会　组织编写

中国劳动社会保障出版社

图书在版编目（CIP）数据

美容师基础知识 / 人力资源社会保障部教材办公室，中国美发美容协会组织编写. -- 北京：中国劳动社会保障出版社，2023
 美容行业职业技能等级认定培训教材
 ISBN 978-7-5167-6033-8

Ⅰ.①美…　Ⅱ.①人…②中…　Ⅲ.①美容 - 职业技能 - 鉴定 - 教材　Ⅳ.①TS974.1

中国国家版本馆 CIP 数据核字（2023）第 161750 号

中国劳动社会保障出版社出版发行

（北京市惠新东街 1 号　邮政编码：100029）

*

北京市艺辉印刷有限公司印刷装订　新华书店经销
787 毫米 ×1092 毫米　16 开本　21.5 印张　375 千字
2023 年 10 月第 1 版　2025 年 8 月第 3 次印刷
定价：69.00 元

营销中心电话：400-606-6496
出版社网址：http://www.class.com.cn

版权专有　　侵权必究

如有印装差错，请与本社联系调换：（010）81211666
我社将与版权执法机关配合，大力打击盗印、销售和使用盗版图书活动，敬请广大读者协助举报，经查实将给予举报者奖励。
举报电话：（010）64954652

美容行业职业技能等级认定培训教材　各教材目录导图

美容师基础知识

- 美容行业概述
- 美容师职业发展指引
- 美容医学基础知识
- 美容化妆品基础知识
- 美容美学基础知识

美容师理论知识（初级　中级）

- 美容院接待与咨询
- 美容院产品销售
- 美容仪器
- 面部基础护理
- 化妆基础

美容师操作技能（初级　中级）

- 美容师操作姿态要求及基本功训练
- 护理前的准备工作
- 护理后的结束工作
- 面部护理基本流程及操作要领
- 身体护理基本流程及操作要领

美容师理论知识（高级）

- 特殊部位皮肤护理
- 面部常见问题皮肤护理
- 高级美容仪器
- 芳疗美容护理
- SPA身体护理
- 生活化妆

面部护理基础仪器
身体护理基础仪器
面部淋巴引流按摩
身体按摩
手足护理
脱毛

美容师操作技能（高级）

睫毛嫁接
文绣
美甲基础
脱毛
中医美容
医疗美容咨询
专业英语
培训与指导
美容院经营管理

美容师理论知识（技师 高级技师）

《美容行业职业技能等级认定培训教材》

编审委员会

唐德高	闫秀珍	郑明明（中国香港）	王 芃	徐家华	毛戈平
凌雪怡（中国香港）		董元明 罗红英	陈桂钦	王 建	杨 哲
徐 巍	程利国	史先锋 高文红	朱志英 郭 东	孙 琍	刘莉莉
尹海月	高 颖	雷三林 王桂平	李伟成 雷红嵩	肖 莉	王洪宇
夏福标	徐术原	林瑞芳 余一尘	张文英 李 安		

主　编　王　芃

副主编　Marisa Wang（美国）　王雪荣　雷红嵩

编　者（按姓氏笔画排序）

万 俊	马艺侨	马莎莎	王 宏	王 佳	王 春	王 珮 王 铮
王 琦	王 葵	王玮玲	王莉博	王雪荣	王维艳	毛晓青 尹海月
孔晶晶	邓 亦	邓 军	古 青	叶丹茗	田 可	冯前荣 冯晓玉
冯鉴鸿	司献凤	曲 娜	吕泉林	邬 芳	邬田红	刘 瑛 刘嘉嘉
许 婷	阮 杰	孙 琍	孙开婷	孙多勇	杜 娟	李 宁 李 伟
李 莉	李 峰	李 娟	李 瑜	李小凤	李文怡	李红丽 李真芹
李桂杰	李继斌	李雪垠	李锋利	杨 欣	杨 婕	杨 韵 肖 军
肖 丽	吴 澎	吴美美	邱莉军	何哲翔	余海燕	宋 婧 宋 勤
宋钰琼	张 红	张 楷	张小静	张婧姝	张琳娜	张鑫瑶 陈 琴
陈 渝	陈志杰	陈咨言	陈霜露	林敏红	罗杏青	周 放 周 矩
周述娟	周婷婷	郑建勋	郑函乔	郑雅婷	宗诗月	赵 颖 段贺文
姜丽莉	姜勇清	夏 竞	夏雨欣	顾炜恩	殷惠莉	高 颖 高鹏飞
唐 颖	唐春梅	唐雪茹	焉文秀	黄 洁	黄 露	黄冰洁 黄国庆
曹 伟	崔 黎	梁英英	彭 波	蒋 琰	程树军	雷 丹 雷红嵩
简 义	廖 英	谭邦兰	戴国红	Marisa Wang（美国）		

审　稿（按姓氏笔画排序）

马晨彬　王　佳　王　春　王　铮　王　葵　王桂平　王雪荣　王维艳
尹海月　孔晶晶　邓　军　田乐乐　丛连钢　冯前荣　华雪莲　刘嘉嘉
孙慧玲　玛　丽　李　宁　李　伟　李　安　李　莉　李　峰　李　娟
李小凤　李红丽　李真芹　李雯丽　杨　艳　杨　婕　连沛茹（中国澳门）
肖　军　肖杰华　吴　俊　吴振裘　张秀丽　张艳红　陈　琴　陈树军
陈美香（中国香港）　　林敏红　周　放　周述娟　姜勇清　姚　姝
夏　竞　顾炜恩　徐映红　凌　敏　凌雪怡（中国香港）　　高　颖
高文红　郭秋彤　唐海燕　黄国庆　董　萍　谢韵婷（中国台湾）
雷红嵩　蔡成功　谭　红　薛　萍　魏晨琛　Janie Eng（新加坡）
Marisa Wang（美国）

前言 Preface

《美容师国家职业资格培训教程》自 2005 年正式出版以来，对中国美容行业美容师职业技能培训和鉴定工作的开展及美容行业人才队伍建设起到了重要的促进作用。

在美容行业新的历史发展时期，为对标国际标准，培育更多国际化人才，推动中国美容业高质量发展，满足人们高品质生活需要，提升美容师职业培训质量，在美容师从业人员中推行国家职业技能等级认定制度，中国美发美容协会组织参加美容师国家职业技能标准、美容师职业培训包和题库编写及审定的行业专家，世界技能大赛美容项目中国队专家教练团队和选手，国内外美容专家等，编写了《美容行业职业技能等级认定培训教材》（暨世界技能大赛成果转化教材，以下简称《教材》）。

《教材》理论知识部分研究并参考美国、英国等国际美容界有影响力的培训考证教材，如 CIDESCO、英国 TIEC、CITY&GUILD、IFA 等国际美容师、芳疗师、化妆师培训教材，将国际美容行业先进理念、世界技能职业标准融入教材，以知识服务技能为宗旨，以皮肤护理即皮肤管理知识为核心，拓展了医学基础、化妆品、美容仪器、产品及服务销售等核心专业知识的广度和深度，旨在强调掌握扎实的专业理论知识对实践及科学护肤的重要性。同时，增加了职业生涯规划及职业素养知识，强调了美容师良好的职业素养及职业生涯规划能力在职业生涯发展中的重要性。

《教材》操作技能部分的编写贯彻落实《国务院关于印发国家职业教育改革实施方案的通知》，以活页式、工作手册形式呈现，方便企业岗位培训和学生实操练习、评估和提交批阅作业。实操技能由历届世界技能大赛中国队获奖选手和行业技术能手示范，具有国际水准，符合行业技术标准及规范。

《教材》封面的中国美容师人物形象，以为国家、为行业争光，代表我国及世界青年技能最高水平的世界技能大赛选手为原型塑造，旨在为美容师树立学习榜样，引导、激励更多青年走技能成才之路。

《教材》充分运用信息化手段及方法，以图文并茂、视频示范的形式生动立体地表达重要知识和技术要点，使教材更具科学性、趣味性和创新性，让美容师爱学、易学和易懂。

《教材》既可作为企业、培训机构、技工院校、中职、高职、应用型本科美容专业教学参考教材，美容师、皮肤管理师职业或工种职业技能等级认定培训教材，文绣、美睫、化妆等专项职业能力证书培训教材，社会从业人员职业转换的自学教材，也可作为世界技能大赛及各类美容行业技能比赛的培训参考教材。

《教材》与国家职业标准、职业培训包和题库形成有内在联系的培训考核体系，能全面、系统地指导职业技能等级认定机构规范开展美容师职业技能等级认定工作。睫毛嫁接、医学美容接待咨询、美甲基础、文绣等内容入编《教材》，起到了支撑相关专业课程体系的作用。

《教材》分为基础知识、初级、中级、高级、技师、高级技师，但理论知识分册不分离，仅为学习者使用方便设置，职业等级的具体认定范围以题库为准。

本书在编写过程中得到人力资源社会保障部职业能力建设司，上海、江苏美发美容协会以及其他各地方协会，王芃技能大师工作室，重庆城市管理职业学院，深圳市巨邦科技发展有限公司，东方美集团，江苏王春美容实业有限公司，深圳市首脑美容美发艺术有限公司，润芳可（北京）科技有限公司，武汉信息职业传播学院海峡美容学院，武汉天姿美容美发化妆学校，福韵施健康管理公司，长春雪茹美度美容院，北京色彩时代商贸有限公司，MAKE UP FOR EVER（玫珂菲）中国区，成都大华文绣学校、赵春艳插画工作室等单位的大力支持，在此也一并致谢。

由于编写时间仓促，《教材》不足之处在所难免。美容行业理念、知识日新月异，本《教材》力求紧跟国内外美容市场及时改版更新，为行业提供国际化、专业化的资讯，更好地服务行业。欢迎各界人士提出宝贵意见。

中国美发美容协会

目录
Contents

第一部分　美容行业概述 / 001

　　第一章　美容及美容业概述 / 005

　　　　第一节　美容的概念及分类 / 006

　　　　第二节　美容业概述 / 009

　　第二章　世界美容简史和中国现代美容业

　　　　　　发展简史 / 012

　　　　第一节　世界美容简史 / 012

　　　　第二节　中国现代美容业发展简史 / 020

第二部分　美容师职业发展指引 / 029

　　第三章　美容师的职业素养 / 032

　　　　第一节　美容师的职业意识 / 033

　　　　第二节　美容师的职业道德 / 035

　　　　第三节　美容师的职业能力 / 036

　　第四章　美容师的职业形象 / 040

　　　　第一节　美容师仪表规范 / 041

　　　　第二节　美容师仪态规范 / 043

　　　　第三节　美容师商务形象规范 / 048

　　第五章　美容师的职业礼仪 / 055

　　　　第一节　面谈交流礼仪 / 056

　　　　第二节　电话沟通礼仪 / 060

　　　　第三节　微信沟通礼仪 / 062

　　第四节　服务接待礼仪 / 065
第六章　美容师职业生涯规划 / 069
　　第一节　职业生涯规划概述 / 070
　　第二节　职业生涯规划步骤 / 071

第三部分　美容医学基础知识 / 077

第七章　卫生消毒与感染控制 / 081
　　第一节　感染与控制的相关法规
　　　　　及制度 / 082
　　第二节　感染基础知识 / 083
　　第三节　美容院日常卫生及消毒
　　　　　管理 / 090
　　第四节　美容院特殊时期的安全
　　　　　卫生管理 / 102
第八章　人体解剖生理常识 / 106
　　第一节　细胞 / 107
　　第二节　人体基本组织 / 108
　　第三节　人体器官与系统分类 / 110
　　第四节　人体各系统结构和功能 / 112
第九章　人体皮肤生理知识 / 146
　　第一节　人体皮肤解剖结构 / 147
　　第二节　人体皮肤的生理功能 / 160
　　第三节　健美肤质和皮肤类型 / 165

第四节 衰老皮肤 / 173
第五节 色斑皮肤 / 178
第六节 痤疮皮肤 / 183
第七节 敏感性皮肤 / 191
第八节 玫瑰痤疮 / 193
第九节 激素依赖性皮炎 / 197
第十节 日晒伤皮肤 / 200
第十一节 常见皮肤失调与疾病的认知 / 201

第十章 营养学基础 / 212
第一节 营养素 / 213
第二节 营养与美容 / 227
第三节 美容健康饮食指导 / 237

第四部分 美容化妆品基础知识 / 247

第十一章 化妆品的定义及原料基础知识 / 251
第一节 化妆品的定义 / 251
第二节 化妆品的原料基础知识 / 253

第十二章 常用基础化妆品化学知识 / 259
第一节 pH 值（酸碱度）/ 259
第二节 常见化学反应 / 261
第三节 化妆品的物质形态 / 262

第十三章 美容院常用护肤品分类 / 264
 第一节 常用护肤品的分类 / 265
 第二节 专业线护肤品与日化线护肤品 / 274

第十四章 常见护肤品主要成分与功效 / 278
 第一节 补水保湿成分与功效 / 278
 第二节 美白淡斑成分与功效 / 282
 第三节 抗衰成分与功效 / 284
 第四节 抗炎舒缓、修复成分与功效 / 287
 第五节 控油、祛痘成分与功效 / 287
 第六节 护肤品的透皮吸收 / 289

第十五章 护肤品的安全性 / 292
 第一节 如何识别合格、劣质和假冒护肤品 / 293
 第二节 护肤品受污染的途径和表现 / 294
 第三节 护肤品的保存方法 / 295

第五部分 美容美学基础知识 / 297

第十六章 美容美学概述 / 301
 第一节 美容美学的概念 / 301
 第二节 美容审美活动核心 / 302

第十七章　美容的审美形态 / 305

　　第一节　美容的自然美 / 306

　　第二节　美容的艺术美 / 310

　　第三节　美容的社会美 / 315

　　第四节　美容的技术美 / 319

第十八章　美容艺术的审美创造 / 324

　　第一节　美容艺术作品创作

　　　　　　中的层次结构 / 325

　　第二节　美容艺术的审美

　　　　　　创造法则 / 328

参考文献 / 330

第一部分

美容行业概述

第一部分　美容行业概述

　　一个职业知识和技能的形成往往与时代的背景有着密切的联系，想真正入门一个职业就应对其形成和发展的脉络有全面深刻的理解，正确认识一个行业的特征及其在社会经济发展中的重要作用，了解行业由哪些细分领域和岗位，以及对能力素养的要求，有助于明确学习目标，并为选择从业方向和取得职业生涯发展奠定基础。

　　本部分内容介绍了美容的概念、美容的分类、美容行业概况及与其他行业的关系、美容师的职责、美容行业中外发展历史等，逐步引导学生了解、认识美容及美容行业的内涵、知识技能发展演变的时间框架和行业发展状况，从而帮助学生认识职业并产生学习兴趣。

要点提示

1. 了解美容的概念和分类。
2. 了解美容业以及美容师的定义和职责。
3. 了解世界美容简史。
4. 了解中国近代美容业发展史。

关键术语

美容　美容业　美容师
生活美容　医学美容

第一章
美容及美容业概述

"妆罢低声问夫婿,画眉深浅入时无?"自古以来,人们从未停歇过对美和时尚的追求,各种美容术也在跌宕起伏的时代风云中不断演化。如今,随着人类文明的持续演进、经济的发展和科技的进步,美容的消费需求日益增长,美容作为一种时尚健康的生活方式,与人们的生活工作、社交娱乐密不可分,人们对美丽、年轻和健康的不断追求,使美容的内涵得到不断丰富和延展,也推动着美容行业的蓬勃发展。

本章主要介绍美容的概念、美容的分类、美容业概述,旨在帮助美容师正确了解和认识美容行业及其对社会作出的巨大贡献和取得的进步;了解前人创造的美容知识和技能,开拓视野、丰富知识、激发学习热情，致敬那些无私奉献的前辈，珍惜来之不易的发展机遇，肩负起历史的责任和使命，书写更加辉煌的历史篇章。

第一节　美容的概念及分类

"美容"一词在国际美容界没有统一的定义，世界各国的美容服务项目因文化及市场需求的不同也有一定的差异，美容的分类从不同的角度有不同的分类方法，但国际美容界对美容的基本概念，尤其是对生活美容与医学美容的区别以及美容的分类却有着共同的认识和清晰的划分。

一、美容的基本概念

广义的美容是指通过皮肤护理（也叫皮肤管理）、美体塑身、亚健康调理、化妆、美甲、美睫、文绣、整形等美容手段对人的形象进行美化和修饰，以达到保持美丽与年轻的目的。

狭义的美容是指在科学美容理念的指导下，运用科学的方法、专业的美容技术、美容仪器及相应的美容化妆品，维护和改善人体皮肤和身体亚健康状况，延缓衰老进程，在形态和功能上保持健康状态。

相关链接

1. "美容"一词的起源

美学（国际美容界俗称"美容"）的英文 esthetics 或 aesthetics 一词源自希腊语 aisthetikos，意为"感官知觉"，如用手触摸皮肤，感觉细腻或粗糙；用眼观察体型，感觉纤瘦或肥胖等。而美容师的英文 esthetician 或 aesthetician 则由"美学"的英文词汇演变而来。

> **2. 世界技能大赛中的美容服务项目**
>
> 世界技能大赛中设置的美容服务项目（beauty therapy），可将其描述为：美容服务项目包括从头到足的服务项目，其目的是使顾客的外观、感觉达到最佳，从而提高顾客的幸福感、自信心以及生活质量。美容工作包括面部皮肤护理、身体护理、化妆、睫毛嫁接、烫染眉、修眉、染睫毛、脱毛、美甲等。
>
> **3. CIDESCO 的美学（美容师）证书认证项目**
>
> 国际美容权威组织 CIDESCO 的美学（美容师）证书认证项目包含面部皮肤护理、身体护理、化妆、染眉、染睫毛、修眉、脱毛、手足护理、美甲等。

二、美容的分类与关系

在美容界，一般将美容分为生活美容和医学美容两大领域，此外，还包括一些国家、地区和民族的传统美容保健技法，其中以中医美容的应用最广、影响最大。

1. 美容的分类

（1）生活美容。生活美容是指利用美容化妆品、美容仪器、美容器具、按摩等非侵入性美容手段，对人的肌肤进行护理保养，对人的容貌进行美化修饰的美容方式。

（2）医学美容。医学美容是指运用手术、药物、医疗器械等具有创伤性、侵入性或非侵入性的医疗方法，对人体的容貌及身体各部位形态、毛发等进行美化、改善、修复和再塑造的美容方式。

（3）中医美容。中医美容是指在中医理论指导下，运用中药、刮痧、艾灸、针刺、推拿等中医调理手段，来达到皮肤及身体保养的美容方式。需要指出的是，中医是极具中国特色的传统医学，中医美容作为医学美容的分支，既包含一些传统医学美容的医疗方法，也包含一些符合生活美容特点的项目与技术。

2. 生活美容与医学美容的区别与联系

生活美容与医学美容既有区别又有紧密联系，两者之间的区别具体见表 1-1。相同之处在于两者同属于美容这一大范畴，其根本目的均为改善面容和美化外观。两者的根本区别在于运用的美容手段及作用于皮肤的层次不同，因而达到的美容效果也不同。

表1-1 生活美容与医学美容的区别

项目	生活美容	医学美容
技术特征	非侵入性	非侵入性、侵入性
操作者	具有美容师职业技能等级认定的美容师	具有美容主诊医师资格及医疗美容各分支学科工作经历
操作内容	运用化妆品、美容器械和按摩等非侵入性美容手段	运用手术、药物、医疗器械及其他侵入性或非侵入性医学手段
操作范围	皮肤的表皮层	皮肤的表皮层及深层组织
操作用具	化妆品、美容器械等	化妆品、药品、医疗器械等
操作特点	多具保养和美化特征，多为暂时性效果	多具明显的医学特征，多为半永久性或永久性效果
经营场所	工商部门批准的生活美容机构	医院美容专项科室及卫健部门核准的医疗美容机构

三、美容的分类

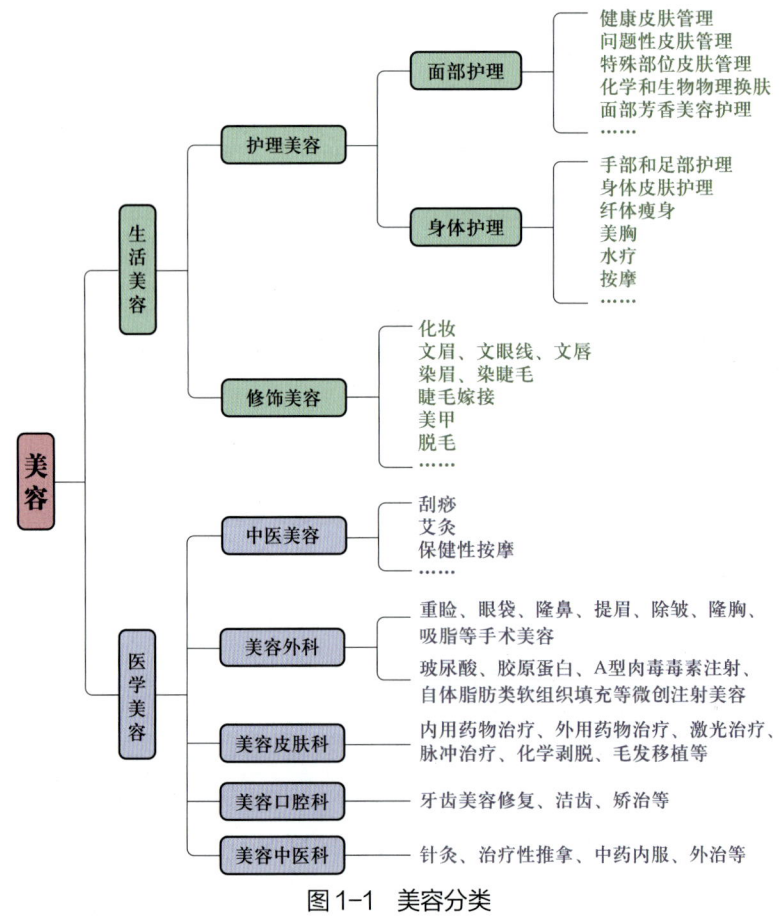

图1-1 美容分类

第二节　美容业概述

一、美容业的概念

美容行业（简称美容业）是为了满足人们对美的需求而产生的行业，是具有强大生命力的朝阳行业。其宗旨是发现美、创造美、实现美、传播美。

广义的美容业包括美容职业教育，美容化妆品以及美容仪器的科研、生产、销售、终端服务等细分领域。狭义的美容业是指为人们提供皮肤护理、美体塑身、亚健康调理、化妆、文绣、美甲、美睫等专业技术服务的社会服务行业。所有与美容相关的领域共同组成了一个相互制约、相互影响以及相互促进的、完整的美容产业链，推动着美容业的发展。

二、美容业与其他行业的关系

1. 美容业与其他商业服务业的关系

美容业与人们的美好生活息息相关，是现代生活服务业的一个重要组成部分，它与许多服务行业间有着相互依存的关系。例如，酒店和健身俱乐部带动了SPA（水疗）的发展；百货商场、超市、专卖店、电商等商业形态是推动美容产品销售的主要引擎；新媒体、现代物流业的发展等促进了美容业的服务与产品销售的增长；康养行业的蓬勃发展，推动了美容养生项目的普及与发展等。

2. 美容业与文化娱乐行业的关系

美容业作为与美有着深刻内在关联的行业，自然与影视传媒、音乐、会展、演出等文化娱乐行业密不可分。这些行业有对广告宣传等人物形象视觉传达方面的需求，即对护肤、化妆及个人形象塑造方面的需要，这样就为美容业从业者提供了更广阔的发展空间。

3. 美容业与医美行业的关系

皮肤科医生和美容师的工作目的都是为患者或顾客解决皮肤问题。在美容院，美容师遇到皮肤疾病或皮肤异常，需将顾客转介给医美机构，为顾客提供医疗美容服务。

许多医学美容机构和医院皮肤科都设有皮肤护理项目，美容师经过专业训练后还可在皮肤科医生指导下进行一些中浅度化学换肤、激光脱毛等工作。在部分欧美国家，有的整形科医生会建议患者术后去美容院做面部淋巴引流护理来加速皮肤恢复。皮肤科医生进行痤疮、玫瑰痤疮等皮肤问题的评估和治疗后，有的会建议患者去美容院做一些清理粉刺痤疮、保湿等辅助治疗，以加速皮肤恢复和保持皮肤健康。

近年来，随着具有医学原理的美容技术和产品不断进入生活美容领域，含有功效性成分及疗效显著的一些国家的药妆产品、医学护肤品越来越受到消费者的欢迎。医院开设美容专科也体现出医学美容与生活美容的渗透与融合，带动了美容业整体技术水平的提升。

三、美容师及其职责

1. 美容师的定义

美容师是经过专业理论与技能培训，在美容院、SPA等机构或场所中，为顾客提供皮肤护理、美体塑形、亚健康调理、化妆修饰等美容技术服务的专业人员。

在国外，尤其是在欧美发达国家，美容师是持有执照的专业人员。在国内，美容师是我国首批被纳入《中华人民共和国工种分类目录》的职业之一（职业编码为4-10-03-01）。根据现行美容师国家职业技能标准，美容师分为初级、中级、高级、技师、高级技师五个等级，实行职业技能等级认定制度。

2. 美容师的职责

在美容院，美容师的主要职责是为顾客提供预防性（非治疗性）美容护理，将皮肤分析、清洁、去角质、去除黑头粉刺、按摩、美容仪器等各种美容技术应用于人体皮肤的表皮层，以达到改善皮肤的整体外观，维持皮肤的健康活力，延缓皮肤衰老的目的。

在我国，美容师的工作内容主要包括面部皮肤护理、身体皮肤护理、美体塑身、亚健康调理、放松性按摩、瑞典式按摩、热石按摩、泰式草药球按摩、脱毛、手部护理等。在一些综合型美容机构，美容师还要为顾客提供种睫毛、文绣、美甲、化妆等修饰美容服务。此外，服务好顾客是美容师的重要职责，为顾客推荐适合其皮肤的产品也是美容师的职责之一。

3. 禁止美容师进行的操作

国际美容界通用的规范是，美容师的操作仅限于表皮层，且只能与皮肤的健康和美化有关；美容师只能分析皮肤问题，不能诊断或判断任何皮肤病；美容师能销售和使用护肤品，不能建议和使用除护肤品以外的药品、保健品来治疗任何皮肤疾病和调理身体，不能提供和操作任何类型的注射剂，不能进行深度化学换肤以及任何侵入性美容疗法，不能做深层治疗性按摩。

第二章 世界美容简史和中国现代美容业发展简史

第一节　世界美容简史

纵览世界各地区和各民族历史，美容在人类文明发展历史中可追溯到数千年前。正是由于历史的延续，历代先辈们不懈努力，积累了丰富经验，以及有实践意义的知识和技能，才构建了现代美容业的基础，逐渐形成了当今的科学美容理念、知识结构和专业技能，成就了当今琳琅满目、硕果累累的美容成果和空前繁荣的美容市场。

一、古代美容简史

1. 古代中国美容文化

我国古代美容文化形象如图 2-1 所示。

我国的美容文化起源很早，两千多年前的人们就已经用传统中医方法研制简单的美容制剂。在护肤方面，中国文献中可考证的最早有关护肤用品的记载，可能出自先秦时庄子的《逍遥游》，其中有一则"不龟手之药"的故事，讲的就是吴王利用一种防止开裂的手霜大败越国。明朝李时珍所著的《本草纲目》中收录美容中药 270 余种，较全面地整理了历代美容实用方及民间偏方。自战国至清末的医籍、医著中，有增白悦颜、祛斑莹面、毛发美饰、酒渣粉刺、灭斑除疣、除臭散香六大类美容方剂。

图 2-1 古代中国美容文化形象

据史料记载，燕脂起自纣，以红蓝花汁凝作脂，以为桃花妆。盖燕国所出，故称"燕脂"。这里的"燕脂"即后来的"胭脂"。在晋张华《博物志》中，也有"纣烧铅作粉"的表述。古人还用石墨画眉，用朱砂点唇，用矿物质与米粉修饰容貌。至春秋战国时期，"粉白（妆面）黛黑（饰眉）"（见图 2-2）的记载遍于史籍。

2. 古埃及美容文化

古埃及美容文化形象如图 2-3 所示。

古埃及人发明了化妆品、香料，以及一些药物。由于古埃及地处沙漠边缘与热带地区，为了保护皮肤不受强烈阳光的照射与干热风沙的侵袭，古埃及人用蓖麻油、橄榄油等涂抹肌肤，并用动物类脂肪做成护

图 2-2 粉白黛黑

肤膏。

古埃及的女性用赭土作原料涂晕颜面，同时还用散沫花（也称指甲花）染手掌、足掌与指甲、头发等。古埃及女性极重视眼妆，她们用西奈半岛产的孔雀石制成的青绿色物质来涂眼影、画眼线，并把眼角描画得很长，据说是因为强烈的阳光刺激和汗水浸渍、飞虫骚扰，眼睛极易患眼炎，而眼部的化妆品实际上是一种眼药。

古埃及人发明了对草本和花卉等植物进行蒸馏操作以提取植物精华的方法，直到今天，蒸馏仍是提取精油的主要方法。古埃及是当时香料制作技术高水平的代表。

图 2-3　古埃及美容文化形象

3. 希伯来美容文化

希伯来美容文化形象如图 2-4 所示。

希伯来人以重视健康和清洁而闻名，他们将化妆品及香料从埃及带至巴勒斯坦，并且自行研制了许多保养皮肤、头发、牙齿及指甲的配方，他们用橄榄油和葡萄籽油滋润保护皮肤和头发。没药和石榴是古希伯来人美容和健康护理的最大助手，他们用没药粉末驱除跳蚤，用没药酊剂清洁口腔，而石榴则被当作杀菌剂。

图 2-4　古希伯来美容文化形象

4. 希腊美容文化

希腊美容文化形象如图 2-5 所示。

公元前 4 世纪，希腊的马其顿王亚历山大大帝远征埃及后，埃及的先进文明迅速传入希腊，而埃及女性的化妆品及美容方法也同时被希腊人所接受。希腊人发明了后来应用于女性脸部数千年的化妆品——铅粉、颊红及口红，还开创了使用面膜的先河，所使用的面膜是以谷物磨碎、筛细后的粉作为主要原料，加上油脂混合而成的。

图 2-5　古希腊美容文化形象

5. 罗马美容文化

罗马美容文化形象如图 2-6 所示。

罗马美容文化沿袭了古埃及和希腊美容文化的传统。公元前 2 世纪，罗马的女性就已陆续拥有了铅粉、胭脂、面脂、染发料、香料等美容化妆品。公元前 1 世纪，罗马出版了世界上最早的化妆专著《美的技巧》，记述了各种美容化妆品的制作与使用方法，并首次提出了"化妆术"与"美容术"这两个不同的概念。为了消除铅粉对皮肤的伤害，罗马的女性使用大量的驴奶洗面、敷面，据说这样可以使皮肤细嫩、洁白，防止皱纹的产生。某个时期起，罗马男性开始刮掉脸部毛发，罗马女性也用蜡或石膏来脱掉汗毛，白净无须成为当时的时髦风气。

图 2-6　古罗马美容文化形象

6. 古印度美容文化

古印度美容文化形象如图 2-7 所示。

古印度传统医学阿育吠陀（Ayurveda）养生术是古老而完整的自然疗法之一，也是古印度美容文化重要的组成部分。例如，五感疗法是治病祛毒疗法的组成部分，"第三眼"滴油疗法、阿比扬加（Abhyanga）热油按摩、草药糊疗法等一直被广泛用于如今的 SPA 和保健中心。这些植物精油、天然药物、沉思冥想、瑜伽等自然疗法，可修复皮肤、减轻压力、净化身心。古印度瑜伽修行者根据对动物的姿势观察、模仿并亲自体验，创立出一系列有益身心的锻炼系统（体位法），如今，瑜伽已经成为风靡世界的缓解压力、美体塑身及强身健体的方法。

图 2-7　古印度美容文化形象

7. 非洲美容文化

非洲美容文化形象如图 2-8 所示。

非洲与美容有关的传统医学已有 4 000 多年历史，具有多种医疗方法体系。自远古时期起，非洲人就在自

图 2-8　非洲美容文化形象

然环境中就地取材，发明了许多医疗和个人清洁的工具。在今天的北非部分地区，人们仍然使用散沫花树的枝丫当牙签，这种植物枝丫有消毒的功效，从而能预防口腔和牙齿疾病。

非洲人从天然环境中发现了许多药物及美容原料，他们对现代医药及艺术有相当大的贡献。

8. 亚洲美容文化

亚洲人和非洲人一样，在其博大精深的文化中蕴含着大自然、动物和自我，他们对于装扮和外貌的标准也是极高的，如中国和日本文化都是将自然景观融入造型中。史料显示，早在商代，中国人就将树胶、明胶、蜂蜡和蛋清的混合液涂在指甲上，指甲便能染成深红或乌黑色。在出土的殷商甲骨文中，就有很像用艾灸治病的示意图。《黄帝内经·灵枢·官能》中亦有"针所不为，灸之所宜"的记载。在春秋战国时代，艾灸已初具形态了。唐代画家周昉的《簪花仕女图》描绘了唐代贵族女子的形象，簪花、高发髻，短而阔的"桂叶眉"，以及"花钿""面靥""斜红"是那个时代非常流行的妆扮（见图2-9）。

图2-9 唐代贵族女子形象

二、不同历史时期的欧洲美容文化

1. 中世纪美容文化

中世纪美容文化形象如图2-10所示。

公元5世纪后期，化妆等美容行为在欧洲遭到严厉禁止。14世纪末期，英格兰国王亨利四世颁布了"洗澡命令"，使洗澡成为法律，要求所有的贵族和妇女要经常洗澡。许多医疗学校也很快在欧洲建立起来，这一时期，整形外科手术已有很大程度的进步，如修正裂开的上腭。同时，还有些治疗方法开始使用抗菌物或矿物质（如大蒜调制的盐水）。当时的美容学与医学在英国

图2-10 中世纪美容文化形象

大学里是不分开教授的课程，美容学与医学的正式脱离始于 16 世纪末期。

在中世纪时期的壁毯、雕塑和其他手工作品中都能看到高耸的头饰、复杂的发型以及皮肤和头发上使用的化妆品、装饰品。女性会在脸颊和唇部涂上色彩鲜艳的化妆品，但眼部除外。

2. 文艺复兴时期美容文化

文艺复兴时期美容文化形象如图 2-11 所示。

文艺复兴时期所产生的巨大思想文化成果，为近代美容技术发展和美容观念的更新提供了物质条件和理论基础。人们流行剃细眉毛和除去额前发际处的毛发，以便展示比较宽阔的前额，在当时这是智慧的象征。这一时期提倡自然美，虽然人们也使用香料及化妆品，但面颊和嘴唇却不流行较深的颜色，对皮肤的审美标准是突出白嫩与光洁。为了追求皮肤的白嫩，人们制作了含有汞、银、锡粉的护肤品。

图 2-11 文艺复兴时期美容文化形象

公元 15 至 16 世纪进入了浓妆时代，女性为了抵御过度使用化妆品对皮肤的刺激，开始在卸妆后用熬成稠状的小麦粉加上蛋壳、明矾、硼砂、杏仁及罂粟的种子敷脸，以期保持皮肤的湿润与弹性。此外，欧洲人还将珍珠磨成粉扑面。牛油、酒类、水果和蔬菜也被当作化妆品原料。

3. 奢靡时期美容文化

奢靡时期美容文化形象如图 2-12 所示。

这一时期，有地位的女性不仅用牛奶和草莓汁泡澡，还使用各种奢华的化妆品，如用淀粉制成的芳香蜜粉。人们喜欢在唇部和脸颊涂上明亮的粉色和橘色，用小块的丝绸用来装饰面部，同时遮挡瑕疵。当时流行的发型特点是越高越好，主要用特制的铁制支架和弹簧来调节高度，头发做成花园或动物园的造型，甚至放置活的动物，十分容易滋生虱子和其他寄生虫。

4. 巴洛克时期美容文化

巴洛克时期美容文化形象如图 2-13 所示。

图 2-12 奢靡时期美容文化形象

公元 17 至 18 世纪，美容风潮的中心逐渐移至英法两国，经济的高速增长为社会文化的迅速发展提供了雄厚的支撑，于是各种时髦与流行风气盛行，女性的美容化妆方式也不断交替变化。在这个充满了脂粉气息的唯美主义时代，女性喜欢用草莓汁及牛奶来沐浴，并使用大量昂贵的化妆品配方，还十分重视家居皮肤保养。18 世纪，英国学者赫尼首次提出了"生活美容"的概念，指以生活美容化妆和服饰来修饰人体，以达到美化容貌的目的。

图 2-13　巴洛克时期美容文化形象

5. 维多利亚时期美容文化

维多利亚时期美容文化形象如图 2-14 所示。

美容更加简朴的时期出现于维多利亚女王时期（常定义为 1837 年至 1901 年）。这一时期，不提倡化妆和衣着华丽，男人和女人的外表简单、朴素，只有戏院里才能看到浓妆和夸张的服饰。女性头发通常扎在脑后，用发夹固定，显得大方自然，男性通常留短发和鬓角，有胡须或络腮胡。为了保持皮肤健康，人们采用天然原料来敷面，这些面膜用蜂蜜、鸡蛋、牛奶、麦片、水果和蔬菜制成。当时还盛行面部浴，即将脸浸于冷水中，反复多次，经过一段时间后，脸色自然变得红润而富有光泽。维多利亚时代的女性很少使用唇膏和口红等化妆品，相反，她们用揉捏脸颊和咬嘴唇的方法让自己拥有自然的气色。

图 2-14　维多利亚时期美容文化形象

三、近现代美容文化

近现代美容文化形象如图 2-15 所示。

20 世纪初，法国化学家雷内·摩利斯·盖特佛塞因实验室爆炸严重灼伤手部而将手浸入薰衣草精油中，意外发现伤口疼痛立即减轻了，且恢复快、未留疤痕。因此，他潜心研究植物精油的功效，并奠定了芳香疗法的基础。到了 20 世纪中期，芳香疗法作为独立的美容理论逐渐被人们所认识，许多较古老的治疗模式又重新开始出现并被运用于现代美容护理和保健中。

20世纪30年代，丹麦物理治疗师埃米尔·沃德博士与妻子一起研发了全身人工淋巴引流技术。作为一种自然疗法，现在淋巴引流术由经过专门训练的淋巴治疗师在全世界范围内使用。美容界普遍采用面部淋巴引流按摩手法，以预防和减轻皮肤水肿。

20世纪50年代，德国药理师、美容治疗师雪媚格女士研发出草本皮肤剥脱术（green peel），它对皮肤深层结构的重建和细胞的再生能产生很好的效果。在第二次世界大战后很长一段时期，她用此疗法修复了许

图2-15 近现代美容文化形象

多人的皮肤创伤。如今，草本皮肤剥脱术作为一种疗效显著的自然疗法，为全球美容师和皮肤科医生处理色素沉着、痤疮瘢痕、皮肤老化等深层次皮肤问题提供了一个安全有效的解决方案。

20世纪50至60年代，美容沙龙、SPA开始在欧美流行，化妆品在大多数家庭中也开始得到广泛使用。70年代末至80年代初，美容沙龙、SPA逐渐进入亚洲，改革开放后开始进入中国。80年代是美容界的革新时期，许多国际化妆品公司纷纷推出新的技术、产品、设备和美容方法。

20世纪70年代，国际著名皮肤科医生史考特及药学博士余瑞锦突破性地发现a-羟基酸（果酸）在鱼鳞病治疗中效果显著。80年代，为了将研究成果商业化，他们成立了自己的公司并将专利授权给护肤品、药妆和医学公司。从此，果酸被广泛用于皮肤剥脱治疗、护理和各种护肤品配方中，并开始在全球流行。

21世纪，随着精细化工、生物科学、材料科学的发展及细胞科学在皮肤医学中的深入运用，美容技术向着高科技领域发展，许多尖端科学技术和生化科技产品进入美容市场，如基因工程技术、纳米技术等。有科学理论支撑、多效合一、安全有效的功效型护肤品，以及欧美国家的"药妆"护肤品备受消费者欢迎。随着消费者健康和环保意识的提高，有机、天然植物、中草药产品也日益走俏。追求安全、健康、快速、有效、个性化的美容方式成为广大消费者的诉求，也促使美容业继续朝着多元化方向发展。

第二节　中国现代美容业发展简史

中国美容业历经了 40 余年的发展，已经形成了集科研、教育、生产、销售、终端服务与数字信息共融的一体化产业链模式。美容机构走向多元发展模式，产业群更加垂直、专业，从业人员的综合服务能力与素质得到较大提升，行业的发展取得了长足进步。中国现代美容业的发展史概括起来可分为四个阶段。

一、第一阶段——萌芽期（1978—1995 年）

改革开放初期，随着人们观念的转变和对美的需求的逐步显现，美容院在国内如雨后春笋般出现，一些优秀美容企业和专业产品开始进入中国美容市场，这些具有影响力的品牌带来了先进的美容技术、服务理念和管理经验，带动了中国美容业的发展与进步，也为行业培养了一批高素质的人才。

1. 行业协会成立

1990 年，民政部批准成立中国美发美容协会，这是美容业唯一的全国性社团法人机构。乔淑华（见图 2-16）担任第一任会长。

在行业发展的几十年间，全国各省（市）美发美容协会同步得到建设与发展，并大力弘扬中华民族美容文化，积极组织行业各领域从业者参与国内外交流与合作。1998 年年底，中国美发美容协会加入世界美发组织。

图 2-16　中国美发美容协会第一任会长乔淑华

2. 职业教育兴起

1987 年，中国香港美容界知名人士郑明明（见图 2-17）在北京开办了北京蒙妮坦美容美发职业培训学校，并引进国际美容权威组织 CIDESCO 美容师证书认证及教学标准。1995 年，由乔国华、段惠茹主编的美容师职业技能鉴定教材出版，国内美容师职业培训开始走上规范化和国际化发展之路。同期，美容界名师靳羽西、蔡燕萍也对我国美容业的发展产生了深远影响，中国影视界化妆名师霍起弟、徐家华、徐晶、毛戈平等也为行业培养了一大批专业化妆师，为美容化妆职业教育与培训做出了巨大贡献。

3. 举办相关大赛

1990年，中国美发美容协会开始举办一年一度的全国发型化妆大赛。同时，全国各地的发型化妆大赛也陆续开展起来。

图2-17　郑明明

4. 美容和SPA开始流行，展会作用开始显现

这一时期的美容业态大多数以美容院、美容美发综合店的形式出现，从业人员多数经过专业培训。绝大多数美容院的主要服务项目为简单的皮肤护理，化学和中药换肤、祛斑、美白、烫睫毛、化妆、文绣等技术和服务还处于初级阶段。20世纪90年代初SPA风潮在国内各大城市流行，酒店内设置SPA的需求日益上升，大型美容院转型成服务范围更广、环境更放松的都市型SPA的现象逐渐增多。

1989年，马娅女士在广州举办了首届广州国际美博会。如今，美博会已发展成为中国美业全产业链资源共享与交流平台。

二、第二阶段——成长期（1996—2005年）

随着生活水平的不断提高，人们对美的需求也越来越旺盛，消费和需求逐步升级，大批优秀的企业逐步涌现，行业逐步细分并进入成长期。在这个时期，美容业开始了真正意义上的国际交流，从亚洲走向了世界。

1. 市场开始细分

1998年，田元兰（见图2-18）担任中国美发美容协会第二任会长。

我国美容业从美容美发综合店开始细分为美发、美

图2-18　中国美发美容协会第二任会长田元兰

容、SPA、美体塑身、美甲、文绣、化妆等独立店。

2. 职业教育开始规范

2001年，中国美发美容协会举办中国美发美容校长论坛，使社会培训学校开始走上正规办学之路。这个时期，全国各地中高职院校相继开设人物形象设计、美容美体、美发与形象设计等专业，开始为行业培养和输送专业技能人才。

3. 行业竞赛逐步升级

中国美发美容协会开始着手全国发型化妆大赛的改革。2002年，中国美发美容协会以世界美发组织（organisation mondiale coiffure，OMC）会员国的身份，成功地举办了（首届）中国OMC亚洲杯公开赛，并于当年开始组织中国队集训，备战OMC世界杯发型化妆大赛。

4. 市场发展迅猛

随着国内生产总值（gross domestic product，GDP）的不断提升，居民消费活力不断提高，美容业迎来了快速发展的春天。

2004年，中国美发美容协会组织专家起草的《美容美发业管理暂行办法》，由商务部发布。在这个时期，很多国外知名品牌进驻我国市场并得以迅速发展，将新理念、新技术、新产品和高科技仪器引入我国，以连锁扩张模式影响和带动着行业的发展。市场上，果酸、精油、刮痧等美容技术开始流行，抗衰老、养生、问题皮肤护理成为热点。

《2005年中国美容经济年度调查报告》统计，在这个时期，美容业就业者约800万人，就业机构近16万家，营业收入达到1 762亿元。

1995年，中国美容博览会（简称美博会，China beauty expo，CBE）始创，美博会链接了亚洲、欧洲等国家全产业链的企业参展，促进了中外市场的交流与互动，助推了中国美容及化妆品产业的发展。

三、第三阶段——快速发展期（2006—2015年）

随着社会经济的高速发展，人们越来越注重生活品质的提升，美容美发成为大众消费热点。在此时期，美容业进入快速发展阶段。

1. 行业发展与国际接轨

2005年，闫秀珍（见图2-19）担任中国美发美容协会第三任会长。在此期间，中国美容业与国际行业间的交流日趋频繁，并取得了较大发展。越来越多的国际先进美容产品、仪器与技术进入中国市场，美容院逐渐从区域规模化向连锁集团化发展。

2. 标准化推动职业教育

2006年，由中国就业培训技术指导中心组织编写、张晓梅主编、中国劳动社会保障出版社出版了《美容师国家职业资格培训教程》，其中涵盖初级至高级技师五

图2-19　中国美发美容协会
　　　　　第三任会长闫秀珍

个职业等级。同期，中国就业培训技术指导中心组织专家制定了《美容师国家职业标准》和"美容师国家职业技能鉴定题库"，标志着我国美容师职业资格鉴定体系初步形成。

2010年，受教育部委托，中国美发美容协会牵头组建"美容美发职业教育教学指导委员会"，编制中职和高职美发与形象设计专业、美容美体专业、人物形象设计专业教学标准20余项。承办教育部举办的全国职业院校技能大赛美发美容项目中职组比赛，有效地推动了职业教育教学的改革和发展。

3. 更多行业标准出台

2007年至2013年，中国美发美容协会组织行业专家起草行业标准和规范性文件，修订《中华人民共和国职业分类大典》美发美容行业部分的内容，并由人力资源社会保障部于2015年颁布。《美容美发行业经营管理技术规范》《美容服务面部护理操作技术要求》等6个行业标准和规范文件，分别于2007年和2013年由商务部发布。

4. 国际行业竞赛首获金奖

2008年，中国美发美容协会首次率队参加第32届OMC芝加哥世界杯发型化妆大赛。2010年，在第33届OMC巴黎世界杯发型化妆大赛上，中国队首次斩获冠军，并在此后参加的国际大赛中屡次获奖，为世界各国所瞩目。

5. 行业开始连锁化发展

众多美容企业开始采用连锁加盟模式扩展市场。

美容院项目开始呈现出细分化特征，先进的面部清洁、射频、光电、纤体、痛症

类美容美体仪器开始进入院线。国际主流核心技术的引入不仅标志着国内技术水平的跨越式发展,更促使从业者朝着更高水平、更专业的方向前行。

同时,根据商务部 2015 年美容美发典型调查企业数据统计以及中国美发美容协会测算,截至 2008 年年底,全国美发美容行业从业人员约 657.8 万人,全国美发美容机构约 101.3 万家,营业额达 3 384 亿元。

四、第四阶段——成熟期（2015 年至今）

在互联网行业和数字经济不断发展的推动下,我国美容业已进入成熟期,整体发展增速虽有下降,但仍高于传统服务行业平均水平。

1. 行业发展

2018 年,唐德高（见图 2-20）担任中国美发美容协会第四任会长。在此期间,中国美发美容协会成立了 30 多个行业专委会以推动行业各领域发展。随着外来资本的进入,"90 后""00 后"消费群体激增带来的消费观念和消费习惯的变化,使得美容院传统经营模式受到挑战,以"私域流量"为代表的社群营销,促进了美容业向数字化转型,数字营销成为这个时期行业发展的关键。

图 2-20　中国美发美容协会第四任会长唐德高

2. 职业教育迎来新的发展时期

这个时期,我国美容美发、形象设计职业教育培训体系逐步完善,社会化职业培训蓬勃开展,职业教育（含技工教育）得到发展,应用型本科办学层次全面覆盖,为社会输送了大批专业人才。

2019 年,国务院印发《国家职业教育改革实施方案》,明确了普通教育与职业教育是两种不同的教育类型,具有同等重要地位,并提出逐步提高技术技能人才收入和地位等系列方案,美容业职业教育发展迎来新的历史时期。

3. 技能竞赛迈上新台阶

2010 年,中国正式加入世界技能组织。2017 年,中国首次参加世界技能大赛美容项目的比赛。在第 44 届世界技能大赛上,中国队选手梁英英获得美容项目银牌（见

图2-21），实现我国在此项目上的奖牌突破。2019年，在第45届世界技能大赛上，中国队选手李真芹摘得美容项目银牌（见图2-22）。在2022年世界技能大赛特别赛上，中国队选手王珮摘得美容项目金牌（见图2-23），实现我国在此项目上的金牌突破。美容项目中国技术指导专家组组长兼教练组组长王芃成为我国美容业第一个享受国务院政府特殊津贴专家，其工作室被人力资源社会保障部、财政部授牌"国家级技能大师工作室"，体现了国家对行业高技能人才的高度重视和殷切希望。

图2-21 第44届世界技能大赛中国队选手梁英英获得美容项目银牌

图2-22 第45届世界技能大赛中国队选手李真芹获得美容项目银牌

图2-23 2022年世界技能大赛特别赛中国队选手王珮获得美容项目金牌

自 2020 年起，经人力资源社会保障部批准，中国美发美容协会开始举办全国行业职业技能竞赛——全国美发美容行业职业技能竞赛，并已成功举办了三届。首次将世界技能大赛先进的办赛理念、办赛模式、评分方式及评分标准引入行业职业技能竞赛中，对提高行业办赛水平和从业人员技能水平起到了引领示范作用。

4. 行业标准对接世界技能职业标准

2019—2021 年，中国美发美容协会组织国内外专家将世界技能大赛成果进行转化、修订、审定《美容师国家职业标准》《形象设计师国家职业标准》，编写制定"美容行业美容师职业等级认定培训教材""美容师职业技能鉴定题库""美容师职业培训包"，首次对接世界技能大赛标准，完善美容师国家职业标准、职业技能培训和职业技能等级认定体系，按照《"十四五"职业技能培训规划》要求，深入实施职业技能提升行动，推动行业高质量发展，助推中国美容业及职业教育培训国际化进程。

5. 数字化引领市场变革

随着"互联网+"、新零售、大数据、人工智能及 5G 等新业态的出现，传统美容业的商业模式受到较大冲击，许多企业纷纷开始探索大数据、人工智能时代的商业模式。据《2019 年美容行业发展白皮书》统计，这个时期美容业就业者约 2 700 万人，就业机构突破 250 万家，美容业市场规模预估达 1.3 万亿元。

2016 年，美团大众点评丽人事业部借助其流量资源为美容院引入大量的线上客流，全面进军美业市场。

2017 年，外部大额资本进入美容业，启动数字化互联网平台建设，对美容产业进行数字化、智能化改造。

2020 年，突如其来的新冠肺炎疫情，对企业经营、地方经济和国际贸易都产生了直接且深远的影响，同时也催生了网络经济、虚拟经济等新业态、新场景和新机遇。其中"直播带货"就是最大的亮点之一，各行各业纷纷加入了这个业态，助力品牌影响力，提升产品销量。

6. 政策推动行业高速发展

党的二十大报告提出"构建优质高效的服务业新体系，推动现代服务业同先进制造业、现代农业深度融合"，为服务业高质量发展指明了方向。2021 年颁布的《中华人民共和国国民经济和社会发展第十四个五年规划和 2035 年远景目标纲要》中指出，要促进服务业繁荣发展，聚焦产业转型升级和居民消费升级需要，扩大服务业有效供给,提高服务效率和服务品质,构建优质高效、结构优化、竞争力强的服务产业新体系。加快生活性服务业品质化发展,以提升便利度和改善服务体验为导向,推动生活性服务业向高品质和多样化升级。

美容业作为能让广大人民的生活变得更加美好的行业,将会紧跟党和国家的改革发展步伐,推动行业的数字化转型,高质量全面发展,为满足人民美好生活需要作出更大的贡献。美容业作为服务业的重要组成部分与拉动内需的重要依托,有了相关政策的支持,将会迎来更加光明美好的未来。

第二部分
美容师职业发展指引

第二部分　美容师职业发展指引

在美容师个人职业生涯发展过程中，其专业知识和技术技能固然重要，但要取得良好的职业发展则往往取决于良好的职业素养及综合能力。本部分将从职业意识、职业道德、职业能力、职业形象、服务礼仪到职业生涯规划，系统地介绍美容师应该具备的职业素养及综合能力要求，逐步引导学生了解职业岗位及能力素养要求，从而培养其具备良好的职业素养和综合能力，正确认识自我，做好职业生涯发展规划。

要点提示

1. 掌握美容师应具备的职业意识、职业道德和职业能力。
2. 掌握美容师的仪表仪态规范要求。
3. 掌握美容服务接待沟通礼仪。
4. 了解制订职业生涯规划的要素和步骤。

关键术语

职业意识　职业道德　职业能力　职业形象
职业礼仪　职业生涯规划

第三章
美容师的职业素养

职业素养是指职业人从事某一种职业或实现职业发展所需要的综合职业素质及能力，包含价值观、职业意识、职业信念、科学文化与专业知识、技术技能、职业道德、工作态度、职业行为、职业形象、行动能力等，是决定个人与企业发展的关键因素。

良好的职业素养不是一朝一夕就能获得的，美容师首先要热爱自己的职业，正确认识美容师职业的价值，树立较强的职业意识，培养良好的职业习惯，不断提高自身的文化修养和技术技能，在学校、企业以及社会的协同下不断地完善与提高自身职业素养及综合能力。

本章着重介绍美容师应该具备的职业素养及职业能力，为美容师取得良好的职业发展起到指引作用。

第一节　美容师的职业意识

职业意识没有统一的定义，其内涵非常丰富。通常来说，职业意识是指一个职业人对其从事职业及工作目标应有的认识和觉知，形成正确的观念、态度和计划，管理好自己的行为，朝着既定目标行动并实现目标等综合反应。职业意识是道德意识、责任意识、集体意识、创新意识、协作意识、专业意识、奉献意识、规范意识、服务意识、销售意识、质量意识等所有意识的总和。

美容业是典型的服务型行业，这赋予了美容师岗位特定的职责及角色定位，对美容师最基本的要求就是要树立正确的职业意识，正确认识和了解美容业，理解职业的角色定位，清楚美容师岗位的素质能力要求、岗位职责和工作目标，并以主人翁精神和工匠精神对待本职工作。对于美容师来说，特别需要加强的职业意识有以下几个方面。

一、道德意识

美容师必须具备高度的法律意识、责任意识和安全意识，熟悉行业涉及的所有法律法规，学法、尊法、守法，自觉在法规范围内从事美容活动，把对法律的敬畏转化为自己的思维方式和行为方式。严格遵守职业道德准则和行为规范，诚信自律，公平待客。严格遵守卫生安全规范及技术操作标准，重视自我健康管理，坚守卫生、安全和质量的生命线，确保顾客的健康安全。

二、集体意识

企业的成功必须依靠团队精诚合作，而个人的成功更加离不开同事的协作。因此，团队中的每一个成员都应该具备强烈的团队意识，拥有共同的理念，对团队有较高的认同感和忠诚度。成员之间高度信任、坦诚相见，在考虑和处理个人与个人、个人与集体等问题时顾全大局，以集体利益为重，为了共同的目标同心同德、齐心协力，发挥集体力量，高质量完成任务，为企业争创佳绩。

三、专业意识

美容师是专业技术人员，凭借自己扎实的专业知识和精湛的技艺帮助顾客改善肤质、美化容颜、塑造身形及改善亚健康等问题。美容师应树立专业意识，培养劳模精神、劳动精神和工匠精神，爱专业、爱学习、爱钻研，在专业学习期间掌握扎实的理论知识和操作技能，在工作中践行执着专注、精益求精、一丝不苟、追求卓越的工匠精神，持续精进，不断丰富和提高专业知识和专业技能，成为一名受人尊敬的优秀美容师。

四、服务意识

服务意识是指员工在与企业利益相关的人的交往中所体现的为其提供热情、周到、主动的服务欲望与动机。顾客是美容院和美容师的"衣食父母"，为顾客提供卓越的服务是美容院的生命线。美容业是需要付出感情和智慧的服务行业，美容师应该将服务意识根植于心，不断提高个人素养及服务能力，严格遵守和认真执行服务流程规范和服务质量标准，怀揣感恩之心、奉献之情，努力为顾客提供人文关怀及服务。

五、销售意识

美容师应该正确地认识盈利是商业及企业的目标，为企业创收增效，同时为自己带来更好的收益是每个员工的责任与义务。美容师的职责之一是为顾客推荐适合的护理项目和居家护理产品。所以，美容师必须具备销售意识，通过"销售"自己的专业知识、服务理念和核心技术赢得顾客信任，从而使成交自然而然地发生，达成互利双赢的结果，为企业创造更好的经济效益。

第二节　美容师的职业道德

道德是指社会借助教育和舆论的力量引导人们共同遵守的行为准则和规范。职业道德是指职业人在职业活动中应该遵守的职业操守、责任义务与行为规范，也是一般社会道德在职业活动中的具体表现。

个人良好的职业道德需要在职业意识的提高、职业情感的培养、职业信念的坚守和职业习惯的养成等过程中形成。美容师应从以下方面坚守职业道德。

一、诚实守信

诚实守信对于企业来说是立业之本，对于美容师来说则是立身之本。美容师必须实事求是、真诚实在地为顾客推荐服务项目及产品，不夸大美容效果、不弄虚作假，更不能做超出国家相关法律规定的违规项目。认真履行服务约定，兑现承诺，对顾客一视同仁，不厚此薄彼。美容师只有诚实守信，为每一位顾客提供真诚的服务，才能打动人心，赢得顾客的信赖与尊重，从而赢得更多稳定的顾客。

二、真诚服务

服务是美容机构的固有属性，也是美容师的职责，更是市场竞争的制胜之道。卓越服务的核心是真诚服务，即以顾客需求为己任，与顾客进行坦诚交流，传达真挚的热情，用心体会顾客的需求，表达真诚的关心，耐心解答顾客的问题，提供贴心周到的服务，让顾客获得超值的体验，得到共赢结果，从而为企业带来良好的声誉和经济效益。

三、爱岗敬业

员工与企业的关系正如在大海中远航的船员与船，原本就是风险、利益和命运的共同体。爱岗敬业不仅是员工最基本的责任和义务，更是美容师生存与发展的基石。爱岗要求美容师热爱和忠诚于所服务的企业，珍惜自己的工作岗位；敬业则要求美容师要热爱和敬畏自己所从事的工作，不看重眼前的利益和回报，而是以强烈的责任感、使命感和恭敬严肃、勤奋努力、认真专注的态度对待本职工作，正确认识和积极看待企业遭遇的各种逆境和挫折，坚定信念与信心，将逆境变成常态，保持士气和战斗力，与企业同甘共苦、并肩作战，为共同的事业发展贡献自己的价值。

第三节　美容师的职业能力

一、职业能力的概念

职业能力是指个体从事某种职业、胜任某个岗位所应具备的综合能力。职业能力一般分为可迁移能力和专业技能。可迁移能力即在不同行业、领域和岗位都可运用的通用能力，如学习能力、沟通表达能力，分析问题、判断问题及解决问题能力等综合能力。专业技能是指从事某一个职业所必须掌握的技能。

二、美容师的职业能力特征

德雷福斯模型（Dreyfus model of skill acquisition）研究发现，人的职业成长遵循从初学者到专家的逻辑发展规律，自下而上分为新手、生手、熟手、能手、高手五个等级，每个等级都有明显的能力特征。我国职业标准将美容师从业人员分为初级工、中级工、高级工、技师、高级技师五个技能等级，与德雷福斯模型5个等级有着相近的意义，各级职业能力特征也相似。参照美容师国家职业标准，美容师职业发展各阶段能力特征如下。

初级美容师。工作一年内的学徒及新手，对技术和服务流程、标准及规范有一定的了解，在师傅指导下，能运用技术和服务标准及规范尝试性地完成接待咨询、基础面部护理、身体护理等基本的、简单的、可预见性的工作。

中级美容师。工作时间为2~3年，中级是从新手到生手、从生手成长到熟手阶段。中级美容师通过锻炼，具有一定的工作经验，能按照服务和技术标准独立、基本熟练地完成一些基础项目及可预见性日常工作。能与他人合作，在特定情况下能完成售后服务与跟进任务、品相销售等部分较为复杂的项目及可预见性的工作。中级美容师职业素养及职业能力应有一定程度的提高，能达到行业对美容师的基本要求。

高级美容师。工作时间为4~8年，高级是从熟手成长到能手阶段。高级美容师拥有比较多的技巧和经验，能按照理论知识和实践标准分析问题并尝试解决问题，独立负责完成皮肤分析判断、问题性皮肤护理、产品和项目销售、对初中级美容师进行培训指导等工作。高级美容师职业素养和能力应有全面成长，成为美容院的中流砥柱，具有全局思维，能够整体系统地分析、解决问题。

美容师技师。工作时间为8年以上，从能手到高手阶段。美容师技师积累了更多理论知识和技能技巧，能高质量完成较为复杂的项目，独立解决高难度技术问题，还能在技术攻关、革新方面进行创新。同时，美容师技师拥有丰富的职业经验，职业素养和综合职业能力得到全面提升，成为技术性管理人才，具有培训指导、统筹协调、团队管理、顾客管理、品相管理等基本运营管理能力，在工作中能独当一面，运用经验和理论知识提出创新性解决方案，完成无法预测结果的工作任务。

美容师高级技师。工作时间为10年以上，是成熟的高手阶段。具有较强的分析、判断和解决实际问题的能力，能妥善处理顾客投诉等应急情况。熟练掌握美容业关键技术技能，能独立进行技术和服务创新，能顺畅地进行英语对话服务，能组织开展技术服务革新活动，能组织开展系统的专业技术培训，具有较强的技术和服务管理能力。

三、美容师职业能力培养

美容师的职业能力包含综合能力、专业能力和服务能力。美容师的职业能力越强，取得的工作绩效越好。与其他职业一样，美容师的职业能力需要在工作中逐步得到锻炼、积累和提升。

2022年修订的《中华人民共和国职业教育法》明确规定："学业证书、培训证书、职业资格证书和职业技能等级证书，按照国家有关规定，作为受教育者从业的凭证。"由此可见，国家非常重视对高素质技术技能人才综合职业能力的培养。为了有效提高美容师职业能力培养成效，将工作领域向学习领域转化，各类职业院校不断优化和创新培养模式，提取典型工作任务，将"岗、课、赛、证"有效融合，进行"工学一体化"课程改革，产教融合，构建以培养综合职业能力为目标的课程结构。

美容师的职业能力培养除了不断学习专业知识和提升专业技能，还需要在学习和职业发展各阶段逐步考取初级、中级、高级、技师、高级技师职业技能等级证书，还可考取国际美容及水疗委员会（international committee of Aesthetics and Cosmetology，CIDESCO）、国际理疗考试委员会（international therapy examination council，ITEC）、英国在华国际培训师协会（China city & guilds international trainers association，CITY&GUILDS）、国际芳香疗法理疗师学会（international federation of aromatherapists，IFA）等国际权威职业资格证书，参加国际、国内职业技能竞赛，参加各类行业培训交流，多途径、多方位提高综合职业能力，努力成为掌握世界职业技能标准、具有国际化视野的高素质技术技能美容人才，以获得更广阔的职业发展空间。

四、美容师职业能力的内容

参照世界技能组织的世界技能职业标准、行业代表性工作任务及最佳工作实践方法和我国美容师国家职业标准，美容师应具备的主要职业能力体现如下。

1. 美容师应具备的综合能力

（1）具有发现问题、分析问题和解决问题的能力。
（2）具有良好的语言、文字表达和信息处理能力。
（3）具有良好的沟通协调能力及团队合作能力。
（4）具有独立工作的规划能力和较强的执行力。
（5）具有较强的项目和产品销售能力。
（6）具有终身学习、自我规划与发展的能力。

2. 美容师应具备的专业能力

（1）美容师应该掌握的理论知识。

1）掌握必备的思想政治理论、科学文化基础知识和中华优秀传统文化知识。

2）熟悉与本专业相关的法律法规和规章。

3）了解职业生涯规划与发展、职业道德与素养等知识。

4）了解美容应遵循的审美原则等美学知识。

5）掌握个人卫生和美容院卫生消毒与感染控制知识。

6）掌握人体生理解剖、皮肤生理常识、营养与美容等美容医学基础知识。

7）掌握经络、脏腑、穴位、刮痧等中医美容基础知识。

8）掌握化妆品成分及功效、选配与使用等化妆品基础知识。

9）掌握美容、美体仪器的基本作用原理、功效、使用方法等知识。

10）掌握皮肤护理、身体护理、化妆、手足护理等专业知识与技术标准。

11）了解消费心理学、产品与服务销售、经营管理等商业基础知识。

（2）美容师应掌握的专业技能。

1）能进行皮肤分析、身体及亚健康状况分析。

2）能根据顾客皮肤需要选择适合的产品和仪器，制定护理方案。

3）能按照健康安全和卫生标准做好护理间、顾客和自身准备工作。

4）能按照服务流程和标准为顾客提供安全、专业的服务。

5）能按照技术标准、产品和仪器操作说明进行各项护理。

6）能按照卫生和技术标准进行化妆、手足护理等各项操作。

7）能在护理全程始终保持工作区域安全、有序、干净和整洁。

8）能按照安全与卫生标准做好护理后的清洁、整理、消毒和结束工作。

9）能为顾客推荐合适的品项和家居护理产品。

10）能指导顾客进行日常皮肤护理及亚健康管理。

（3）美容师应具备的服务能力。

1）能以专业的形象、真诚的态度赢得顾客信任。

2）能遵守国际礼仪，为顾客提供国际化、规范化的服务。

3）能以良好的倾听与沟通技巧与顾客保持有效沟通。

4）能以丰富的专业知识和娴熟的专业技能为顾客提供服务。

5）能自发地以爱心、真心、用心、耐心为顾客提供服务。

6）能以人文关怀为顾客提供卓越服务，使顾客感到愉悦。

7）能根据顾客个性化需要做出恰当的反应。

8）能在处理突发事件时表现出应有的原则与灵活性。

第四章
美容师的职业形象

  影响一个人事业成功有多方面的因素，掌握专业知识技能、获得文凭只是进入社会的"敲门砖"，而成熟的价值观、乐观积极的态度、自我成长的能力，对人性的理解、为人处世的能力、良好的人际关系以及得体的社会形象等才是影响事业发展的优势因素。形象管理的理念已经深入政治和商业领域，成为参加各种社交活动应该遵守的礼仪规则。职业形象是职业人在职业活动中个人价值观、职业道德、知识文化、礼貌教养、专业能力、沟通能力等职业素养在仪容仪表、言谈举止、待人接物等方面的外部展现。从某种意义上说，员工的职业形象在很大程度上影响着其职业生涯和企业的公众形象。

衣着得体、举止高雅、热情真诚、专业自信、自然大方是公众认同和信任的美容师职业形象。美容师职业形象不仅反映其礼貌修养和职业素养,更是企业文化和管理水平的体现。

本章重点介绍美容师职业化形象的塑造,旨在帮助职场新人了解商业社会的规则,树立职业形象的意识,遵守社交规则,打造优秀的职业形象,建立职业权威,赢得顾客及他人的信任和尊重。

第一节　美容师仪表规范

仪表即人的外表,它包括人的仪容、形体、服饰等,是一个人内在精神的外显形式。在人际交往中,仪表是构成第一印象的核心要素。顾客对美容师有着美好的期望,美容师应该知道自己对顾客的影响及作用,应展现出干净、整洁、温雅、专业、神采奕奕的仪表形象,给顾客留下美好而深刻的印象,如图4-1所示。

图4-1　美容师仪表

美容师仪表的规范主要包括以下几个方面。

一、面容

对于美容师，特别是从事皮肤护理的专业人士而言，较好的面容与知识技能同等重要。美容师应该注重自身健康及皮肤的保养，保持皮肤健康、洁净、润泽，肤龄、肤质都保持年轻态，成为顾客的榜样和美容院的"品项招牌"。美容师着淡妆上岗，妆面以清新淡雅、自然干净为宜，以良好的精神面貌体现自尊、自爱和对顾客的重视、尊重。

二、头发

美容师的头发应该经常清洗，保持干净、清爽、无异味和无头皮屑。发色自然，发型整洁、利落，不松散凌乱，长发盘起，刘海不遮眼，侧发不掩耳。

三、手部

美容师工作中常用手接触顾客的皮肤，因此要保持手部的干净整洁。手部皮肤健康、细腻、柔软是基本要求。美容师应该注重自己的手部保养，定期去除老化的指皮，精心修剪指甲，指甲长度不超过手指指尖，不涂深色指甲油。工作时不能戴戒指、手链，随时保持手部健康、卫生和滋润。

四、口腔

美容师在工作前应避免吃葱、蒜、韭菜、洋葱等有刺激性气味的食物，三餐后及时用牙刷或牙线清洁牙齿，可使用漱口水或薄荷糖来消除口腔异味。平时多喝水，注意饮食，保持肠胃健康。定期洁牙，保持牙齿健康，随时保持口气清新。

五、体味

美容师在护理时身体会与顾客近距离接触,做身体护理时常会出汗,在每次护理结束后应及时用热毛巾擦干身体,保持皮肤清爽、无异味,如有先天性体味应该提前进行治疗。由于每个人对气味的喜好不同,有些人对香水有过敏反应且可能会引起头痛、流鼻水、打喷嚏等症状,严重时还会影响其呼吸,所以美容师工作期间应顾及顾客和同事的感受,不宜喷洒香水。

六、着装

美容师的工作服以专业、合身、舒适及便于操作为宜,应定期清洗,随时保持工作服平整洁净、无折痕。美容师的鞋袜应与服装协调搭配,应选择软厚底、合脚、舒适、前后封口并对身体具有一定支撑作用和保护性的鞋,确保走路时尽量不发出声响。袜子以单色为宜,随时保持鞋袜干净、整洁、无异味。美容师工作期间不佩戴手镯、戒指和长颈链,以免操作不便或刮伤顾客皮肤。

第二节 美容师仪态规范

仪态是指人在行为过程中的姿势,包括站姿、坐姿、行姿、蹲姿、面部表情等,它能表现出一个人的形象风度。美容师在与顾客交流过程中应运用自信的身体语言并保持规范的仪态,使顾客产生好感并建立信任。在服务过程中,美容师将护理床、液压椅、美容推车、美容仪器等调节到符合人体工程学的理想位置,是确保保持较好仪态的必要条件。除此之外,操作中保持正确的姿态不仅能在仪态上呈现美感,更可避免因不正确的姿势造成的脊椎弯曲、肩颈酸痛、腰肌劳损等一系列身体疾患。美容师优美的仪态不是一朝一夕能获得的,需要在生活和工作中不断训练和培养,将仪态变成自己的行为习惯。美容师仪态规范主要包括以下几个方面。

一、站姿

1. 美容师站姿的基本要求

站立是个人生活和工作中最基本的举止，能体现出个人健康状态和精神面貌。对于美容师来说，保持正确的站姿能让身体的骨骼、关节和肌肉受力均匀，对保持身体健康特别重要。美容师站立时应有一股向上的力量，站得舒展、自然、挺拔，展现出亲切有礼、恭谨谦虚、落落大方、自信愉悦、干练沉稳、精力充沛的良好形象。初学者每天可以靠墙练习站姿，如图 4-2 所示。

2. 美容师站姿的基本要领

（1）头正颈直。头部端正、颈部直立，两眼平视前方，微收下颌，表情自然，面带微笑。

（2）挺胸收腹。立腰、挺胸、收腹，背部直立。

（3）双腿相靠。双腿自然并拢，脚跟靠紧，肌肉略有收紧感，双脚掌分开成"V 字步"或"丁字步"。双脚也可稍微分开，但双脚之间的距离不宜太宽。

（4）双手腹式叠放、垂放。双手腹式叠放和垂放为国际社交场合通用的站姿，在国内适合一般工作场合，美容师迎宾适宜双手腹式叠放式站姿，即在站立时双肩平齐，双臂自然下垂，双手虎口相交叠放于腹前。垂放式为双手自然垂放在裤缝处。

（5）双手腰际式叠放。将双手叠放在腰际，适合国内迎宾和颁奖等重要场合。

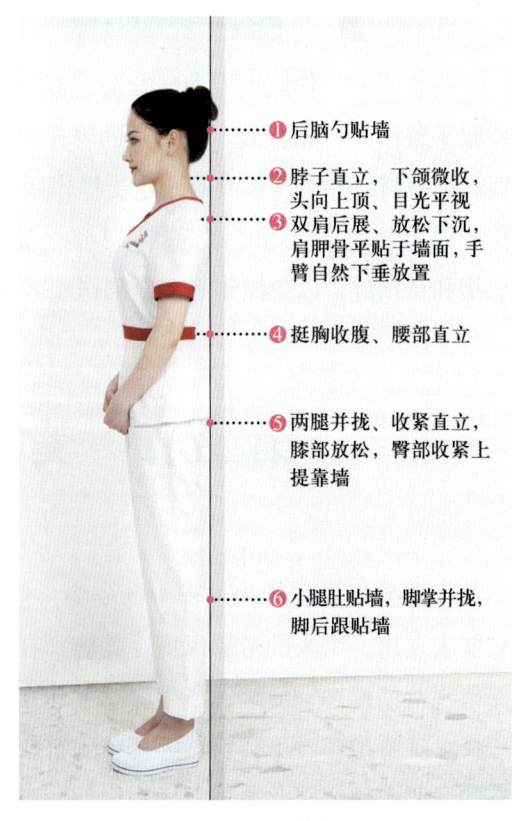

图 4-2　站姿

二、坐姿

1. 美容师坐姿的基本要求

坐姿是常见的肢体语言,能展示出一个人的个性、修养及情绪。有的坐姿会让人感觉真挚诚恳、襟怀坦荡、友好和善,有的坐姿会让人感到拘谨胆怯、防御心态和不自信,有的坐姿则显得咄咄逼人、自以为是或焦躁不安。坐姿的基本要求是坐如钟,身体要像钟一样端直,不能松懈。坐姿是美容师在咨询、操作中常用的姿态,正确的坐姿对维护骨骼、肌肉健康非常重要,如图4-3所示。

2. 美容师坐姿的基本要领(与顾客交流场合)

(1)确定椅位。在入座前先将椅子摆放在合适入座的位置,坐下后根据需要再稍作调整。

(2)轻缓落座。自然走到椅子前,面对顾客坐下并坐在椅凳的2/3处。落座后,身体重心垂直向下或稍向前倾,腰背挺直,双腿膝盖靠拢或微微分开正放或斜放。身体端正、舒展、平稳并确保舒适。如穿裙子,要注意轻拢裙摆并把裙脚收好。

(3)保持美感。美容师在咨询时,坐姿应展现自然大方、镇定自若、谦虚和善、端庄文雅、自信热情的美感。双手前臂大部分放在桌面上,或双手自然平放或叠放于双腿上,背部不宜靠在椅背上。

(4)轻稳起座。一只脚后收半步,双腿合力撑起身体,轻缓站起,身体站稳后再迈步离开座位。

(5)座椅归位。起身离座后,顺势将

图4-3 坐姿

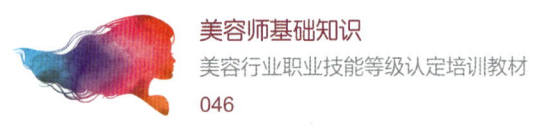

座椅向前推移，紧靠桌子，挪移时避免发出声响。

三、走姿

1. 美容师走姿的基本要求

走姿是在站姿基础上的延续动作，能体现一个人的气质、风度与精神面貌。美容院是让顾客放松和享受美的地方，美容师行走时应该步履矫健轻快、自然优美、从容不迫，展示出女性的阴柔之美和自信阳光、积极热情的精神风貌。

2. 美容师走姿的要领

（1）头正颈直。头部端正，颈部直立，两眼平视前方，微收下颌，表情自然，面带微笑。

（2）肩平不摇。双肩平稳，自然放松，以肩关节为轴，手掌朝向体内，双臂前后自然轻松摆动。

（3）挺直身躯。立腰收腹，腰背挺直，以腰带腿，胯部自然摆动，身体略微前倾。

（4）直线行走。脚尖微开，膝盖伸直，两脚内侧落地后的轨迹基本保持在一条直线上。

（5）步速平稳。身体平稳，步姿轻盈。步幅平衡，步幅一般约为 30 cm。步速均匀，每分钟约 100 步。

四、蹲姿

1. 美容师蹲姿的基本要求

在日常生活和工作中，拿取低处物品或拾取掉落的东西时需要使用下蹲和屈膝动作。特别是女性，正确的蹲姿可以有效避免领口暴露和裙摆打开等尴尬。美容师使用蹲姿时，动作要自然、舒适、优雅、干净利落。在他人身边下蹲时，最好是侧身相向，尽量避免面对他人或背部对着他人下蹲。

2. 美容师蹲姿的基本要领

（1）靠近物品。先走到物品的左后方，左脚在前、右脚在后，腰部、颈部直立，身体微微前倾。

（2）自然下蹲。两腿紧靠、臀部向下，两腿合力支撑身体轻缓下蹲，左脚着地，右脚脚掌着地、脚跟提起，保持身体平衡，如图4-4所示。

（3）如工装衣领开口较大，俯身或下蹲时可用左手轻抚领口。如穿裙子，可先拢顺裙摆再下蹲。

图4-4 蹲姿

五、面部表情

表情是内心情感在面部的表现，是体态语言中信息最为丰富的，它可以直观地表达出一个人的内心感情和深层次的心理活动，在人际沟通中比着装更重要。美容师在工作中应该管理好眼神、微笑两个主要的面部表情。

1. 眼神

眼睛是心灵的窗户，一向被认为是人类最真实、最明显的情感流露，可以表达用语言无法表达的情感。美容师应以聚精会神、全神贯注、持久平稳的眼神与顾客沟通交流，目光中应传达出友善、坦然、亲切和真诚，让人感到温暖、信任和支持，这对建立信任和拉近关系极其重要。目光接触应该在对方双眼与额部之间的三角区或平视对方，时间应占全部谈话的一半。切忌将目光长时间集中于顾客的某个部位，眼神游离或死盯着不放，这样会让对方不安、尴尬和反感。

2. 微笑

微笑是无言的礼貌，是最佳的形象象征，并且影响着自己和他人的情绪。"诚招天下客，笑迎八方宾"，笑容满面是服务人员最基本的礼节。美容师应自始至终用真诚、亲切、自然、甜美的微笑对待每一位顾客，传递热情、表达真诚，消除陌生感，营造轻松愉悦的气氛。微笑没有技巧，唯有发自内心对顾客真诚的爱与热忱，才能体现出美容师最美的笑容。心情不佳时需要调整自己的心态，管理好自己的情绪，不善微笑者则需要增强微笑服务意识来养成微笑的习惯。

第三节　美容师商务形象规范

一、商务形象塑造的重要性

美容师可能成为美容导师、美容讲师、美容顾问、美容主管和销售人员等，在工作中常与代理商，美容院店长、主管，政府人员和消费者等打交道。在特定的工作场所，自己的形象代表着企业的形象，而形象不得体则会影响企业的整体形象。所以，一般企业对员工职业形象有一定的要求，包括仪容仪表、言谈举止等。

美容师若要在事业上获得成功，首先应认识自我形象塑造的重要性和方法。注重自我良好形象的塑造是敬业、乐业的体现，更有助于商务谈判、交易、合作的成功。

二、商务形象的塑造

塑造属于自己的形象需要不断地学习、摸索、投资和修炼,职场新人可以从以下方面着手去打造和提升自我形象。

1. 了解女性商务形象规范

美容业女性居多,良好的商务形象体现出良好的职业道德和礼貌修养。追求健康的身体、光洁的皮肤、得体有品味的着装、自信的仪态和比实际年龄显得年轻的状态,待人接物应亲切自然、落落大方、举止优雅,展示出正派可信、踏实稳妥、成熟自信、干练权威、知性优雅的形象。商务形象塑造还需要了解企业文化,遵守相关行为规范,展示公司企业文化及良好形象。

2. 注重自身内在素质提升

一个人的外在形象是内在素质的体现,外在装扮只是锦上添花。内在素养提升需要通过努力学习和工作,不断提高自己的文化水平、艺术修养、道德水平、敬业精神、业务能力和礼貌修养,培养高雅的气质和强大的内心需要厚积薄发,由内而外展现出内在美。

3. 找到适合自己的着装风格

美容业对美容师的商务形象没有统一着装要求,一般以商务休闲装为主。根据社会心理学家估测,人们给对方的第一印象的93%是由服装、外表修饰及无声的语言组成的。服装是个人视觉形象塑造中最重要的要素,找到适合自己的着装风格既能够建立自信,自如得体地表达自我,更可以节省开支。对于职场新人,想要找到属于自己的着装风格、快速进入职业状态,首先要有清晰的自我认知,了解自己的职业、身份、工作目的和个性,然后进行自我定位。问问自己想成为什么样的人,留给别人怎样的印象有助于自己事业成功,再分析自己的形体、肤色、头发等外形特质,学习必要的服饰搭配知识,扬长避短,找到与自己个性相符,能让自己更加自信、从容的着装之道。

4. 遵守必要的商务着装规范

商务、政务活动场合是有目的性的活动,得体的着装既是对交往者最基本的尊重,也是展示公司和自己,给对方留下良好印象的方法。职场新人应该树立为事业发展而着装的意识,按照简洁大方、端庄知性、干练优雅、格调高雅的着装原则,运用好服装视觉工具，抹去青涩，将自己装扮得成熟稳重。

（1）遵循TPO原则。TPO是英语time（时间）、place（地点）、object（目的）三个单词的首字母组合。TOP原则是指着装应该考虑时间、地点、场合、目的及要求，确保自己的形象与周围环境、气氛协调一致，是服饰礼仪的基本原则之一。商务及政务活动一般分为一级和二级场合。一级场合包含重要的接待、庆典、谈判、外事、会议、签约、媒体采访等正式、严肃的场合，日间活动穿着正式、保守、隆重的正装、裙装套装比较保险，衣服色调含蓄柔和，配饰少而精；晚宴应穿正式的晚宴礼服。二级场合是常见的商务、政务活动场合，包含一般的接待、商谈、会议、签约、庆典、学习、晚宴等稍随意的场合，着装比较正式，日间活动穿商务休闲装比较适合，晚宴穿稍微正式的商务裙装就比较适合。

（2）着装与职业、身份相符。职场中的着装应掌握分寸，不宜喧宾夺主。中高层员工着装应注重品质以增加可信度和权威感，展示职场精英的良好形象，避免穿戴印有大标识的服饰。

（3）适度原则。职业装一般比较简约大方，其穿搭应好看、随意、高雅而富有新意，但应避免过分装扮和突出自己，过分展示美丽和不合时宜的性感只会毁坏正派、可信、权威的形象。职业着装既要与真实的自我融为一体，更要与活动环境平衡和谐，这样才能让人感觉正派、可信、舒适、耐看，被人喜爱和尊重。

（4）避免误入"雷区"。职业装穿戴应该避免以下几方面。

1）服装。假冒名牌、廉价过时、图案大而俗、裁剪烦琐、款式复杂、松垮、袖口过大、裤脚拖地、露腰、胸和大腿根部；各种新潮前卫的风格；"薄透紧"，露出内衣痕迹；变形、褶皱、污点、变色、起球、破损；类似连裤袜的健身裤等。

2）鞋袜。"恨天高"或款式、颜色夸张的潮鞋，变形或残旧的鞋；带有花纹的连裤袜、抽丝的丝袜、不透肤色的肉色长袜。

3）手包。假冒名牌、款式繁复、色彩鲜艳、标识粗大；带子链条粗劣、过长，金属配件褪色、皮标起皮爆裂、品质低劣，没有扣件的包（包里物件一览无余）。

4）首饰。造型夸张、烦琐、掉色、廉价、可爱、典型民族风格等。

5）穿戴看起来幼稚、懒散、颓废、土气、缺点突出、不修边幅。

（5）添置必要的"基础设施"。职场新人应投资一些永恒经典、端庄优雅、品质好、穿着频率高、百搭实用、安全低调的各季节基本款单品，不附庸也不抗拒名牌，避免太应季、容易过时的设计及纹样。着装品位与品牌和价格没有太大关系，而与款式质地、搭配有关。平时多看时装杂志，关注与自己风格相似的着装穿搭，以获取搭配灵感,不断提升服饰搭配能力。

1)服装。黑、白、灰、蓝、卡其色、驼色、酒红等纯色是经典、时尚的服装颜色,高雅、柔和、含蓄、低调的莫兰迪色系也是很好的服装颜色选择。服装图案以简单、含蓄、高雅的花纹格纹、经典圆点、千鸟格、条纹等为主。

①外衣(见图4-5)。可以选择纯色西装外套、蜂腰西装外套、格纹西装外套、风衣、开襟针织衫、打底衫、棒针毛衣、白衬衫、暗花纹衬衫、白T恤、古典雅致的牛仔衬衫、大衣等。

图4-5 外衣

②裙装(见图4-6)。可以选择小黑裙、及膝铅笔裙、A字裙、百褶裙、连衣裙、套裙等,裙装下摆不高于膝盖以上10 cm。

图4-6 裙装

③裤装（见图4-7）。可以选择直筒长西裤、长裤、九分裤、七分裤、五分裤、质地细腻的纯色牛仔裤等各季裤装。

图4-7　裤装

④鞋（见图4-8）。可以选择黑色、棕色、米色、酒红色等颜色的鞋。款式有芭蕾平底鞋、乐福鞋、鞋跟高度为5～7 cm的高跟鞋、短靴、中长靴、小白鞋等。

图4-8　鞋

⑤配饰（见图4-9）。可以选择精致的手表、珍珠或钻石耳环、项链、戒指、花色丰富的丝巾、精美的腰带、别致的胸针等。

图4-9　配饰

2）手包（见图4-10）。手包应款式简洁，一般选择黑色、棕色或其他低明度色调，与自己的气质相得益彰、能给着装锦上添花的款式。

图4-10　手包

5. 管理好皮肤、身形

美容师业务范围会涉及顾客的咨询和化妆品销售等，自己的皮肤、身材及健康状态就是最好的招牌，应该认真勤奋、持之以恒地护理保养，让自己的状态比实际年龄年轻，这样有助于顾客对公司品牌建立信心，从而促进业务的增长。

6. 注重仪表修饰

干净清爽、穿戴整齐、得体而精致的外表令人赏心悦目。对仪表进行适当的修饰、保持衣服平整干净、妆容清新淡雅、指甲自然健康、头发干净健康是展现女性修饰美的基本要求，也展现出积极乐观的生活态度。职业女性应避免腋毛外露、浓妆艳抹、喷浓烈香水、指甲过长及装饰过分，以及穿凉鞋不修饰趾甲。过长、无形发型和过浅的发色等，会给人留下缺乏基本礼仪教育的不良印象。

在工作场合需要人人守约准时、尊重别人、诚心待人。大家都愿意与乐观积极、内心强大、独立自信、宽容善良、踏踏实实的人合作共事，更愿意与低调谦虚、面带微笑、委婉周到，看起来自然舒服的人交往。在职场，职场人应不断修炼自我，留给他人一个懂规矩、讨人喜欢、可信、可靠、有潜力的印象，实现从平凡到优秀的跨越。

第五章
美容师的职业礼仪

　　不学礼，无以立。礼仪作为一个职业人必备的基本素质，与知识和技能同等重要，是一个人立身处世之本。美容师为顾客提供优质的服务，不仅包括娴熟的技能，也体现在真诚的笑容、亲切的称呼、礼貌的谈吐、得体的举止以及让人愉快的沟通技巧。

　　美容师职业礼仪是指对美容师的仪容仪表、谈吐举止、礼节礼貌、服务态度、服务技巧和服务标准的行为规范，是对美容师基本的上岗要求。美容师应该不断提高个人素质修养，在服务过程中遵守服务规范、讲究服务礼仪、注重沟通技巧，做到待人接物形象得体、举止文明、彬彬有礼、谈吐高雅，以良好的职业素养建立良好的人际关系，赢得顾客的尊重、信任和支持。

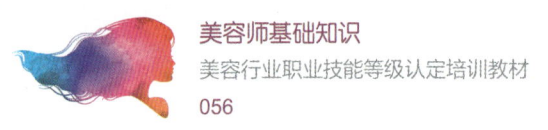

本章重点介绍美容师在服务过程中应该遵守的言谈、举止及服务规范。美容师还可以通过参加礼仪培训、自学礼仪网络课程等途径来习得礼仪，创造最佳的人际关系，让自己在社交和工作场合更加自信从容。

第一节　面谈交流礼仪

不同职业、不同年龄的顾客都有自己的个性、兴趣和偏好，在与人交往的过程中，有人在意自己的社会地位、身份及成就，有人则在意自己的外在形象。美容师在与顾客的面谈交流中，应尊重顾客，关注其需求、兴趣爱好，并在此基础上展开话题，使其感觉亲近并乐于交谈。在使用某些礼貌用语时，也应该考虑到与顾客关系的亲近程度及其喜好，并注意以下几个方面的礼仪。

一、正确使用服务礼貌用语

1. 问候

如"您好""×总好""×教授好""×姐好""×老师好"，或"早上好""下午好""欢迎光临"等。

2. 道歉

如"很抱歉""实在抱歉""不好意思，请稍候""对不起"等。

3. 征询

如"请问您有什么事？""您有什么需要帮忙的吗？""如果您不介意的话……"等。

4. 应答

如"没关系，您不必客气""没关系，这是我应该做的""照顾不周，请多包涵"等。

5. 确认信息

开放式问答可使用"您的意思是……？"，闭合式问答可使用"如果我没理解错的话，您是需要……对吗？"。

二、营造友好和谐的气氛

美容师可热情主动地开启话题，鼓励顾客谈自己的想法、需求和意见，多顾忌顾客的情绪、利益和感受，不以自我为中心。在谈话中营造轻松友好的气氛、保持适度的幽默感可活跃气氛，拉近与顾客的距离。

三、选择适宜的话题

1. 适宜的话题

美容师可根据顾客的日常兴趣爱好来选择话题，如美容、化妆品、流行服饰、发型、时事新闻、电影电视、旅游等都可成为谈话的主题。

2. 不适宜的话题

美容师应尊重和保护顾客的隐私，不可主动提及顾客的婚姻、年龄、收入、家庭住址、工作单位、人生经历、是否整形等话题；不可背后议论他人、评论同事、抱怨公司。为避免争议，不宜谈及个人主观意识较强的话题。

四、善于倾听

"善言者善听"，倾听是沟通的第一要素，是了解对方、获取信息、做出判断和正确决定最重要的环节，更是对交流对象最起码的尊重。善于倾听是有效沟通的第一技巧，美容师在倾听中应注意以下几个方面的礼仪技巧。

1. 全神贯注

耳到、眼到、心到、脑到，全神贯注、专心致志、恭恭敬敬地倾听。身体适当前倾，眼神要有交流，目光要专注，态度要诚恳。不轻易打断对方的谈话，不要做出分心的举动和手势，对谈话内容要表现出足够的关切、理解和重视，给顾客留下有礼貌、稳重可靠的良好印象。

2. 耐心倾听

耐心倾听顾客的需求、倾诉、异议、抱怨或投诉，思维及反应随着顾客的情绪思路的变化而变化，并适时呼应配合，可礼貌地点头称许或回应。认真记录谈话关键内容，以示对顾客意见的重视，这样有助于建立融洽关系和彼此接纳。

3. 细心观察

与顾客沟通交流过程中需要有足够的观察力和敏感性，除了倾听顾客的主要诉求，判断话语背后的真正动机，也要注意观察肢体语言，从对方的语气、语调、表情等方面获取信息，并设身处地为对方着想，以更好地理解、尊重和关爱顾客。

4. 谦虚领受

"三人行，必有我师"，许多美容顾客的美容经历丰富，美容师在交流过程中应保持自信，但更应该恭谨、谦虚、文雅、亲切地与顾客交流，利用机会博采众长，提高自己的业务水平。

5. 适时回应

在沟通中，美容师有时需要简要重述对方的观点和关注的内容，让对方知道美容师一直在专心倾听并用心领会，让对方感到被尊重、认同和理解。对于顾客关注的问题，应实事求是地作答，清晰地表达自己的观点，耐心解答或委婉地进行说明，不可断然拒绝或敷衍了事。

6. 克己尊人

美容师在工作中难免会遇到强势、暴躁、挑剔、偏激、高傲、唠叨的顾客及其带来的沟通障碍。遇到这种情形，美容师应大度包容、尊重差异，控制自己想要争辩的冲动，平静地聆听对方的观点，容忍对方的偏见，不要反对和反驳，应不亢不卑、理性对待，力求求同存异，达成共识，维护和谐的关系。

7. 保持中立

如遇到顾客非议或抱怨某事、某人，美容师应正面、中立地回应或避免呼应，不能为附和讨好顾客而搬弄是非，更不能抨击竞争对手及其他品牌，特别是顾客曾经或正在接受的商家服务，以及使用过的化妆品品牌。

五、管理好自我形象

在人际交流过程中，无论是动作手势、面部表情，还是声音高低、语速快慢等信息，都与语言本身所要表达的内容意义紧密相连，传递出同样重要的信息。美容师要有管理自己形象的强烈意识，注意自己的举止表情，这样才能更好地达成沟通效果，提升交流品质。

1. 语气柔和，语调适中

不同的说话语气可以产生不同的心理感受。美容师在工作中使用商量和请求式语气会让顾客感觉备受尊重，比如将肯定语气"请您稍等一下"改为商量式语气"请您等一下好吗"时，顾客的心理反应就会大不一样。此外，语调轻柔缓和，会传递出对顾客的亲切与友好；语音适中，则让顾客感觉自然舒适；语速适度，会给顾客留下专业、沉着的良好印象。

2. 目光专注，面带微笑

与顾客交谈时应集中注意力，时刻关注顾客需求与情绪反应。目光聚焦在顾客双眼与鼻部形成的三角区域，根据需要适时与顾客进行目光交流，眼神充满关切，情绪饱满，面带微笑，使对方感到温暖、被关注和受尊重。

3. 行为恰当，举止规范

美容师在与顾客交谈过程中应随时管理好自己的行为举止。坐着时背部挺直，双膝靠拢，双脚平放，身体稍微前倾，双手自然地平放在桌面上或交叠放于膝盖上。站着时双手自然垂落，切忌两手交叉抱在胸前，与顾客保持70~80 cm适宜交谈的距离。与顾客交流时手势动作不宜太多，动作幅度不宜过大，不能有玩笔、玩手机、跷二郎腿、抖脚等不礼貌行为。如果在交流中忽然想打喷嚏或咳嗽，最好远离几步或转过身，用手帕、餐巾纸或将前臂弯曲来捂住口鼻，并说声"不好意思，对不起"。

第二节　电话沟通礼仪

办公电话是所有社会组织对外联络必备的通信工具，电话交流则是一种联络感情、传达信息、解决问题的有目的性活动，并已形成约定俗成的礼仪规范。在美容院，电话是美容师与顾客沟通交流的重要工具，通过电话沟通，可以达到美容咨询、预约会员、联络感情、传达信息、售后服务和解决问题等目的。

美容院电话礼仪是指包含打电话前的准备、打电话的态度、打电话的技巧和接听电话的技巧等应该遵守的语言及行为规范。其中美容师电话语言的措辞、语气、语调和语言的使用技巧可以直观地反映其工作态度、个性性格、情绪，以及企业文化、风貌和管理水平，美容师应该以礼貌、热情、亲切、亲和、自信、坚定、果断的语气跟顾客进行电话沟通。

一、接听电话准备工作

准备一支双色笔、预约表（或计算机预订系统），以及电话记录本、便签条等，以便及时记录和标注电话沟通的重要信息。

美容师在准备接听电话时，应该了解当日顾客预定、促销活动等信息，以便在接听电话时应对自如。

言由心生，美容师应管理好自己的情绪，保持愉悦的心情，这样接听电话时才会自然流露出令人愉悦而有感染力的语调和"听得出来"的笑容。

恭敬的语言来自谦恭的态度，美容师应随时保持良好的工作状态，接听电话时才能自然地展示出端正而礼貌的姿态及语言。任何懒散、懈怠的行为都容易被对方感知到。

二、接听电话礼仪

接听电话第一声问候的语调非常重要，决定着整个沟通气氛及基调。第一声问候一定要亲切、悦耳、清晰和令人愉快,这有助于对话的顺畅进行。

电话铃响三声内应该接起电话,超过三声应先向对方表达令其久等的歉意。

先报单位和自己的姓名。接听过程应仔细聆听,并做好记录。

标准的普通话会显得更专业。交流全程保持口齿清晰、语速适中、语气诚恳、声调自然柔和。

电话沟通时间不宜过长,美容师应掌控好时间和节奏,进行有效沟通,达到沟通目的后有技巧地结束谈话。

接听投诉电话时不可急躁,不能与顾客发生争执或产生不愉快的情绪。

接听结束前应等顾客先说结束语再与其道别,确定顾客挂断电话后才可放下电话。

三、接听电话礼节(见表5-1)

表5-1 接听电话礼节

事项	礼貌用语及礼节
问候顾客	(1)自我介绍:"您好,这里是×××美容院,我是×××,很高兴为您服务。" (2)如果顾客先报出自己的姓名,则立即回应:"××女士(小姐、老师)您好!" (3)如果是陌生顾客,先询问:"请问您贵姓?""我该怎么称呼您?" (4)问候语应该在5 s内完成
了解来电目的	(1)如果是咨询,应逐一回答顾客关心的问题 (2)如果当时回复有困难,须向顾客说明原因,记录好顾客的联系方式和姓名,并告知顾客,落实后第一时间予以答复
完整记录	电话沟通和记录要有逻辑,并清晰、简洁地记录何时、何地、何人、何事、为什么和如何做,以便随时清晰地回复顾客的问题
回复和答疑	对于比较清晰的问题,直接做出明确的回复;对于自己解决不了或者不够了解的问题,应记录下来并回复顾客何时、何人负责回复
结束通话	(1)以"感谢您的来电,再见"来结束通话 (2)在顾客挂断电话2~3 s,听到断铃音后再轻轻放下话筒

四、预约电话礼节（见表5-2）

表5-2　预约电话礼节

事项	礼貌用语及礼节
了解来电目的	对于生客说："有什么可以帮您吗？" 对于会员说："×女士（小姐），您好，您要预约护理，是吧？"
询问预约美容师	对于生客说："请问您有熟悉或指定的美容师吗？" 对于会员说："×女士（小姐），请问您今天想约哪位美容师？"
调换美容师	"请问上次是哪一位美容师为您护理的？" "今天您想要同一位美容师，还是需要换一位美容师？" "我给您推荐一位优秀的美容师，好吗？"
询问预约时间	"请问您想约什么时间段来做护理呢？" "×××美容师在×××时间段有空，可以为您服务。"
询问预约项目	"请问您想预约什么护理项目呢？"
新客询问联系方式	"方便将您联系电话或微信号告诉我吗？以便为您发送预约和提示信息。"
预约登记	在接听电话同时，将预约内容录入计算机或登记至预约表
预约确认并道别	（1）重述顾客预约内容，得到顾客确认并致谢道别 （2）"×女士（小姐），您好，我想跟您确认一下，您预约的是××（日）××（时间）做×××（美容项目），您预约的美容师是×××（美容师姓名），对吗？感谢您的来电，再见！"
结束通话	在顾客挂电话2~3s，听到断铃音后再轻轻放下话筒

第三节　微信沟通礼仪

如今，微信、QQ等网络社交软件已成为人们工作、生活中必不可少的沟通交流工具，通过社交软件与顾客进行得体的沟通，维护良好的顾客关系，展示企业良好的形象已成为美容师必备的素质。美容师在日常工作中应该遵守的网络交流礼仪主要有以下几个方面。

一、头像及昵称礼仪

微信头像往往代表着某种寓意和表现出自己的个性，但如果以工作身份及代表公司形象出现在公众面前，则应使用寓意健康、积极的头像语言来表达自己，不宜使用有灰暗、阴郁、消极寓意的头像，也不宜经常更换头像。将昵称改为自己的单位、职务和姓名显得更专业、得体。

二、添加微信的礼仪

按照社交礼仪规则，如以扫二维码的方式添加好友时，晚辈应主动扫描长辈，下属扫描上司，主人扫描客人等。如果没通过对方好友验证，应再次添加并说明你是谁、你的意图是什么。如果三次及以上没通过好友验证，则预示着对方没有交往意愿，就不能再强求添加，可尝试其他方式进行联系。

三、打招呼的正确方式

美容师可编辑一段简洁得体的自我介绍保存在备忘录里，当顾客通过好友验证后，应尽快和顾客打招呼，并善用微笑、握手、花卉等表情符号来表情达意，使交流更加自然亲切。

四、聊天礼仪

1. 语言表达规范有礼

为方便顾客一目了然地阅读信息，应尽量用简单明了的几段文字来交流，每段文字不宜太长，不宜连续发一大串零碎的、只言片语的信息，或以"噢噢""哦哦""嗯嗯"等来回应、结束话题。一般情况下不建议使用语音交流，如果事情特别重要或者难以用文字描述，应与顾客约时间进行电话沟通。编辑信息时应常用礼貌用语，过年过节发问候及祝福信息应该自己编辑，以表达出自己的真心诚意。切忌复制转发模式化的短信或只发一张问候祝福的图片，这样的沟通及表达方式会显得不够真诚、用心，缺乏温暖和人情味。

2. 注意沟通时间

选择合适的时间发信息才会达到理想的沟通效果，要充分考虑对方的处境，不在早上9点前和晚上9点以后、午餐午休时间或周末等休息时间段给顾客发信息。

3. 及时回复信息

及时回复顾客信息是最基本的礼仪。如果超过半天回复信息，应向顾客说明原因并致歉。切忌超过两天回复信息或不回复信息，这样会让对方感到被无视，破坏关系。

五、微信群交流礼仪

1. 礼貌邀请

如果想邀请顾客进入某个沟通交流群，事先应向顾客说明此群的使用目的和群体，并征得对方同意。顾客进群后，由于顾客之间是平等关系，美容师作为群主，应先致欢迎词欢迎新顾客入群。

2. 规范交流

不发与业务交流无关的任何信息（包括个人信息）。注意保护顾客隐私，未经过顾客同意，不发以宣传为目的且涉及顾客隐私的语言或照片。不频繁发广告推销品项或产品，不强行或暗示群成员点赞或投票，以免引起反感。

六、朋友圈礼仪

1. 信息发布适度

好友动态、朋友圈等不仅是个人信息发布的平台，也是品牌或企业形象的展示窗口。适时发布企业的动态信息，可达到一定的营销效果，但如果信息发送太频繁，会让顾客产生反感。未经过顾客同意，不能在朋友圈发顾客护理过程或护理结果的照片及相关信息。

2. 礼貌互动

随时关注顾客朋友圈的动态，适时给予适度的关注和点赞，或给予礼貌、真诚的评论，并一定注意不要涉及隐私话题。

第四节　服务接待礼仪

礼貌待客是中华民族的传统美德，在服务行业，热情友好的待客之礼会让顾客产生宾至如归的感受。在美容院的实际工作中，服务流程是从接待顾客及提供服务咨询开始的，因此，掌握服务接待礼仪也是美容师应必备的技能。

一、迎客礼仪

1. 准备

美容师按照美容院服务动线及要求自然地站在规定接待顾客的地方，精神饱满、面带微笑，随时准备迎接顾客。

2. 打招呼

对来店的顾客上前热情地打招呼，说："×××上（下）午好，欢迎光临，请问您有预约吗？""请问我有什么可以帮到您吗？"

3. 鞠躬

鞠躬是对他人郑重其事地表示尊重和敬佩的一种方式，不同国度有不同的鞠躬方式。根据我国传统文化习俗及常见服务礼仪，当与顾客交错而过时，美容师应面带微笑，可行15°的鞠躬礼，以示礼貌及打招呼；当迎接或送别顾客时，可行30°鞠躬礼；感谢顾客或初次见到顾客时，可行45°的鞠躬礼以表示礼貌。

4. 自我介绍

美容师面带微笑，目视顾客，向顾客做自我介绍："您好，我是××，欢迎您的光临，请问怎么称呼您？"美容师尽量让顾客记住自己的名字，特别是对不熟悉、不经常服务的顾客。

5. 领位

美容师领位方位根据场地动线而定，一般走在顾客的左侧斜前方，自然伸出左手或右手臂（手肘弯曲，五指自然并拢，掌心向上，手掌与地面约成45°），如图5-1所示。美容师应微笑着对顾客说"请跟我来"或"您这边请"，根据接待服务动线将顾客带到指定地点。上楼梯时让顾客走在前面，下楼梯时自己走在前面。进电梯时自己先进并按住电梯"开"的按钮以确保顾客安全进入电梯，出电梯时则让顾客先出。

图 5-1 美容师迎接顾客

6. 敬茶

茶水浓度和温度适中，水倒七分满较为适宜。根据接待场景，可以将茶杯放在顾客桌前请其自用，也可以双手将茶水呈递给顾客。

二、待客礼仪

1. 带客参观

带客参观时，美容师一般走在顾客的左前方，用手势指示要去的方向和要讲解的项目内容，并随时关注顾客的感受。顾客专注或有兴趣之处可以多加介绍。如路遇同事，也可向顾客简单介绍同事的姓名和身份，以示尊重。

2. 主动问候

在服务区内，遇见顾客应主动打招呼。美容师之间也应相互点头致意，共同营造轻松愉悦的气氛。如在通道与顾客相遇，应侧身站到一旁，让出通道请顾客先走，同时微笑向顾客道"您好"，等顾客走后再自行通过。

3. 保持安静

（1）美容师在服务区时不可大声说话，走路要轻盈，尽量不要发出声响。美容师到护理室之前，应先轻声敲门并询问："我可以进来吗？"征得对方同意后方可进入。

（2）服务过程中尽量减少进出。开门时应侧身，轻轻转推把手扶住门，并礼貌请顾客进门。关门时则扶住把手面向顾客侧身退出，并将门轻轻关上不发出声响。操作过程中轻拿轻放物品，尽量不发出声响。

4. 保护顾客隐私

在顾客更衣或美容美体过程中，应尊重顾客习惯，保护顾客隐私，避免直视顾客更衣或看顾客隐私部位。

5. 不接打私人电话

服务过程中美容师不可接打私人电话，以免影响顾客。

三、送客礼仪

1. 取物

护理结束后，美容师应主动帮助顾客取出寄存物品，双手呈递给顾客，并提醒顾客清点好物品。如有需要,可帮助顾客穿戴好衣服及饰品等。

2. 送客

接待人员或美容师可根据具体情况将顾客送至美容院大门或电梯口,帮助顾客开门或开电梯,目送顾客离去。

3. 陪护

若遇下雨时,可根据情况帮助顾客叫车,并撑伞将顾客送到车上。

4. 道别

将顾客送出门后,道别:"再见,您慢走!欢迎下次再来!"

第六章
美容师职业生涯规划

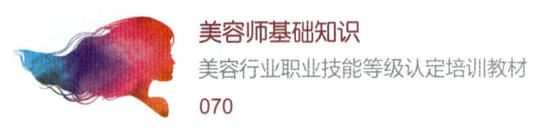

对于美容师而言，正确进行自我定位，将自我发展目标与公司发展目标相结合，合理规划切实可行的最佳职业发展路径，不断朝着目标前行是事业成功的根本保障。

本章根据美容业职业特点、美容师成长历程，侧重介绍初入职场的美容师所需了解的职业生涯规划的基本要素和方法步骤，引导美容师制订正确的职业生涯规划，有目标、有计划地实现职业目标，减少成长道路上的犹豫彷徨。

第一节　职业生涯规划概述

一、职业生涯的定义

职业生涯是指一个人一生中所有与工作职业相联系的行为与活动，以及相关的态度、价值观、愿望等连续性经历的过程。

二、职业生涯规划

1. 职业生涯规划定义

据中国职业规划师协会的定义，职业生涯规划也叫职业规划，是指个人与组织相结合，在对一个人职业生涯的主客观条件进行测定、分析、总结的基础上，对自己的兴趣、爱好、能力、特点进行综合分析与权衡，结合时代特点，根据自己的职业倾向，确定其最佳的职业奋斗目标，并为实现这一目标做出行之有效的安排。

2. 职业生涯规划的重要性

（1）通过职业生涯探索，更加深入、全面地了解自我，综合分析自我天性禀赋、智力、情商、潜能、兴趣、爱好、能力、特长和不足，有益于探索职业倾向，明确最佳职业发展目标及发展途径。

（2）通过综合分析个人及周围环境，将职业目标与企业需求进行匹配和结合，选择能发挥自身潜能的工作岗位，有益于实现人生及职业目标。

（3）制订适合个人发展的生涯规划，有目标、有方向、有计划地开展学习和职业活动，避免因犹豫和彷徨而浪费宝贵时光。

（4）根据职业发展总体目标制定切实可行的阶段性目标与实施措施，按照具体计划采取实际行动，并根据个人和环境变化适时修正目标，以确保目标得以实现。

第二节　职业生涯规划步骤

"凡事豫则立，不豫则废。"美容师职业生涯时间有限，合理规划自己的职业生涯，脚踏实地践行和实现目标是获得职业成功的关键。生涯规划没有尽头，是随着对自身与所处环境的不断了解，不断重新定义、重新规划和选择的过程，也是以自我设定的目标为结果导向，不断进行自我评价、自我选择和自我实现的过程。职业生涯规划基本步骤如图6-1所示。

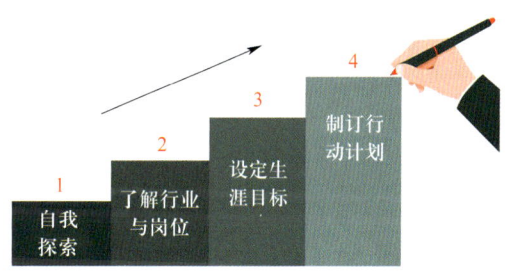

图6-1　职业生涯规划步骤

一、自我探索

自我探索是个体认识自己的过程，是通过自我感觉、自我观察和与他人的互动反馈，对自己身心特征进行客观、正确的自我分析、自我判断及自我画像，不断认清自己是一个什么样的人、想成为什么样的人的过程。自我探索对制定个人职业生涯规划及职业发展非常重要。

美容师正确地了解和评估自我有助于做出合理、有效的职业规划。建议借助一些人格测评、心理测评、职业能力测评等专业测评工具对自己的性格特征、职业能力、心理等进行分析评估，找到自己的职业倾向及擅长领域，最重要的是想清楚当下自己的价值取向是什么，想干什么、能干什么和适合干什么。职业生涯的自我探索如图6-2所示。

图 6-2 职业生涯的自我探索

1. 性格探索

每一种性格都有与之相适应的职业及岗位。美容师在做职业选择及设计发展规划时,首先要充分认识自己的性格,只有选择与自己性格相匹配的工作及岗位,才能使工作更加得心应手,获得职业成就感。在美容业,一般性格内向、胆怯、不善言辞或不爱交际的美容师不适合销售和培训工作;性格急躁、粗心大意的不适合做具体技术工作;懦弱、缺乏魄力的难以成为管理者和创业者;思想保守、缺乏艺术创造力的不适合做化妆造型工作。另外,自私、消极、懒散、没耐心、功利、拖延、退缩、没主见、缺乏条理等不良性格对个人能力的形成、职业的选择与发展有很大的制约。但工作会塑造人,性格也会因为工作而改变。

2. 兴趣探索

美容专业涉及美容、美体、化妆、美甲、美睫等多个分项,美容师在工作岗位选择及规划时,首先要充分认识自己的兴趣爱好,选择与兴趣爱好相匹配的岗位,工作更能有职业愉悦感。当然,兴趣虽然是职业选择的首要因素,但兴趣可以培养,在选择工作岗位时要与自身实际情况结合。

3. 能力探索

能力是关于自己擅长什么,能做什么的问题。当一个人的能力和工作的要求相匹配时,最容易发挥自己的潜力,并且获得满足感。美容师职业能力主要包括专业知识技能、沟通能力、销售能力和服务能力。在选择职业时,美容师可以根据自己的能力选择合适的岗位，也可以选择目前不擅长的岗位来锻炼自己的能力。能力是锻炼出来的，部分美容师工作之初并不擅长销售，但后期工作过程中在销售岗位反而取得了优异成绩。

对没有职业经验及工作能力的美容师来说，企业最看重的是对职业的热爱、脚踏实地的态度和学习能力，并会提供适应岗位要求的各项培训和帮扶制度来帮助新员工快速达到岗位要求。在人事安排中，企业会根据员工不同的能力优势安排不同的工作，使其发挥能力优势作用。

4. 价值观探索

职业价值观指个人在从事满足自己内在需求的活动时所追求的工作特质或属性，它是个体价值观在职业上的反映，它可以帮助你发现自己在职业中最为看重的东西。职业价值观一般包含安全稳定、财富收入、社会地位、兴趣爱好、独立自由、环境舒适、交通便利、富有挑战、没有压力、自我成长、自我价值等多个方面。"人各有志"，人们更容易在自己的选择中获得满足感和成就感。美容师在职业规划时，首先要认识自己的价值观，清楚自己最想要什么，选择与自己的价值观相匹配的岗位，这对获得职业满足感与成就感非常重要。

二、美容师职业概述

美容师更好地了解美容师这个职业，能够帮助个人实现理想，这是美容师职业生涯规划中的重要部分。通过掌握美容业美容、化妆、美甲、美睫等各细分市场及所在地区发展现状、趋势、市场及人才竞争等情况，以及就业机会、岗位能力需求等信息等，可以帮助有意愿从事美容工作的人更好地做职业决策。

1. 美容业企业的概况

在美容业，绝大部分企业都属于中小微型企业，但也有规模大小之分。大公司及大型美容连锁机构发展稳定，福利待遇较有竞争力，培训和管理体系完善、晋升机会较多，招聘机会也较多。拥有大公司的履历，特别是高职位的履历能给个人未来职业选择带来更大的空间，但其因为分工较细，员工没有锻炼其他能力的机会。相对于大公司，在小型美容院及化妆、文绣、美甲、美睫等各类工作室，员工通常会身兼数职，对员工综合能力要求更高，能得到全方位锻炼，更有机会施展才能，发挥潜能，更有益于个人创业。

同时，美容业中大多为私营企业，美容、美体、化妆、美甲、文绣、美睫一直是女性市场的消费热点。美容业及各细分职业发展一般都是稳定而持续的，不稳定的因素大都属于企业自身经营的问题和员工个人意愿或能力等问题。所以，只有靠努力工作的态度和创造绩效的能力，工作才会稳定。

2. 美容业的常见岗位

美容业主要就业岗位包括技术、销售、培训、管理和其他岗位五大类（见图6-3）。随着能力的提高，美容师也可以根据自己的性格、兴趣和能力特长选择适合的岗位，但也要服从企业的安排。无论从事什么岗位的工作，美容师都应该从基层做起，积累了丰富的实践经验才有机会晋升成为美容顾问、培训师、主管、店长等。

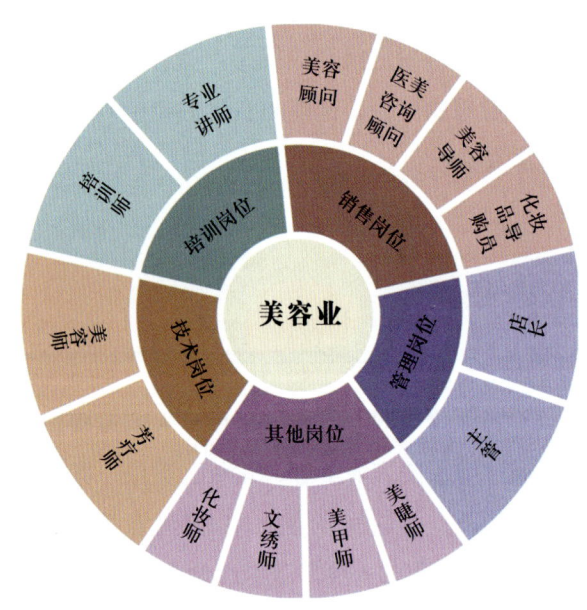

图6-3 美容业常见工作岗位

美容院常见的工作岗位如下。

（1）技术岗位。

1）美容师。主要为顾客提供面部、身体皮肤护理，以及塑身减肥等美容美体技术服务。有些美容院中的美容师也负责接待咨询及美容顾问工作。

2）芳疗师。与美容师工作内容相同，不同的是芳疗师主要使用精油护理皮肤，需要学习植物精油知识和护理操作方法，并考取相关资质证书。

（2）销售岗位。

1）美容顾问。主要运用化妆品和皮肤护理专业知识为顾客提供皮肤护理咨询，制定护理方案，推荐美容项目及产品。

2）医美咨询顾问。主要在医疗美容机构运用美学、形象设计和医美整形基础知识，为顾客提供线上和线下咨询服务。

3）美容导师。美容导师作为化妆品、美容仪器等生产厂家及各级代理商的技术指导及销售人员，主要运用专业知识和销售知识为终端实体店提供技术、产品推广及培训。资深美容导师可以晋升为品牌经理、区域经理、市场总监、培训总监等。

4）化妆品导购员。运用专业知识技能，在商场、门店、专柜、网络平台等为顾客讲解、示范、分享化妆品使用心得，推荐及销售适合顾客的彩妆、护肤品等商品。可晋升为主管、柜长、销售经理等。

（3）培训岗位。

1）培训师。主要运用自己丰富的实践经验和讲授能力对服务对象进行服务、技术、新项目、新产品等培训服务。可晋升为培训主管、培训经理、培训总监等。

2）专业讲师。主要运用丰富的实践经验和讲授能力在职业培训学校或职业院校从事专业教学工作。可晋升为系主任等教学负责人、专业带头人等。

（4）管理岗位。在美容机构、化妆品公司等担任店长、主管等职位，从事日常运营和管理工作，必须具有丰富的工作经验和管理能力。许多连锁机构都将忠诚度高、有能力的店长发展成为事业合伙人及股东。

（5）其他岗位。美容师可以根据自己的爱好选择到影楼、摄影机构等从事化妆工作，也可到文绣、美甲、美睫等机构、工作室从事相关工作。

除以上岗位外，美容师有了一定职业经验或市场资源可以选择自主创业或合伙创业。美容院、养生馆、皮肤管理工作室、化妆工作室、美甲美睫工作室、文绣工作室等都是很好的创业途径，具有广阔的发展空间。

3. 了解美容师不同岗位具体工作情况的方法

想了解美容师不同岗位、不同企业的具体工作情况，推荐采用"人物访谈"的方式，即向实际从事某一岗位的人了解该岗位的能力等各种要求。用这种方法可以比较详细、具体地了解特定岗位不为常人所知的情况，能有效地帮助个人在进入某一行业前做好职业方面的技能准备。美容相关专业的学生可以对在美容师岗位上工作的人进行采访。此外，参加社会实践、企业兼职、顶岗实习等也是了解岗位的重要途径。通过岗位实践不但可以了解职业环境、发展趋势、岗位要求等，还可以真实体验不同岗位的细节差异，帮助自己检验是否适合这个岗位，能否胜任这项工作。

三、职业决策和行动计划

经过自我探索和对职业的了解，美容师需要进行初步的职业决策，为自己设立职业目标。职业决策受自身客观情况、职业胜任力和岗位职责、家庭因素、工作地点等因素的影响。

1. 职业决策的方法——决策平衡单

决策平衡单是指帮助决策者使用表单的形式，系统地分析物质、精神等方面的每一个可能的选项，判断各选项的利弊得失，然后依据其加权计分排定各个选项的优先顺序，以实现决策。决策平衡单可以帮助美容师具体地分析每一个可能的选择方案，考虑各种方案实施后的利弊得失。

2. 职业目标的确定

确立职业目标是职业生涯规划的核心，是个人立足现实对未来的展望。职业目标就是职业的导航系统，一旦设定了清晰的目标，职业规划就变得简单有力，余下的就是坚持执行人生目标及职业目标，应随着个人发展和环境变化适时进行评估和调整。

职业目标通常可分为短期目标、中期目标和长期目标。长期目标是职业生涯规划的关键环节，其他目标则是围绕长期目标而进行的阶段分解。

职业目标的确定需要遵守以下原则：（1）明确；（2）可量化；（3）可以达到但又有一定挑战性；（4）目标有意义、有价值，并有奖惩的措施；（5）有明确的时间限制；（6）可控。

3. 制订行动计划并付诸行动

当个人把自己的中长期目标分解为一个个中短期目标时，就有了具体的行动计划或步骤，这样做有助于个人对自己的职业生涯发展进行管理。职业目标需要有具体实施措施并全力以赴行动才能得以实现。制订行动计划是指为达成既定目标在职业选择、成长路线选择、知识技能提升、潜能开发等方面制定清晰、明确、行之有效的措施、预期结果和时间节点，行动计划应随着目标的调整而进行相应的修正。最重要的是将计划付诸行动并坚持到底。

第三部分

美容医学基础知识

第三部分 美容医学基础知识

"医学为本、美容为用"是美容、美体、养生保健、文绣、美甲、美睫、化妆等美容服务应遵循的正确美容护理理念。美容技术所使用的专业手法、专业仪器、化妆品、营养品等各种美容保健手段都是通过应用于人体而发挥作用，对人体的组织、器官及功能产生一定的影响，从而起到一定的美容、保健作用。因此，所有的美容技术应建立在卫生安全基础之上。由此可见，美容师掌握扎实的美容医学基础知识非常重要，它是为顾客提供安全美容服务，杜绝美容事故发生的根本前提。

本部分从卫生消毒与感染控制、人体解剖生理常识、人体皮肤生理知识、营养学基础几方面介绍美容师必须掌握的美容医学基础知识，为美容师学习美容实践性知识和操作技能打下坚实基础。

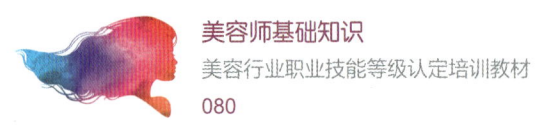

美容师基础知识
美容行业职业技能等级认定培训教材

要点提示

1. 掌握美容院日常卫生及消毒方法。
2. 掌握头面部骨骼、肌肉的结构和特性。
3. 掌握人体皮肤组织结构及生理功能。
4. 掌握问题皮肤的成因和解决皮肤问题的原则。
5. 掌握食物营养与皮肤健康的关系及美容健康饮食指导。

关键术语

感染　感染性疾病　消毒　灭菌　皮脂膜
屏障功能　营养素　自由基

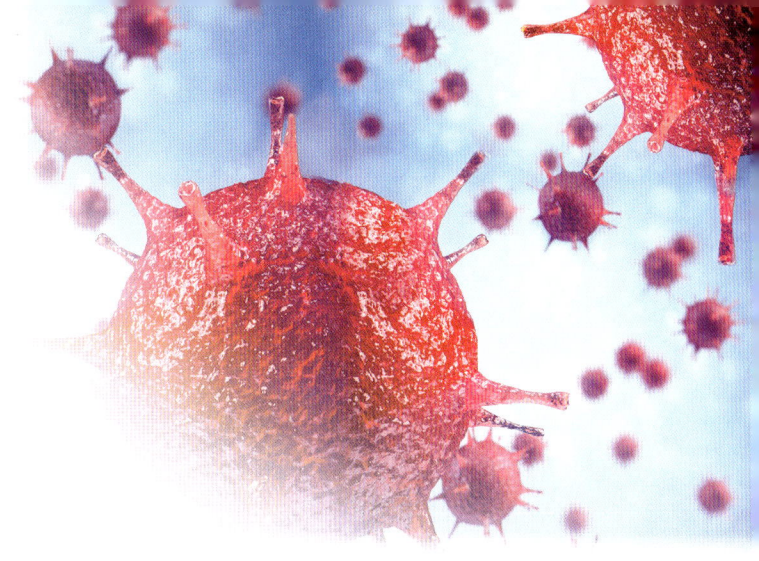

第七章
卫生消毒与感染控制

美容院的卫生消毒工作直接关系到广大消费者和从业人员的健康，关系到美容院的服务质量和社会信誉。因此，美容院卫生消毒管理是美容院日常运营管理中最基本、最重要的工作。

美容院应借鉴《医院消毒卫生标准》（GB 15982—2012），从环境卫生、仪器设备、用品消毒方法，到美容师个人卫生要求来制定消毒卫生规章制度和管理办法，从业者须严格执行卫生消毒标准，以保障个人和社会共同利益。

第一节　感染与控制的相关法规及制度

一、公共卫生管理条例

《公共场所卫生管理条例》由国务院于 2019 年第二次修订并颁布实施,为创造良好的公共场所卫生条件,预防疾病,保障人体健康而制定。条例规定了公共场所基本卫生要求、卫生管理和从业人员卫生管理环节的基本要求和准则,以及违反条例的单位或者个人所需承担的责任及其应受到的处罚。该条例同样适用于美容院及 SPA 等美容机构。

与美容师职业相关的规定如下。

1. 公共场所的主管部门应当建立卫生管理制度,配备专职或者兼职卫生管理人员,对所属经营单位(包括个体经营者,下同)的卫生状况进行经常性检查,并提供必要的条件。

2. 经营单位应当负责所经营的公共场所的卫生管理,建立卫生责任制度,对本单位的从业人员进行卫生知识的培训和考核工作。

3. 公共场所直接为顾客服务的人员,持有"健康合格证"方能从事本职工作。患有痢疾、伤寒、病毒性肝炎、活动期肺结核、化脓性或者渗出性皮肤病以及其他有碍公共卫生的疾病的,治愈前不得从事直接为顾客服务的工作。

4. 除公园、体育场(馆)、公共交通工具外的公共场所,经营单位应当及时向卫生行政部门申请办理"卫生许可证"。"卫生许可证"两年复核一次。

5. 公共场所因不符合卫生标准和要求造成危害健康事故的,经营单位应妥善处理,并及时报告卫生防疫机构。

二、美容院卫生管理规范

1. 美容院的卫生管理规范

(1)美容院根据卫生法律法规、卫生标准、卫生规范的要求,结合实际情况建立健全卫生管理制度，并对制度执行情况进行经常性检查。

（2）美容院的所有工作人员应每年进行健康检查，取得健康合格证明后方可上岗。

（3）美容院定期组织所有工作人员进行卫生知识培训及考核，保证每一位工作人员都清楚自己所负责区域或物品的卫生和消毒标准，并在工作中严格执行。

（4）美容院要制定传染病、健康危害事故应急预案，发生传染性疾病流行和危害健康事故时，应立即处置，防止危害扩大。

2. 美容师的职责

（1）严格遵守相关法律法规和规章制度。

（2）了解美容院可能遇到的感染类型、防护措施、卫生消毒标准等感染控制相关知识。

（3）严格按照相关卫生消毒标准规范操作，保障顾客和自身安全。

第二节　感染基础知识

一、感染性疾病、传染病

1. 感染

感染是指在一定的环境条件下，病原体突破机体的防御功能进入机体，在机体内生长繁殖引起病变。传染也属于感染范畴，但感染不一定具有传染性。

2. 感染性疾病

感染性疾病是指由病原微生物（病毒、细菌、真菌等）和寄生虫等感染所致疾病，包括传染病和非传染感染性疾病。

3. 传染病

传染病是指由病原体侵入人体后产生的带有传染性的疾病，在一定条件下可造成流行的疾病，如结核病、鼠疫、艾滋病、肝炎、流行性乙型脑炎、中东呼吸综合征、严重急性呼吸综合征等。传染病可直接或间接地在人与人之间传播，其传染有三个必需环节：传染源、传播途径和易感人群。

感染控制是消灭或减少感染微生物传播的方法，美容院作为公共场所，应将卫生消毒工作放在首位。

二、细菌、病毒、真菌和寄生虫知识

微生物是存在于自然界的一群体积微小、结构简单、肉眼看不见，必须借助光学显微镜或电子显微镜放大数百倍、数千倍，甚至数万倍才能观察到的微小生物。

1. 微生物与人类的关系

微生物的分布非常广泛。在自然界中，水、土壤、空气、矿层等都有微生物存在，在人类体表以及人与外界相通的腔道中，也有大量微生物存在。

绝大多数微生物对人类和动物、植物是有益的，而且是必需的，如乳酪、酸奶和酒酿的制作、部分抗生素的制造、废水的处理等，都与微生物有关，在生物科技领域中，微生物也有着广泛的应用。

少数微生物具有致病性，能引起人类和动物、植物的病害，这些微生物称为病原微生物。病原微生物包含细菌、病毒、真菌。它们可引起结核、破伤风、痢疾、肝炎、艾滋病、流感、麻疹、流行性脑脊髓膜炎、梅毒等人类疾病。

2. 细菌

细菌是一类具有细胞壁的单细胞原核性微生物。细菌的个体微小，通常用微米（μm）作为测量单位（1 μm=0.001 mm）。

（1）细菌的三种基本形态。细菌按其外形可分为球状菌、杆状菌和螺旋状菌（见图 7-1）。

1）球状菌。为球形或近似球形的微生物，以单独或群体的形式出现，是导致人体局部或全身化脓性感染的主要致病菌。

2）杆状菌。菌体呈杆状或近似杆状，不同杆状菌的大小、长短、粗细差别较大。它们中最常见的杆状菌，会导致破伤风、伤寒、结核病及白喉等疾病。

3）螺旋状菌。菌体呈弯曲状，主要包括弧菌和螺菌两种，常见的如霍乱弧菌、小螺菌、幽门螺杆菌。

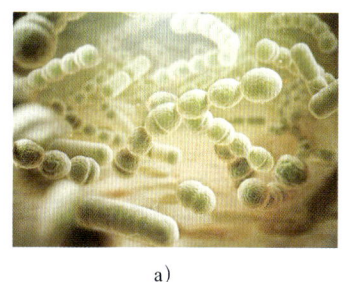 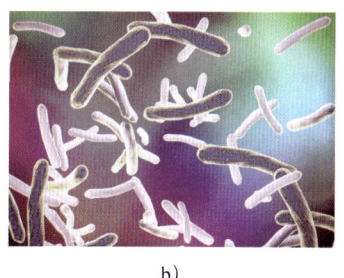 

a) b) c)

图 7-1 细菌形态
a）球状菌 b）杆状菌 c）螺旋状菌

（2）细菌感染主要的外源性和内源性来源。外源性是指病原菌来自体外，如患者、带菌者、病畜和带菌动物等。内源性是指病原菌来自体表或体内，多数为已经存在的正常菌群中的条件致病菌。

美容院的交叉感染多为外源性，主要通过顾客与美容师之间的直接接触或顾客与顾客、顾客与器材之间的间接接触而引起，其传播媒介是公用毛巾、海绵扑、护肤用品，未消过毒的工具、美容仪器、暗疮针、刷子及美容师的手、顾客体表破裂的伤口、脓液和不洁环境等。

（3）根据病原菌入侵的途径，细菌感染分为以下几类。

1）呼吸道感染。致病菌从患者或带菌者的痰液、唾沫等分泌物，通过气溶胶、空气飞沫及沾染有病菌的尘埃，经呼吸道途径感染他人。常见病如肺结核、流脑、白喉、百日咳、军团病等。

2）消化道感染。摄入被患者或带菌者的排泄物污染的食物、饮用水所致的感染，即粪 – 口途径传播，常见病如痢疾、伤寒、霍乱、甲肝等。

3）接触感染。病原菌通过人与人，或人与动物密切接触，或通过用具等间接接触而感染，常见病如沙眼、淋病、癣病等。

4）创伤感染。病原菌经皮肤、黏膜的细小裂隙或破损处侵入而引起的感染，常见病如皮肤创伤、痤疮处理、文刺、注射、手术等引起的化脓性感染。

5）媒介感染。病原菌通过蚊、虱、蚤等动物叮咬所致的感染，常见病如乙脑、鼠疫等。

致病菌在侵入人体后，会对人体健康产生不同程度的威胁，如果人体无法对付细菌及其产生的毒素就会造成感染，疖子或脓疱即为细菌局部感染的特征。一旦血液中的细菌及毒素传遍全身，就会造成全身感染。

相关链接

人体具有天生的自我防御能力,可以抵抗感染。
- 健康的皮肤是人体的第一道防线。鼻毛及黏液有阻挡细菌入侵的作用,打喷嚏或咳嗽就是人体针对细菌入侵的自动防御反应。另外,身体分泌物,如汗水及消化液也可消灭细菌。
- 白细胞在血液中可消灭有害细菌。人体的皮肤发炎是防御有害细菌入侵的一种表现,如皮肤红肿则显示温度及新陈代谢的激增。
- 抗毒素可以瓦解细菌所制造的毒素。人体本身可以制造出能够阻止或消灭有害细菌的物质,这些具有抗菌及保护作用的物质称为抗体。

3. 病毒

病毒(见图7-2)是一种个体微小、结构简单,仅含有一种核酸类型(DNA或RNA)的非细胞型微生物,由于缺乏酶系统和细胞器,病毒不能自行代谢,须在活的易感细胞内才能以复制方式进行繁殖。病毒体大小的测量单位为纳米(nm,1 nm=0.001 μm)。

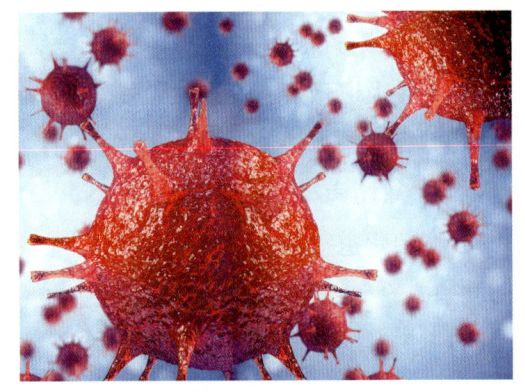

图7-2 冠状病毒

病毒分布广泛,种类繁多,可使动植物致病。人类由病毒引起的疾病约占微生物引起疾病总量的75%。

病毒耐冷不耐热,在温度为50~60 ℃的环境中30 min或100 ℃的环境中几秒钟即可灭活(肝炎病毒例外)。病毒对低温抵抗力较强,通常在-196~-20 ℃仍不失去活性。X射线、γ射线及紫外线都能使病毒灭活。大多数病毒对高锰酸钾、次氯酸盐等氧化剂敏感,升汞、酒精、碘及碘化物均能迅速杀灭病毒,β-丙内酯及环氧乙烷可杀灭病毒。

(1)病毒感染的水平传播和垂直传播。水平传播是指病毒在人群不同个体之间的传播,包括人和动物之间、人与人之间(包括通过媒介)的传播,此为大多数病毒的传播方式。垂直传播是指病毒由亲代宿主传给子代的传播方式,人类主要通过胎盘或产道传播,也可见于其他方式,如围产期哺乳和密切接触感染等方式。

病毒的感染途径与传播方式见表 7-1。

表 7-1 病毒的感染途径与传播方式

主要感染途径	传播方式	病毒种类
呼吸道	空气、飞沫或皮屑	流感病毒、冠状病毒、鼻病毒、麻疹病毒、腮腺炎病毒、腺病毒及部分 EB 病毒、肠道病毒、水痘病毒等
消化道	被污染的水或食品	脊髓灰质炎病毒等肠道病毒、轮状病毒、甲肝病毒、戊肝病毒、部分腺病毒等
血液	注射、输血或血液制品、器官移植等	HIV、HBV、HCV、风疹病毒、HCMV 等
眼或泌尿生殖道	接触、游泳池、性交	HIV,单纯疱疹病毒1、2型,肠道病毒70型,腺病毒,人乳头瘤病毒等
经胎盘、围产期	宫内、分娩产道、哺乳等	HBV、HIV、CMV、风疹病毒等
破损皮肤	昆虫叮咬、狂犬咬伤、鼠类咬伤	乙型脑炎病毒、克里米亚-刚果出血热病毒、狂犬病毒、汉坦病毒等

缩写对照:HIV:人类免疫缺陷病毒;HBV:乙型肝炎病毒;HCV:丙型肝炎病毒;HCMV:人巨细胞病毒;CMV:巨细胞病毒

(2)病毒的感染类型。

1)隐性感染。病毒侵入机体不引起临床症状,称为隐性感染或亚临床感染。病毒隐性感染者虽不出现临床症状,但仍可获得免疫力而终止感染。有部分病毒隐性感染者不能产生有效的免疫力,病毒可长期向外界播散,这种隐性感染者会成为病毒携带者。

2)显性感染。病毒侵入机体引起临床症状和体征,称为显性感染或临床感染。

(3)病毒性疾病的预防方法。

1)免疫学预防,如接种疫苗,使机体产生抗体。

2)注意卫生与消毒,开窗通风,防止飞沫传染。如美容师操作时戴质量合格的口罩。

4. 真菌

真菌（见图7-3）属于真核细胞型生物。其细胞结构完整，有细胞壁和典型细胞核，无根、茎、叶，不含叶绿素。

真菌在自然界分布广泛、种类繁多，多数对人类有益，如用于制酱、酿酒，产生抗生素、酶类等；少数可引起人类疾病，称为病原性真菌。

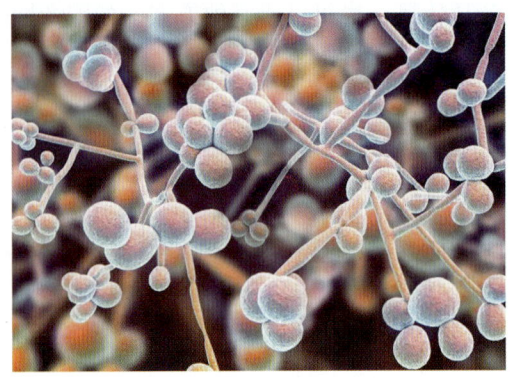

图7-3 真菌

（1）根据引起感染的部位，真菌感染分为以下三类。

1）浅部感染真菌，如皮肤癣病和角层癣病。

2）皮下组织感染真菌，如孢子丝菌和着色真菌。

3）深部感染真菌，如假丝酵母、隐球菌、曲霉、镰刀菌。

浅部感染真菌是指寄生或腐生于角质蛋白组织（表皮角质层、毛发、甲板）的真菌，它所引起的皮肤癣病，是世界上感染最普遍的真菌病，以手足癣最为多见，还可导致体癣、股癣及甲癣。

（2）美容院预防感染的方法。在美容院，所有接触过顾客的一次性器具、物品，如毛巾、拖鞋、水杯等应直接丢弃，做到一客一换，否则会传播病原微生物，造成感染。

5. 寄生虫

寄生虫是永久或暂时地生活在其他动物的体内或体表，汲取营养，使宿主受损害的多细胞无脊椎动物或单细胞的原生生物。寄生虫必须有宿主才能存活。它可作为病原体，也可作为媒介传播疾病。寄生虫按照寄生环境可分为体内和体外寄生虫，体外寄生虫常见的有虱子、螨虫等。

头虱是引起传染病和传染症状的一种寄生虫，它会通过接触患者的头部、梳子、发夹、帽子等物品得以传播。

螨虫（见图7-4）寄生于人和哺乳动物的皮肤表层，也是皮肤传染病的媒介体。它会将各种污染物、细菌等带到皮肤

图7-4 螨虫

里，在宿主皮肤抵抗力弱时，会引起皮肤炎症。疥螨更多会通过衣物及被褥等直接传播。

由于每种寄生虫的传播方式不同，美容院应及时、全面、彻底地清洁和消毒梳子、毛巾等所有客用贴身物品及台面、工具及仪器，美容师在护理工作前、护理工作中被污染时及护理工作完成后及时消毒双手至关重要。

三、血源性病原体基本知识

在人体内由血液或体液传播的致病微生物，叫作血源性病原体，如肝炎病毒和艾滋病毒。在美容院中，血源性病原体可能会通过破损的皮肤进行传播，所以在护理过程中应避免划破或损害自己和顾客的皮肤。若不慎将自己与顾客同时划伤，则会有感染乙肝和艾滋病的风险。所以，在未知顾客健康状况的情况下，修眉、蜡脱毛、去黑头等容易出血的操作环节中，戴手套操作是最保险的防护措施，应使用一次性或经严格清洁消毒后方可使用的操作工具。护理后与顾客接触过的物品（表面）也需要彻底清洁消毒。

1. 肝炎

肝炎是肝脏炎症的统称，通常是指由多种致病因素，如病毒、细菌、寄生虫、化学毒物、药物、酒精、自身免疫因素等导致肝脏细胞受到破坏，肝脏的功能受到损害，引起身体一系列不适症状，以及肝功能指标异常的病症。

通常人们生活中所说的肝炎，多数指的是由甲型、乙型、丙型等肝炎病毒引起的病毒性肝炎。甲肝主要通过粪—口途径传播，乙肝和丙肝主要经血液、体液等途径传播。

乙肝病毒在人体外可以长期存活，并且抵抗力很强，它对热、低温、干燥、紫外线及一般浓度的化学消毒剂，都能够耐受。人体外的乙肝病毒一般不会对人构成传染的威胁性，因为乙肝病毒不能通过正常健康完整的皮肤传播。

2. 艾滋病（AIDS）

艾滋病是一种危害性极大的传染病，由感染人类免疫缺陷病毒（HIV）引起。HIV主要通过血液、体液（如精液和阴道分泌物）在人与人之间传播。HIV感染者要经过数年，甚至长达10年或更长的病毒潜伏期后才会发展成为艾滋病患者，所以未进行HIV检测的阳性者，是最危险的传染源。

HIV主要通过共用针具静脉注射以及无保护措施的性生活传播。HIV在人体外生存能力极差，不耐高温，抵抗力较低，离开人体不易存活。常温下，在人体外的血液

中 HIV 只可存活数小时。HIV 对热敏感，在 56 ℃条件下 30 min 即失去活性，故日常生活接触（如握手、拥抱、分享食物等）不会传播艾滋病。

四、感染预防及控制措施

1. 免疫预防

特异性免疫的获得有自然免疫和人工免疫两种方式。自然免疫指机体受某些病原微生物的感染或隐性感染后，可产生特异性的抗体等，从而获得对该病原微生物的免疫力。人工免疫（含接种疫苗）是指人为地刺激机体或直接输入免疫活性物质，使机体获得免疫力，从而达到预防或治疗疾病的目的，也称为免疫预防。接种疫苗是预防和控制传染病的一个重要手段。

2. 清洁、消毒、灭菌

正确地清洁、消毒和灭菌能预防因接触物体表面潜在传染物质而产生的疾病，常用的消毒、灭菌方式主要分为物理消毒灭菌法和化学消毒灭菌法。

清洁：是指用清水或去污剂清除物体表面的污垢及部分微生物的过程。

消毒：是指杀灭物体上病原微生物的方法，一般在常用消毒剂浓度下和作用时间内只能杀死细菌繁殖体，对芽孢无效。

灭菌：是指杀灭物体上所有微生物的方法，包括病原菌和非病原菌的繁殖体和芽孢，灭菌的目标是达到无菌的状态。

第三节　美容院日常卫生及消毒管理

一、美容师卫生规范

1. 美容师上岗要求

按照国家卫生健康委员会发布的相关规定，美容院直接为顾客服务的人员，必须持有"健康合格证"方能从事本职工作。患有痢疾、伤寒、病毒性肝炎、活动期肺结核、化脓性或者渗出性皮肤病以及其他有碍公共卫生疾病者，治愈前不得从事直接为顾客服务的工作。

2. 美容师日常卫生规范

美容师健康、干净、整洁的专业形象是赢得顾客信任的开始，建立良好的第一印象是令顾客满意的第一步。为使服务工作顺利开展，不断提升顾客满意度，美容师应自始至终做好自己的卫生健康管理。

（1）头发卫生。勤洗头并保持头发清爽干净，无异味、无头皮屑，并梳理整洁。

（2）脸部卫生。保持皮肤健康、光泽、无皮肤疾病和慢性炎症。

（3）口腔卫生。定期洁牙，保持牙齿干净、健康；餐后及时漱口清洁，保持口腔干净无异味。

（4）手部卫生。保持皮肤健康柔软，无任何皮肤疾病，无硬皮；指甲长度不超过指腹边缘，前缘光滑、周边没有毛刺；在准备工作、结束工作、如厕和用餐后，按照七步洗手法及时清洗双手。

（5）足部卫生。保持鞋袜干净、无异味，有脚部疾病者应及时治疗。

（6）身体卫生。勤洗澡，保持清洁；不喷香水，有体味者必须使用相关制剂控制，严重者则需治愈后方可上岗。

（7）制服卫生。定期清洗制服并保持平整洁净。

二、美容院卫生消毒

1. 美容院各区域环境卫生标准

（1）外围环境。门外区域（包含大门、玻璃幕墙、墙），保持地面和绿植干净、无尘、无杂物。

（2）大堂区域。

1）环境。大堂内地面、台面、柜面要保证无尘、无发丝、无屑。

2）饮水机。干净、无破损、无污渍、无积垢；饮水机物品分类摆放，整齐干净。

3）茶几。完好，干净、无水渍、无灰尘印迹，物品摆放整齐。

4）沙发。保持平整、干净无污渍（包括缝隙）、无破损、无磨损掉色。

5）绿植。应保持60%以上绿植的鲜活状态，花卉植物叶片无尘、无枯叶，盆体、底座无破损、无泥，盆内无杂物垃圾。

（3）过道区域。地面、墙面、门及拉手、窗、装饰物、消火栓、踢脚线等无破损，干净、清洁、无污渍。

（4）换鞋区。座椅干净、无屑、无发丝、无尘（包括缝隙）、无破损、整洁干净，鞋柜干净、无异味，张贴"已消毒"贴牌，拖鞋与鞋袜不混放。

（5）更衣间。地面、布帘、椅子、镜子、柜子里外等干净无污渍、无破损。

（6）护理间。

1）地面。干净、无水渍、不堆杂物。

2）出风口。无污垢、无积灰。

3）水台。水盆、台面、水龙头、洗手用品干净、无水渍。

4）布草。美容袍、床单、盖单、枕巾、浴巾、擦手巾、地巾、美甲毛巾等无破损、无污渍；凡是与顾客皮肤直接接触过的布草必须"一客一换一消毒"。

5）垃圾桶。内外干净、无垃圾、无污渍、无破损，做到"一客一清"。

6）浴缸。浴桶及木勺、水温计干燥、无霉斑、无积垢、无积水，做到"一客一消毒"。

（7）淋浴间。

1）门。粘贴"淋浴用品已消毒"和"小心地滑"标志，标志无破损、无污迹。冲凉鞋：干燥、无破损，做到"一客一消毒"。

2）其他。地面、墙面、门、莲蓬头、水龙头、洗漱架等无破损，干燥无水渍，做到"一客一清理"。

（8）洗手间。

1）地面。干净、无水渍。

2）洗手区。张贴"七步洗手法"示意图，镜子、台面、水池、水龙头洁净无污渍。

3）马桶。洁净、无异味，马桶需做到"一客一清一消毒"，马桶刷干净、无异味。

（9）梳妆区域。

1）镜台。妆台、镜面无尘、无发丝、无印迹。

2）物品。棉签盒、纸巾盒、吹风机、定型喷雾、隐形眼镜盒干净整洁，梳子放进消毒柜。

（10）顾问间。皮肤分析仪、面镜、资料夹等干净无污渍，保持"一客一清洁"。

（11）工作间。

1）消毒桶。名称及浓度配比贴示明确；消毒水不浑浊，消毒桶内液量应淹没浸泡物。

2）物品。化学品、食品、文具、棉织品等分类摆放。

3）冰箱。产品、物品分类规放，整齐干净，不存放私人食品、物品。

4）其他。地面、墙面干净，柜子内外无灰尘、无污渍。

（12）工具间。

1）保洁用具。将厕所和非厕所专用拖把分开放置且标识清楚，将淋浴间、卫生间与其他区域专用抹布分开放置且标识清楚。

2）消毒液。酒精喷壶有"保洁专用"标贴并标注到期时间；保洁专用消毒水喷壶有"保洁专用"标贴，容量在 300 mL 以上，浓度必须达标且做到"一日一清"。

3）消毒桶。拖鞋消毒桶、刷子与地面等其他消毒桶及用具分开放置且标识清楚。

4）清洁消毒用品。洗衣粉、柔顺剂、洗洁精、洁厕灵、玻璃清洁水、管道通、牙膏等清洁用品与消毒液、浓度 75% 的酒精等消毒用品标识清楚并分开放置在指定位置。

（13）员工休息间。

1）冰箱、微波炉。内外干净、无污渍、无异味，所有食品密封保存避免异味，定期清理。

2）杂物。零食、手机、电子产品、化妆品、杂志等杂物放置在指定位置。

3）垃圾筒。垃圾袋定时清理，垃圾不满溢、不过夜。

2. 美容院常用消毒方式

（1）物理消毒灭菌法。是指用物理方式杀灭或清除病原微生物及其他有害微生物的方法。

1）煮沸法。在 100 ℃ 的沸水中煮 5 min，能杀死一般细菌繁殖体。须煮沸 1~2 h 甚至更长时间才能杀死芽孢。煮沸法可用于美容院暗疮针、眉毛镊子等金属类器械、玻璃器皿等用品的消毒。

2）蒸汽法。利用蒸汽消毒柜进行消毒，相对湿度应保持在 80%~100%，消毒时间为 15~30 min。蒸汽法主要用于美容院消毒面部护理使用的棉片和毛巾等棉织物。

3）烘干法。采用远红外线高温型消毒柜消毒。远红外线高温型消毒柜根据物理原理，利用远红外线发热，在密闭的柜内产生 120 ℃高温进行杀菌消毒。这种消毒方式具有速度快、穿透力强的特点，主要用于美容院耐高温的金属、陶瓷等材质用品的消毒。

4）紫外线消毒法。包括使用紫外线消毒柜和紫外线灯。紫外线消毒柜属于超低温消毒，消毒温度一般在 60 ℃以下，适合大多数美容用品、用具的消毒，尤其适用于不耐热物品的表面消毒，如海绵块、梳子、膜刷、量勺、隐形眼镜盒、塑料挑棒、调勺、客用餐具、茶具等，工具在放入紫外线消毒柜之前，必须先洗净、擦干，消过毒的工具在使用前仍可放在消毒柜里面。紫外线灯主要用于室内空气的消毒，有效距离不超过 3 m，照射时间为 30 min 以上，紫外线对人体皮肤、眼睛均有损害，消毒时应注意防护。

（2）化学消毒杀菌法。是使用化学制剂来杀灭微生物（主要是病原微生物）或抑制微生物发育繁殖的方法。其中化学制剂主要包括消毒剂和杀菌剂。

1）常用化学消毒法。

①浸泡法。将被消毒的物品洗净、擦干后浸没在消毒液内。

②擦拭法。用化学消毒剂擦拭被污染物体的表面或进行皮肤消毒。

③喷雾法。用喷雾器将化学消毒剂均匀地喷洒于空气或物体表面进行消毒。

2）常用化学消毒杀菌剂。美容院一般应选择使用方便、刺激性较小、气味较淡的消毒剂或杀菌剂。常用的化学消毒杀菌剂有以下几种。

①乙醇（酒精）。浓度 75%，可用于美容师双手、美容仪器以及物品表面的消毒，但由于酒精的刺激性强，不可用于皮肤擦伤处及黏膜消毒。

②碘伏。浓度 0.5%～1%，用于皮肤的消毒杀菌，具有杀菌力强、毒性低、对皮肤黏膜无刺激的优点。

③含氯消毒剂。常用的有 84 消毒液、消毒片及漂白粉等，可用于桌面、大理石地面、电话机、家具、门把手、小推车、资料夹、隔板、水盆等物体表面擦拭消毒，也可用于白色的毛巾、浴巾、床单、美容袍等纺织品及塑料、玻璃类等物品的浸泡、消毒。

④戊二醛。具有广谱、高效的杀菌作用，对金属腐蚀性小，可用于暗疮针的消毒杀菌。

3）美容院常用消毒方法及步骤见表 7-2 和表 7-3。

表 7-2　美容院常用消毒方法

物品	消毒方法						
	物理方法			化学方法			
	煮沸法	蒸汽法（蒸汽消毒柜）	紫外线消毒法（紫外线灯、紫外线消毒柜）	浓度75%酒精	碘伏	含氯消毒剂	戊二醛
暗疮勺							√
面用干毛巾、棉片			√				
湿毛巾	√	√				√	
膜碗、膜刷			√			√	
洗面盆						√	
皮肤					√		
美容仪探头				√			
空气			√			√	
梳子、隐形眼镜盒			√	√			
玻璃、陶瓷器皿	√		√			√	
地板、台面						√	
拖鞋						√	
泡浴桶、浴缸						√	
纺织品						√	
调勺或挑棒			√			√	

表7-3 美容院常用消毒方法的步骤

步骤及要领	物理方法			化学方法			
	煮沸法	蒸汽法（蒸汽消毒柜）	紫外线消毒法（紫外线灯、紫外线消毒柜）	浓度75%的酒精	碘伏	含氯消毒剂	戊二醛
消毒前处理	清洗干净	清洗干净	清洗干净	清洁干净	清洁干净	清洗干净	清洗干净
操作要领	（1）完全浸泡（2）水量一次加足	（1）折成弓形，首立放入或平展放入（2）切勿拥挤	（1）器材不可重叠（2）刀剪类应打开（3）空气消毒时注意人要离开	（1）金属类用擦拭法（2）塑料类及用具可以使用完全浸泡或喷雾法	（1）从中心由内向外缓慢旋转逐步涂擦2次（2）面积不小于5 cm×5 cm	（1）用具类选用完全浸泡法（2）台面、地板等使用擦拭法	用酒精初步消毒后将器材完全浸泡
消毒条件	（1）水温100 ℃以上（2）时间20 min以上	根据使用说明进行操作	照射时间30 min以上，有效距离小于3 m	（1）浓度75%的酒精浸泡10 min以上（2）擦拭法风干即可	浓度1%的碘伏擦拭	（1）有效氯为250~500 mg/L的消毒液浸泡30 min（2）地板和台面选择擦拭法	将浓度2%的碱性戊二醛原液按照说明加入碳酸氢钠激活剂和亚硝酸钠缓蚀剂，完全浸泡20 min可以消毒，浸泡10 h可以灭菌
消毒后处理	（1）用夹子取出，手部不可直接接触（2）晾干或烘干（3）置于干净的橱柜内	（1）用夹子取出，手部不可直接接触（2）暂存于消毒柜中或置于干净的橱柜内	（1）用夹子取出，手部不可直接接触（2）暂存于消毒柜中（3）空气消毒需开门通风	（1）浸泡物品用无菌镊子取出，自然风干后置于干净的橱柜内（2）用擦拭法及喷雾法自然风干即可	自然风干	（1）浸泡法：戴手套取出，清水冲洗干净，晾干或烘干（2）擦拭法：用清水擦净即可	用蒸馏水进行冲洗，放于密闭、干净的容器中待用

（3）美容院卫生消毒注意事项。

1）消毒杀菌剂可能含有有害物质，必须妥善保管。化学药剂必须封好，储藏于阴凉、干燥、避光、安全的地方，贴上标签，不能和其他瓶子或物品混放。

2）配制消毒药剂时，其浓度和计量单位要严格按照说明书要求，稀释化学药剂时应避免溢出。

3）盛放消毒液的器皿应选用陶瓷、玻璃、不锈钢等耐高温、耐腐蚀的带盖容器，防止消毒液被污染。

4）部分化学消毒剂（含氯消毒剂、戊二醛）具有腐蚀性，在配制时建议戴手套。

5）消毒液应及时更换，已失效的消毒液不仅不能起到消毒作用，反而会引起污染。

6）消毒用品应设专人负责保管。

7）定期检查卫生设施，如发现问题应及时处理。

相关链接 在消毒过程中，含氯消毒液不能和酒精同时使用，否则会降低消毒效果；另外，含氯消毒液也不可与洁厕剂同时使用，否则会产生有毒氯气，对人体有害。

（4）美容院常用卫生消毒管理表。美容院应按照卫生管理部门的要求，做好所有客用物品及环境的卫生及消毒工作，并做好相关消毒记录，记录保存时间为1年。美容场所顾客用具消毒记录见表7-4，房间消毒记录见表7-5。

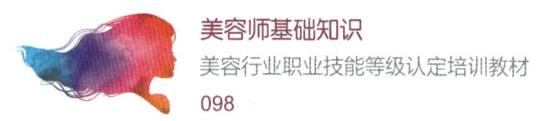

表 7-4　美容场所顾客用具消毒记录表

日期：　年　月

日期	1	2	3	4	5	6	7	8	9	10	11	12	13	14	15	16	17	18	19	20	21	22	23	24	25	26	27	28	29	30	31
梳子	10																														
隐形眼镜护理盒	3																														
拖鞋（冲凉拖鞋+拖鞋）	10																														
其他																															

空格内填写消毒物品数量，美容院客用物品需备充足，可根据经营情况，选择在早值或晚值进行统一消毒

"其他"是指除上述物品以外所有需消毒物品

此消毒记录表请保留1年以上，以备检查。

表 7-5　房间消毒记录表

日期：　年　月　日

房间 时间	1号	2号	3号	4号	5号	6号	7号	SPA1	SPA2	SPA3
早值			9:35—10:10／张堂							
10:00										
11:00										
12:00										
13:00										
14:00										
15:00										
16:00										
17:00										
18:00										
19:00										
20:00										
21:00										
晚值										

早值：斜线左侧填写房间的消毒时间

斜线右侧填写执行人全名

1. 此表为每日一张
2. 门店可以根据房间的实际数量进行删减

此消毒记录表需保留1年以上，以备检查。

三、服务接待各环节卫生消毒标准

1. 服务前卫生消毒工作

美容师根据顾客预约时间，在服务前做好房间、仪器、物品、美容袍、拖鞋等物品的消毒工作。

2. 服务中卫生消毒工作

（1）洗手（见图7-5）。美容师在所有准备工作结束，即在开始接触顾客面部皮肤前，应该严格按照国际通用"七步洗手法"彻底清洗双手，时间不低于20 s，并用纸巾擦干或自然风干双手，或用免洗消毒液或酒精消毒。

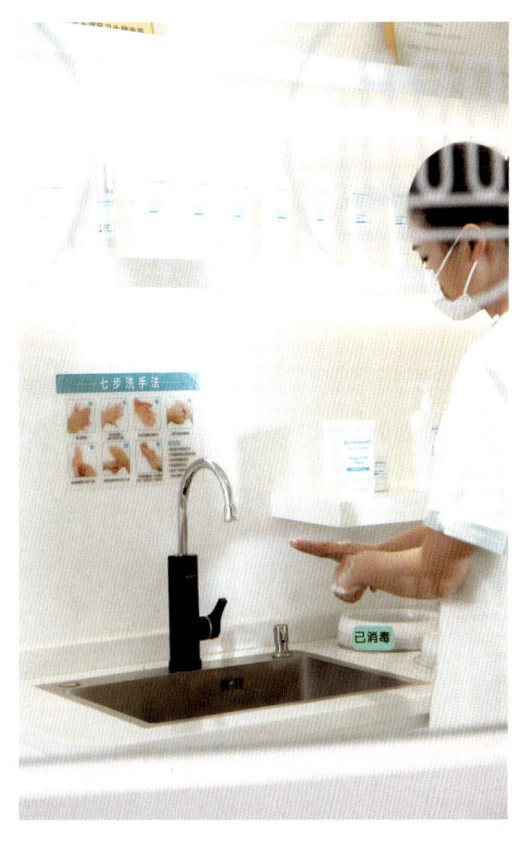

图7-5 洗手

七步洗手法清洁手部的具体步骤如下。

第一步——内（见图7-6）。洗手掌。用流水润湿双手，涂抹洗手液（或肥皂），掌心相对，手指并拢相互揉搓。

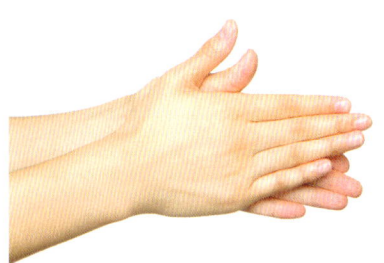

图7-6 内

第二步——外（见图7-7）。洗背侧指缝。手心对手背沿指缝相互揉搓，双手交换进行。

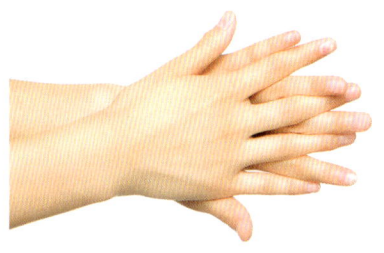

图7-7 外

第三步——夹（见图7-8）。洗掌侧指缝。掌心相对，双手交叉沿指缝相互揉搓。

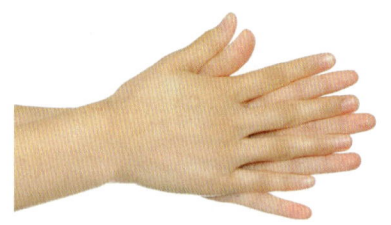

图 7-8 夹

第四步——弓（见图7-9）。洗指背。弯曲各手指关节，半握拳把指背放在另一手掌心旋转揉搓，双手交换进行。

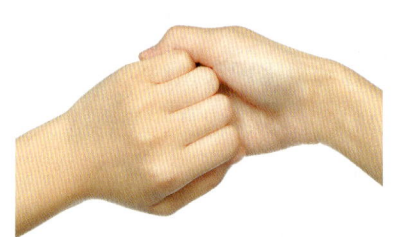

图 7-9 弓

第五步——大（见图7-10）。洗拇指。一手握另一手大拇指旋转揉搓，双手交换进行。

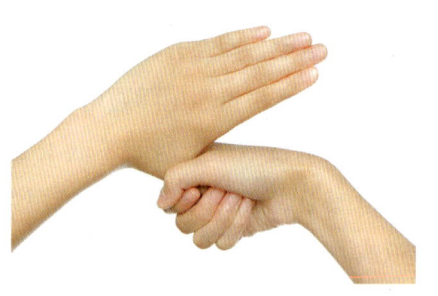

图 7-10 大

第六步——立（见图7-11）。洗指尖。弯曲各手指关节，把指尖合拢在另一手掌心旋转揉搓，双手交换进行。

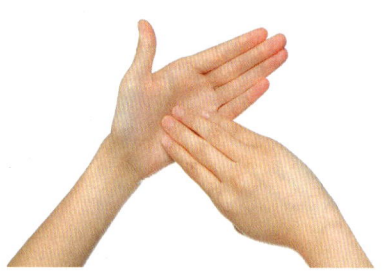

图 7-11 立

第七步——腕（见图7-12）。洗手腕、手臂。揉搓手腕、手臂，双手交换进行。

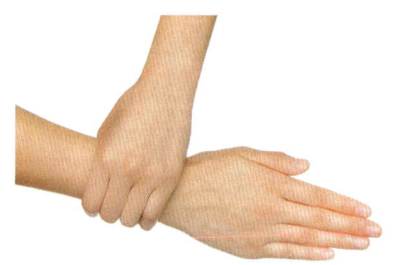

图 7-12 腕

（2）戴口罩。若美容师服务时有感冒症状，要佩戴质量合格的口罩并及时更换。

（3）戴手套。美容师可以根据实际需要在拔眉、脱毛等环节（按摩除外）选择佩戴一次性丁腈手套操作，以避免出血引起交叉感染。

相关链接

一次性手套分为塑料手套、乳胶手套和丁腈手套。
- 塑料手套价格便宜，但没有弹性，耐用性和适合性比较差。
- 乳胶手套有弹性，比较耐用，但对动物油脂不太耐受；另外，据统计有2%~17%的人对乳胶存在不同程度的过敏反应。
- 丁腈手套拥有乳胶手套的所有优点，并且耐受动物油脂，不易产生过敏情况。

（4）物品使用。所有与顾客皮肤直接接触的物品都需做到一次性或"一客一换一消毒"，如棉片、毛巾、美容袍、床单、拖鞋等。

（5）仪器使用。仪器在接触顾客皮肤前，需要再次对仪器的操作头进行酒精擦拭消毒。

（6）补救措施。在护理操作过程中，若美容师双手接触了未消毒的物品，包括触摸自己的脸部及头发，都应及时用免洗手部消毒液消毒双手后才能继续接触顾客皮肤。

（7）美容物品的取放。

1）乳液、面霜必须保存在干净、密封的容器内。

2）敷用化妆水时可使用消毒棉或化妆棉，取用后要立即盖好瓶盖。

3）容器中的东西必须用消过毒的挑棒取出，手指不可触及容器及瓶盖内侧。

4）酒精棉、棉片，应用镊子夹取，不可触及容器周围。

5）取出的用品若没有用完，严禁再放回瓶中。

6）消毒棉片、纱布、棉签等接触皮肤的工具，使用后应立即丢入带盖的清洁桶或清洁袋内，不可重复使用。

3. 服务后卫生消毒工作（见图 7-13）

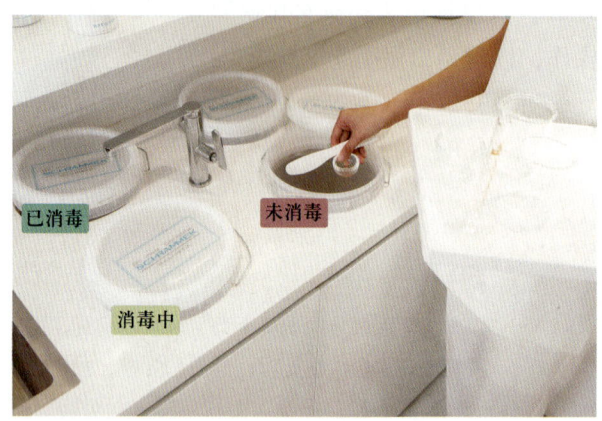

图 7-13　服务后的卫生消毒

（1）服务后应及时清理房间，将直接接触顾客的物品（如棉片、床单、美容袍、毛巾、拖鞋等）丢弃或回收至对应的污物筐，等待专职人员进行清洁、消毒。

（2）清洁、消毒美容仪器，并及时将仪器归位。

（3）及时清理垃圾及垃圾桶，并做好消毒工作。

（4）及时清洁流动水盆或洗面盆，做好消毒工作。

（5）用紫外线灯照射消毒护理间 30 min。

第四节　美容院特殊时期的安全卫生管理

一、流行病期间美容院卫生消毒管理

在传染性、流行性疾病发生期间，美容院作为封闭性经营场所，在日常卫生消毒工作的基础上，必须按照国家规定的卫生消毒标准来预防疾病传播。美容院的所有工作人员必须了解和掌握以下防护知识和消毒标准。

1. 物料准备

在各类疫情发生期间，美容院必须准备充足的防护物料，必备物料包括如下几种。

（1）红外线体温计、抗菌洗手液、浓度为 75% 的酒精、医用免洗消毒凝胶、医用口罩或医用外科口罩。

（2）喷雾消毒剂或含有效氯浓度为 500 mg/L 的消毒片、84 消毒液等消毒剂。

（3）消毒用喷雾器、消毒用护目镜、消毒用手套。

2. 人员防护要求

（1）体温监测。所有进入美容院区域的人员都必须接受体温监测，并在体温监测登记表上做好姓名、联系方式、外出行程等可追踪信息登记。体温超过 37.3 ℃（含）的员工不允许上岗，并要求员工前往附近医院就医，请该员工务必听从医嘱，进行后续医学观察。不得接待体温超过 37.3 ℃（含）的顾客。

（2）物品消毒。除体温监测外，所有进入场所的人员均须进行身体局部及携带物品外包装消毒，鞋底和物品外包装等可以使用酒精或含氯消毒液进行喷雾消毒，手部可以使用医用免洗消毒凝胶消毒。

（3）佩戴口罩。所有工作人员全天佩戴医用口罩，每 4 h 更换一次，更换下来的口罩需要喷上酒精，单独放入保鲜袋并扎口丢弃在有害垃圾桶内，然后进行手部清洗、消毒。

3. 手部清洗、消毒

手部用洗手液进行清洗，使用流动水，运用"七步洗手法"洗手（洗手时间保证 20 s 以上）。特别是饭前便后，使用过计算机、手机，触摸过公共区域物品等，为顾客服务前应再进行酒精消毒。

4. 消毒标准

（1）空气。

1）紫外线灯照射消毒。护理间做到"一客一消毒"，每天早晚消毒时长不少于 35 min，每位顾客服务结束后，消毒 15~35 min。

2）消毒液气雾喷洒。没有紫外线消毒灯的其他区域（如走廊、卫生间、顾问间、休息间等），使用喷雾消毒剂或含有效氯 500 mg/L 的消毒液进行起雾喷洒，最少每 3 h 喷洒一次。消毒结束 10 min 后，有条件的地方可进行开窗通风。

3）空调出风口。使用喷雾消毒剂或含有效氯 500 mg/L 的消毒液进行起雾喷洒，消毒前关闭空调，喷洒覆盖整个出风口，消毒结束至少 10 min 后方可打开空调。

（2）地面和物品。

1）地面、桌面、家具、门及把手、推车、资料夹、隔板、水盆等物品，使用含有效氯 500 mg/L 的消毒液或酒精喷洒附着物体表面，也可以直接用蘸有消毒液或酒精的抹布进行擦拭，待 10 min 后，用干净抹布蘸清水再擦拭一遍，每日不少于 5 次。

2）仪器、计算机、电话机等，用干净软布蘸酒精擦拭表面，每日不少于 5 次。

3）马桶、垃圾桶使用含有效氯 1 000 mg/L 的消毒液进行喷洒或擦拭，做到"一客一消毒"，消毒液附着物体表面等待 10 min 后，用干净专用抹布蘸清水再擦拭一遍。

4）床单、被套、浴巾等纺织品，先进行清洗，然后使用浓度 1∶200 的 84 消毒液浸泡 30 min，再进行二次清洗，有条件的可进行烘干处理。

二、美容院急救知识

紧急事故在每个行业都可能发生，而美容师掌握必备的急救常识对美容院、顾客和美容师自身安全都非常重要。

1. 美容院安全急救措施

（1）在电话机旁清晰地粘贴火警、公安局、急救中心、就近医院、出租车公司等急救联系信息。此外，还需备有美容院管理者和所有员工及家人的联系电话。

（2）火灾。美容院需定期组织消防演习，每位员工都应该知道灭火器的使用和维护方法。所有员工必须清楚美容院及建筑的安全出口，一旦遭遇火警或其他紧急情况时，清楚从哪个出口迅速撤离。灭火器与急救箱应当放在明显且容易拿取的地方。

（3）意外。美容院如发生意外事故，应立即拨打相关急救电话。如有必要，美容院所有员工都应接受急救培训。

（4）中暑。如有人因天气酷暑引起大汗、四肢无力、头晕、口渴、头痛、注意力不集中、眼花、耳鸣、动作不协调等中暑情况，要立即脱离高温环境，将人员转移到阴凉的地方，及时通风降温、补充冷盐水，严重者应拨打急救电话。

（5）烫伤、灼伤。如果发生烫伤、灼伤，在皮损面积小且表皮没有破损的情况下，可立即用冰块冷敷在灼伤部位，或者涂抹消炎止痛软膏，起到暂时性的缓解效果。若情况严重应立即带顾客就医治疗。

（6）低血糖。如果有人发生饥饿、手抖、无力、恶心等低血糖症状时，应及时进食或补充含糖饮料。若情况较严重，出现低血糖昏迷，应立即送至医院治疗。

2. 美容护理基本急救措施

（1）皮肤过敏。皮肤过敏在美容院是最常见的问题，如出现皮肤灼热、发红、起疹等现象，应马上清洗掉皮肤上的所有护肤品，使用凉毛巾或凉棉片（用蒸馏水浸湿，开启使用后不可二次使用）进行湿敷，以减轻顾客的不适感。症状严重者，应立即带顾客去医院就诊。

（2）眼入护肤品。若护肤品误入顾客眼睛内，应立即将顾客带至最近的水槽，用流水轻轻冲洗眼部 15 min，如果症状没有得到缓解，应立即带顾客去医院就诊。

（3）皮肤损伤。顾客皮肤若意外破损或割伤，创面较小者，可以先进行创面清洗，再由内向外涂抹碘伏，消毒 2 次即可；若创面较大，应及时带顾客去医院就诊。

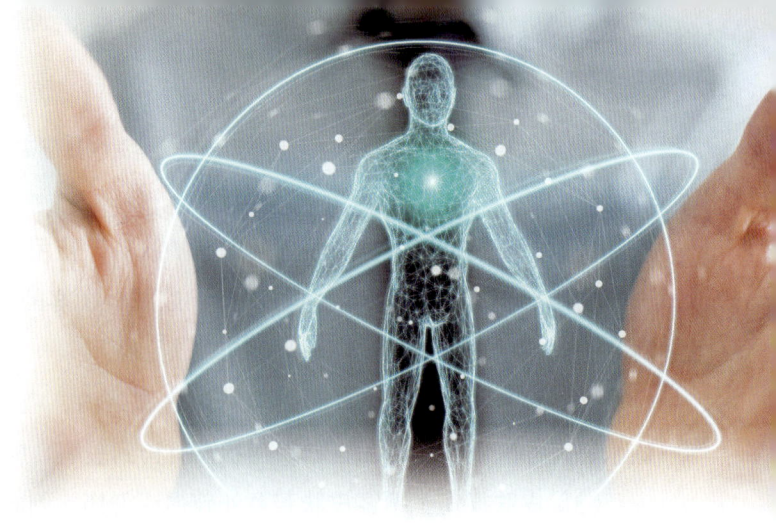

第八章
人体解剖生理常识

　　人体解剖生理学是研究正常人体各系统的器官组成、结构、位置、形态，以及人体生命活动规律和生理功能的一门学科，是正确运用美容技术的重要科学理论基础。

　　美容师只有掌握了与美容美体护理相关的人体解剖生理学的基本理论，才能清晰地认识各种美容技术的适用范围、作用和操作禁忌，才能运用专业知识为顾客提供咨询服务，科学地运用各种美容技术、仪器和产品，并使其达到安全和理想的护理效果，避免和减少美容事故的发生。

　　由此可见，掌握人体解剖生理基础知识是学习美容技术的第一步，更是成为一名优秀的专业美容师的必经之路。

第一节 细 胞

一、细胞的定义与结构

1. 细胞的定义

细胞是构成人体形态结构、生理功能和生长发育的基本单位。细胞具有以新陈代谢为基础的生长、繁殖、分化、感应、衰老、凋亡等生命活动的特征。没有细胞,生命便不复存在。人体中有上万亿个细胞,不同细胞的大小、形态和功能差异很大。

2. 细胞的基本结构

细胞的基本结构包括细胞膜、细胞质和细胞核,如图 8-1 所示。细胞膜是包裹在细胞表面的半透明膜,包围整个细胞质,具有保持细胞完整性、保护细胞内容物以及接受信息等作用,同时因为具有渗透性,可以作为细胞内外物质进出的通道。细胞质是一种无色、凝胶状的物质,主要由基质、细胞器和内含物组成,基质内含有水分、无机盐、蛋白质、糖类等,是细胞新陈代谢及物质合成的重要场所。细胞核主要由蛋白质构成,包括核膜、核仁、核质和染色质,决定细胞的性质并参与细胞的繁殖。

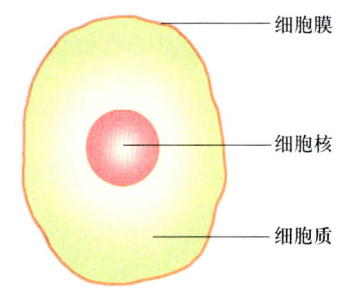

图 8-1 人体细胞的基本结构示意图

其中,细胞器位于细胞质内,具有一定的形态、结构,对细胞的生长机能起重要作用,细胞器包括线粒体、内质网、高尔基复合体、核糖体、中心体等,如图 8-2 所示。

二、细胞的种类与功能

按照常规的组织学分类方法,人体细胞类型有 200 余种。这些细胞在人体中呈现有序的空间分布。细胞是人体的基本结构和功能单位，人体共约有 40 万亿~60 万亿个细胞，细胞的平均直径为 10~20 μm。除成熟的红细胞外，所有细胞都有一个细胞核，它是遗传物质储存、复制和转录的场所。

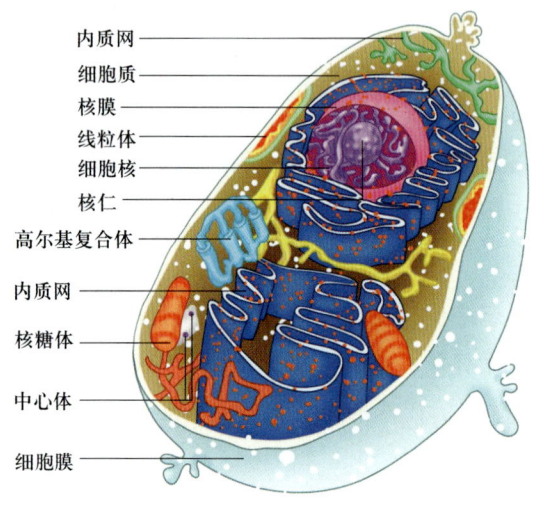

图 8-2　细胞结构示意图

第二节　人体基本组织

组织是由许多形态及功能相近的细胞和细胞间质组成的。每个组织都有特定的功能，可通过其独特的外观进行识别。身体中的基本组织有以下四类。

一、上皮组织

上皮组织主要分布在体表和体内各种器官、管道、囊、腔的内表面及内脏器官的表面，如皮肤、口腔黏膜、心内膜、消化管道、呼吸器官以及腺体。上皮组织由密集的细胞和少量的细胞间质组成，细胞密集排列呈膜状。上皮组织内一般没有血管，但有丰富的神经末梢，具有保护、吸收、排泄、分泌、呼吸等作用。

按其功能，上皮组织主要分为被覆上皮和腺上皮两大类。被覆上皮覆盖于体表或衬贴在有腔器官的腔面，具有保护、吸收、分泌和排泄等功能。腺上皮以分泌功能为主，是构成腺体的主要成分。

二、结缔组织

结缔组织是指可以支撑、保护和连接其他身体组织的组织，主要参与构成骨头、软骨、韧带、肌腱、筋膜（分隔肌肉）以及脂肪或脂肪组织。结缔组织是由多种细胞和大量的细胞间质构成的，其中还含有纤维，如胶原纤维、弹性纤维和网状纤维。结缔组织的细胞的种类多，分散在细胞间质中，包括成纤维细胞、巨噬细胞、浆细胞、肥大细胞、脂肪细胞；细胞间质有液体、胶状体、固体基质和纤维。结缔组织具有支持、保护、营养、修复和物质运输等功能。

三、肌肉组织

肌肉组织能收缩和移动身体的各个部位。肌肉组织由特殊分化的肌细胞构成，许多肌细胞聚集在一起，被结缔组织包围而组成肌束，其间有丰富的毛细血管和纤维分布，主要功能是收缩，机体的各种动作、体内各脏器的活动都由它完成。根据肌纤维的结构和形态的不同，肌肉组织可分为平滑肌、心肌和骨骼肌三种，如图8-3所示。

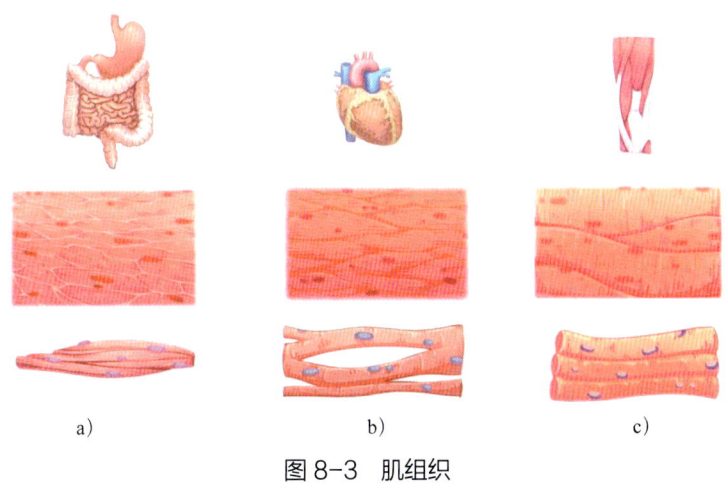

图8-3 肌组织
a）平滑肌 b）心肌 c）骨骼肌

四、神经组织

神经组织可以从大脑接收、传递信息，控制和协调整个身体的功能。神经组织由神经元细胞和神经胶质细胞组成，参与构成神经、大脑和脊髓。

神经细胞是神经系统的结构和功能单位，也称神经元（见图8-4）。神经元数量庞大，它们具有接受刺激、传导冲动和整合信息的能力。有些神经元还有内分泌功能。神经胶质细胞有支持、保护、营养和修补等作用。神经组织是组成脑、脊髓以及周围神经系统其他部分的基本成分，它能接受内外环境的各种刺激，并能发出冲动联系骨骼肌和机体内部脏器协调活动。

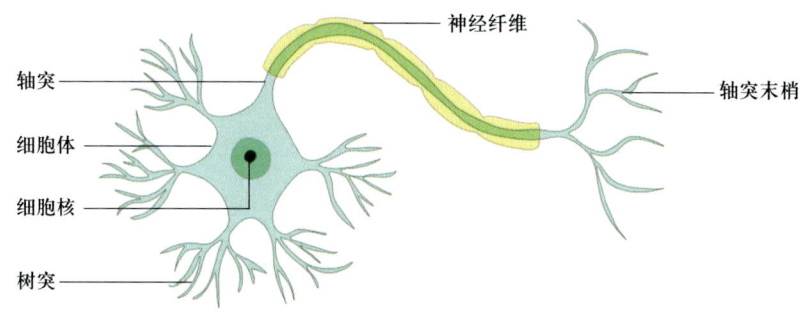

图8-4　神经元示意图

第三节　人体器官与系统分类

一、器官

1. 器官的定义

器官是由两种或两种以上不同的组织为行使特殊的功能结合而成。

2. 人体主要器官（见图8-5）

脑：人体的控制中心。

心脏：血液循环中枢。

肺：进行氧气和二氧化碳交换的场所。

肝：能从消化物中除去毒素。

肾：能排泄水分及废物。

肠胃：能消化食物。

皮肤：覆盖并保护身体。

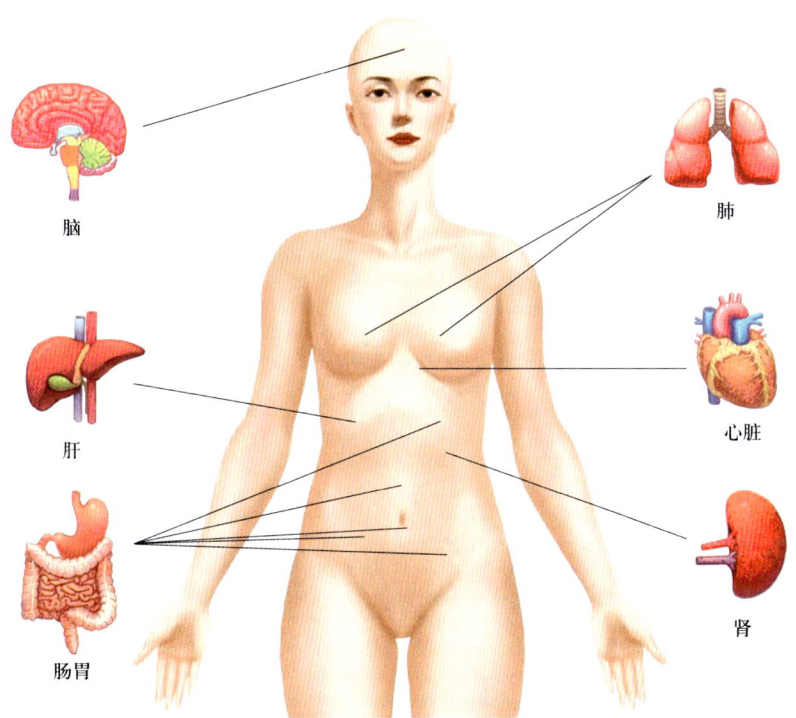

图 8-5 人体的主要器官示意图

二、系统

1. 系统的定义

系统是由一系列具有相似功能的器官，按照一定的顺序排列在一起，完成一项或多项生理活动的结构。

2. 系统分类

整个人体可细分为九大系统。

（1）运动系统。由骨关节和骨骼肌组成，构成人体的基本形态和支架，具有运动支持和保护功能。

（2）神经系统。由脑、脊髓及与它们相连并遍布全身各处的周围神经组成，是人体内起主导作用的功能调节系统，控制和调节其他各系统的活动，使人体成为一个有机的整体。

（3）循环系统。也称脉管系统，将执行新陈代谢的各系统联系起来，为它们提供营养物质并运输代谢产物。循环系统对维持机体内环境的相对稳定和实现机体的防御功能等起着重要作用。

（4）内分泌系统。通过各种内分泌腺产生激素，调节人体的生长发育和代谢过程。

（5）消化系统。由消化管（或消化道）和消化腺组成，其功能是消化食物，吸收营养物质和水分，排出消化吸收后的食物残渣。

（6）泌尿系统。由肾、输尿管、膀胱和尿道组成。其主要功能是排除人体新陈代谢所产生的能溶于水的代谢产物（如尿素、尿酸等）和多余的水分等。

（7）呼吸系统。由呼吸道和肺两大部分组成，前者由鼻、咽、喉、气管、支气管等组成，是传送空气的通道，后者是进行气体交换的场所。

（8）感觉器。感觉器是由感觉神经末梢所形成的能感受某种刺激并能将刺激转变为神经冲动的结构，感觉器是感受器及其附属结构的总称，如眼、鼻、耳、舌等。

（9）生殖系统。主要功能是产生生殖细胞，繁殖新个体以保持种族的延续，形成并维持第二性征。

第四节　人体各系统结构和功能

人体在神经系统和内分泌系统的调节下，成为一个复杂、协调、统一的整体。人体依赖所有的内部系统协调配合，系统功能的失调则会影响身体健康。作为美容师，需要充分了解其中与工作相关的八大系统的构成和功能，以及各项护理操作对人体系统的影响，将有助于其加深理解美容护理工作的意义，从而提高专业技术水平。

一、运动系统

1. 运动系统概述

运动系统由骨、骨连结和骨骼肌三种器官组成。骨以不同形式连结在一起，构成骨骼，形成了人体的基本形态，并为肌肉提供附着，在神经支配下，肌肉收缩，牵拉其所附着的骨，以可动的骨连结为枢纽，产生杠杆运动。

从运动角度看，骨是被动部分，骨骼肌是动力部分，关节是运动的枢纽。能在体表看到或摸到的一些骨的突起或肌的隆起，称为体表标志。它们对于定位体内的器官、结构等具有标志性意义。

运动系统的主要功能是运动。简单的移位和高级活动如语言、书写等，都是通过骨、骨连结和骨骼肌实现的。运动系统的第二个功能是支持，构成人体基本形态，头、颈、胸、腹、四肢，维持体姿。运动系统的第三个功能是保护，由骨、骨连结和骨骼肌形成了多个体腔，如颅腔、胸腔、腹腔和盆腔等，保护脏器。

2. 骨和骨连结

骨骼是身体的物理基础，有多项重要功能，它构成身体的外观和体型，此外还能支撑、保护身体，让身体能够移动，为身体产生血液，并储存碳酸钙和磷酸钙等物质。

人体共有 206 块骨头，构建了坚实的框架（见图 8-6），框架内则是身体较柔软的组织和器官。肌肉通过肌腱与骨头相连，骨头间通过韧带相连。骨头间相连的地方通常叫作骨连结。

骨组织是由几种类型的骨细胞组成的，这些骨细胞包裹在无机盐（大多是钙和磷）、胶原纤维和细碎纤维构成的网状中，这个网让骨有强度，而纤维让骨有灵活度。

骨连结是骨骼中两个或以上骨头相连的部位，有可活动和不可活动两种类型。可活动的，如手肘、膝盖和髋部。不可活动的，如骨盆或头骨，只能做微小的运动甚至无法活动。

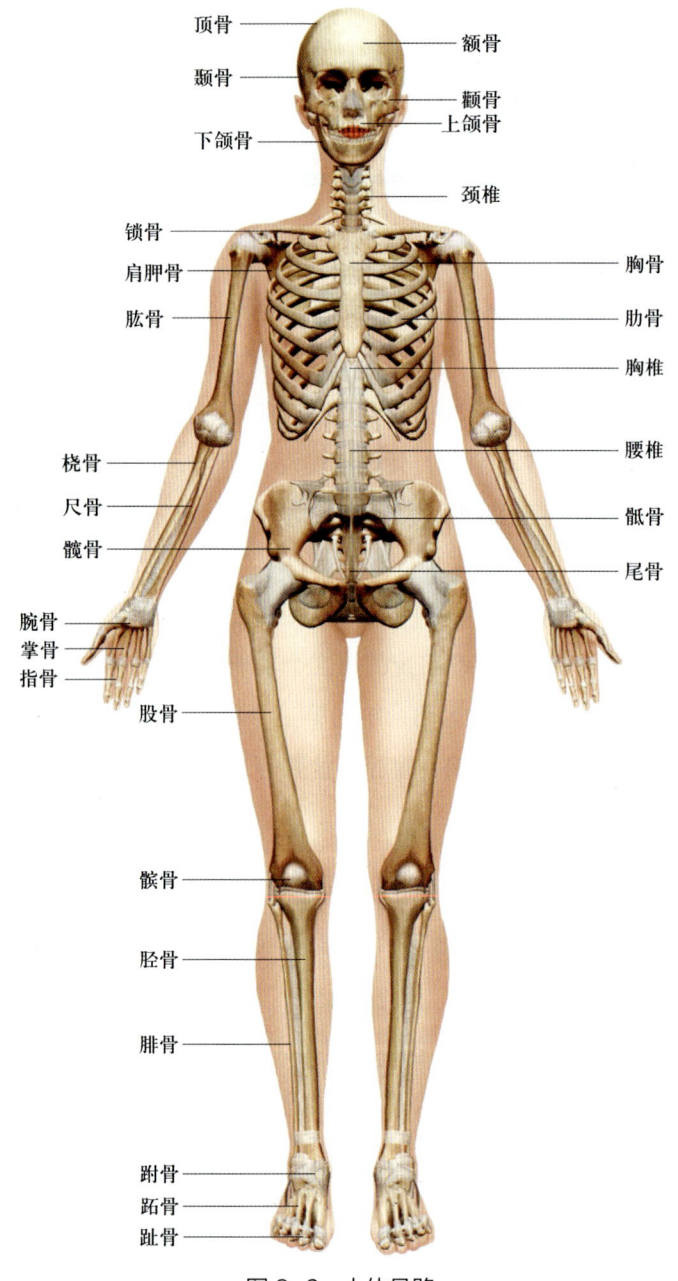

图 8-6 人体骨骼

3. 头部、躯干、四肢的骨骼

（1）头骨。人的头由 23 块骨头构成，分为两大类，脑颅骨和面颅骨。脑颅骨是椭圆的骨壳，能保护大脑，由 8 块骨头构成。面部有 15 块骨头，包括上颌骨（上颚）和下颌骨（下颚）。头骨底部有许多小的开口，能让神经穿过通往其目的地。颅骨正面和侧面如图 8-7 和图 8-8 所示。

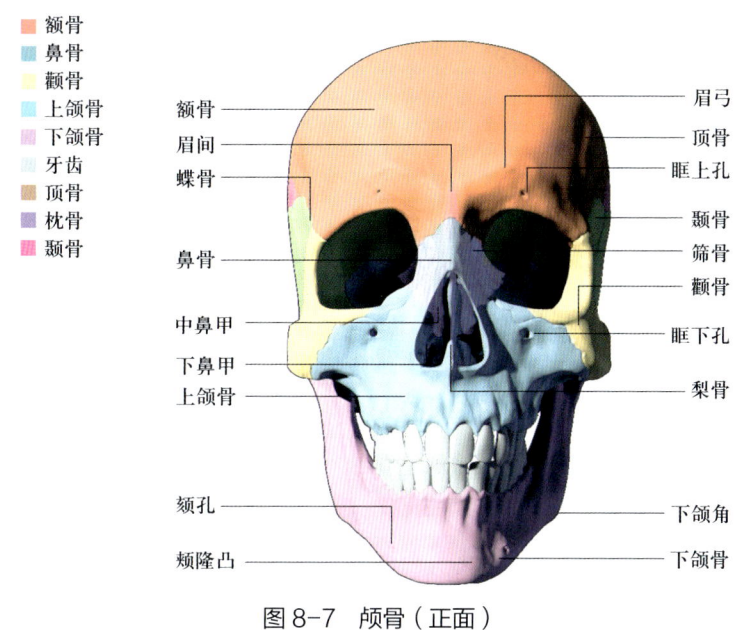

图 8-7 颅骨（正面）

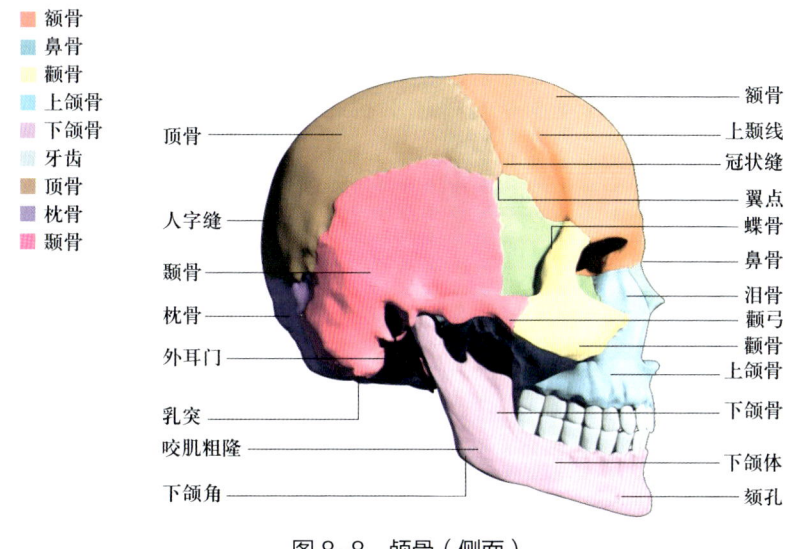

图 8-8 颅骨（侧面）

1）脑颅骨。脑颅骨由 8 块骨头构成。枕骨是头骨中最后面的骨头，在颈背上方形成头骨的背面；2 块顶骨形成颅骨的侧面和顶面；额骨形成前额；2 块颞骨在耳部构成头的侧面；筛骨是眼眶间较轻的松质骨，构成鼻腔的一部分；蝶骨是将颅骨所有骨头连接在一起的骨头。

2）面颅骨。面部 15 块骨头包括以下几类。

①2 块鼻骨构成鼻梁。

②2块泪骨，是面部最小、最脆弱的骨头，在眼眶的内侧壁。

③2块颧骨，是构成面颊的主要部分。

④2块上颌骨构成上颚。

⑤下颌骨构成下颚，是面部最大、最坚硬的骨头。

⑥2块鼻甲骨，是松质骨形成的薄层，分别在鼻凹陷处外壁。

⑦犁骨是一块平而薄的骨头，构成鼻中隔的一部分。

⑧2块腭骨构成嘴部的硬腭。

⑨舌骨，颅骨中唯一一块游离骨，借肌肉、韧带悬于颈前正中部，约与下颌底处于同一平面，形状呈"U"形。

（2）躯干骨。躯干骨包括椎骨（成人26块）、肋骨（24块）和胸骨（1块）。

椎骨由位于前方的椎体和位于后方的椎弓构成，椎骨包括颈椎（7块）、胸椎（12块）、腰椎（5块）、骶骨（1块）和尾骨（1块），脊柱如图8-9所示。肋包括肋骨（12对）和肋软骨（12对）。胸椎、肋骨和胸骨共同构成胸廓（见图8-10）。

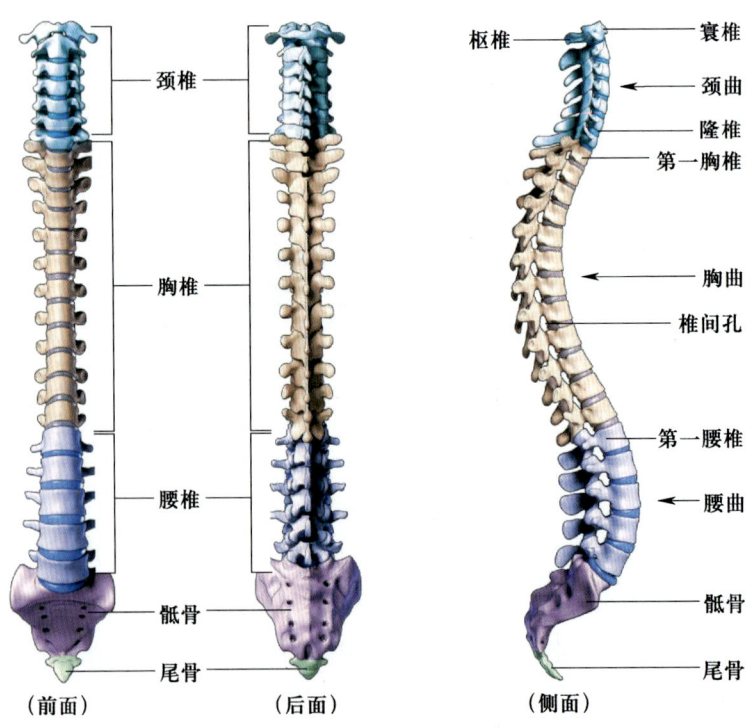

图8-9 脊柱

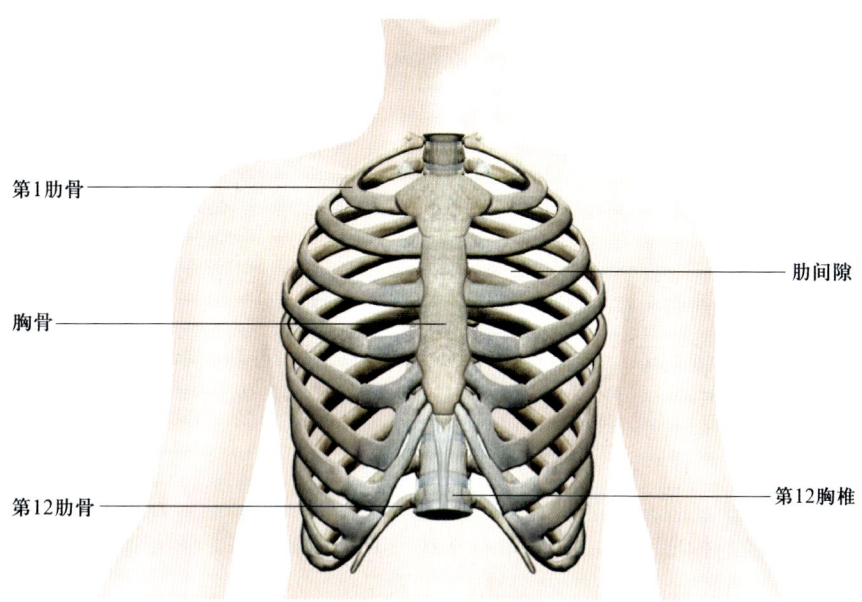

图 8-10 胸廓

（3）上肢骨（见图 8-11）。

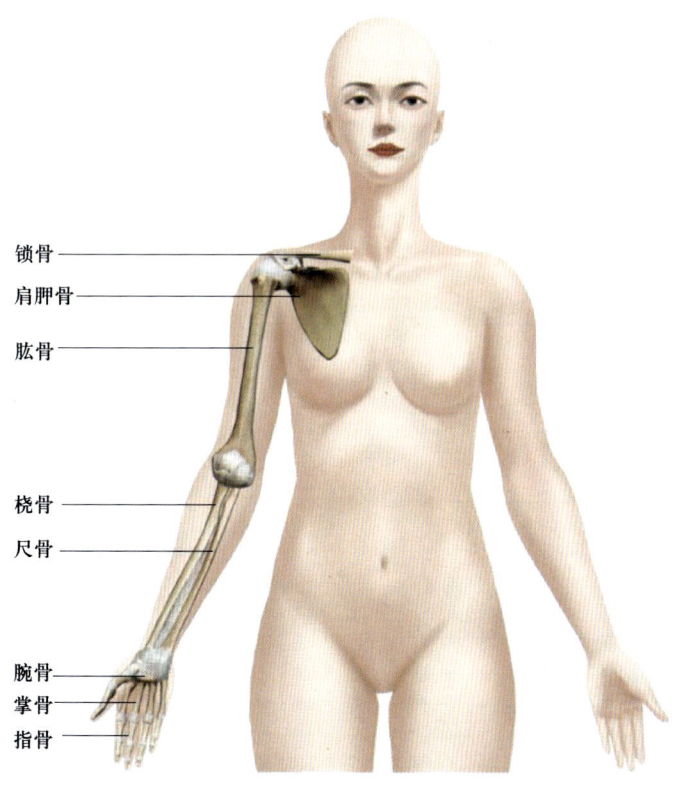

图 8-11 上肢骨

上肢骨包括以下几部分。

1）肩胛骨。是肩上较大、呈三角形的扁骨，共 2 块。

2）锁骨。是连接胸骨和肩胛骨的骨，呈"~"形，共 2 块。

3）肱骨。是手臂最大的骨头，从手肘直到肩膀，共 2 块。

4）尺骨。是前臂（小臂）内侧较大的骨头，与手腕相连，位于小指一侧，共 2 块。

5）桡骨。位于前臂外侧，与大拇指在同侧，共 2 块。

6）腕骨。位于手腕部，每侧 8 块，排成远近 2 列，每列 4 块。从内侧向外侧、近侧向远侧，分别是手舟骨、月骨、三角骨、豌豆骨、大多角骨、小多角骨、头状骨和钩骨。

7）掌骨。位于手掌，属长骨，每侧 5 块。

8）指骨。参与构成手指，大拇指有 2 块，其他手指有 3 块，每侧 14 块骨头。

（4）下肢骨（见图 8-12）。

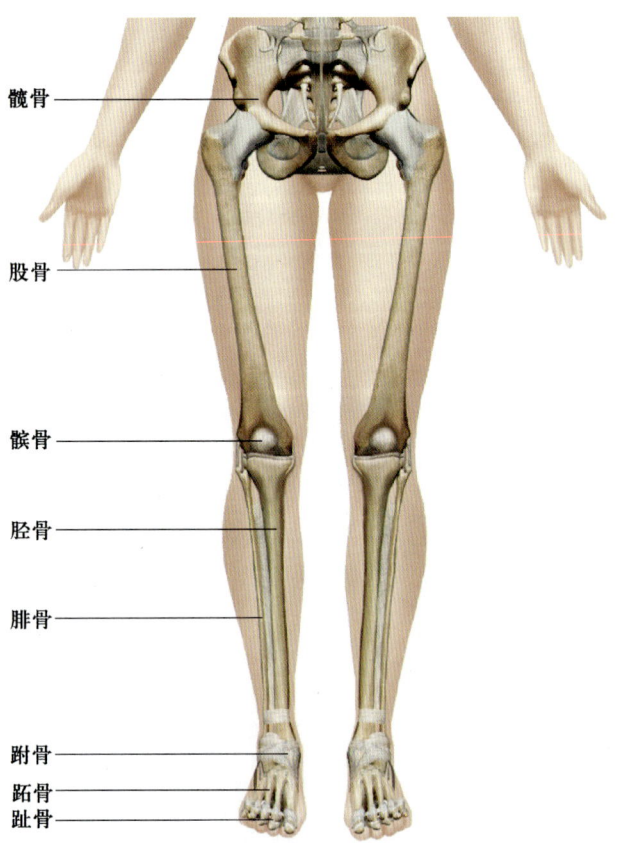

图 8-12　下肢骨

下肢骨包括以下几部分。

1）髋骨。1块，由髂骨、坐骨和耻骨融合而成，位于盆部，是连接躯干和下肢的重要骨头。

2）股骨。2块，位于大腿，是人体最粗大的长骨。

3）髌骨。2块，参与构成膝盖，是人体内最大的籽骨。

4）胫骨。2块，位于小腿内侧，下端膨大称为内踝。

5）腓骨。2块，位于小腿外侧，下端膨大称为外踝。

6）足骨。由跗骨（每侧7块）、跖骨（每侧5块）和趾骨（每侧14块）构成。

4. 肌肉

（1）概述。肌肉是纤维组织，有能根据身体活动的要求进行拉伸和收缩的能力。人体有超过630块肌肉，占体重的40%左右，其中有30块是面部肌肉。

（2）肌肉类型。肌肉主要分为骨骼肌、平滑肌和心肌三种类型。

1）骨骼肌。也叫随意肌，附着在骨骼上，占身体的大部分，由人的意志控制。神经冲动可引起肌肉反应，从而收缩，活动与其相连的骨头或关节。

2）平滑肌。也叫不随意肌，会无自觉意识地自动运转，这些肌肉常见于消化和循环系统，以及身体的某些内部器官中。

3）心肌。是构成心脏的不随意肌。这类肌肉十分独特，它带有横纹并有交叉带状的图案，可以收缩，从而使心脏跳动。它是受自动神经系统控制的。

（3）头部、躯干、四肢的肌肉。

1）头部肌肉（见图8-13）。枕额肌位于颅顶部，左右各一块，几乎覆盖颅顶全部。每块枕额肌均由后面的枕腹、前面的额腹和两腹之间的帽状腱膜构成。枕腹收缩，可向后牵拉帽状腱膜；额腹收缩，可提眉，并使额部皮肤出现皱纹。

2）耳部肌肉（见图8-14）。

①耳上肌是耳朵上部肌肉，能将耳朵向上牵扯。

②耳前肌是耳朵前部肌肉，能将耳朵向前牵扯。

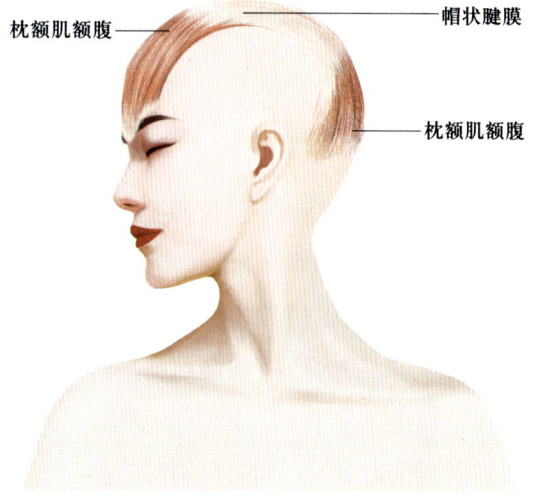

图8-13 头部肌肉

③耳后肌是耳朵后部肌肉，能将耳朵向后牵扯。

3）咀嚼肌。咀嚼肌的作用是协调嘴巴开合，带领颚部前后移动。咀嚼肌包括咬肌、颞肌、翼内肌、翼外肌，如图8-15和图8-16所示。

4）颈部肌肉（见图8-17）包括以下两种。

①颈阔肌。是从上胸部和肩部直至下巴侧，它负责牵动下巴和嘴巴下颚。

②胸锁乳突肌。是从耳朵向锁骨沿颈部伸展的肌肉，它能让头部转动和上下活动。

5）眉毛肌肉（见图8-18）包括以下两种。

①皱眉肌。是位于前额和眼轮下方的肌肉，它能将眉毛向下牵动，在额头产生垂直皱纹。

②眼轮匝肌。是眼眶的环肌，能闭合双眼。

6）鼻部肌肉（见图8-18），鼻子主要的两块肌肉如下。

①降眉间肌。能压低眉毛，在鼻梁处形成皱纹。

②鼻肌。覆盖鼻子，包括横部和翼部，有开大或缩小鼻孔的作用。

7）嘴部肌肉（见图8-18）。

①颊肌。是颊部一块薄而扁平的肌肉，在上下颌骨间，能压迫颊部，通过嘴唇排出空气，如吹口哨时的动作会用到该肌肉。

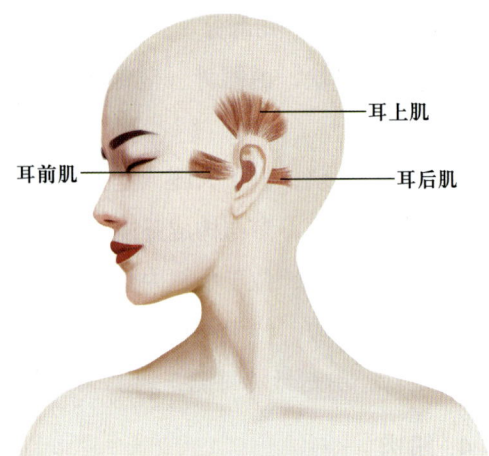

图8-14　耳部肌肉

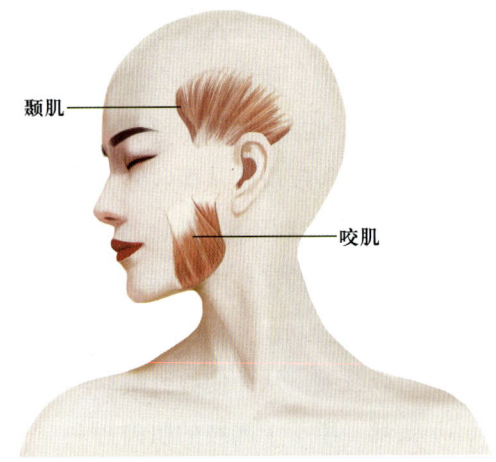

图8-15　咬肌和颞肌

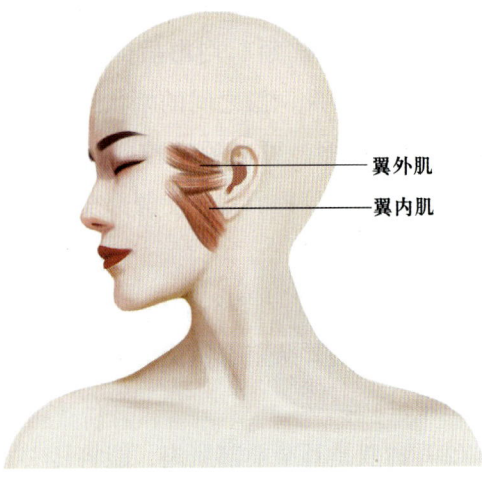

图8-16　翼内肌和翼外肌

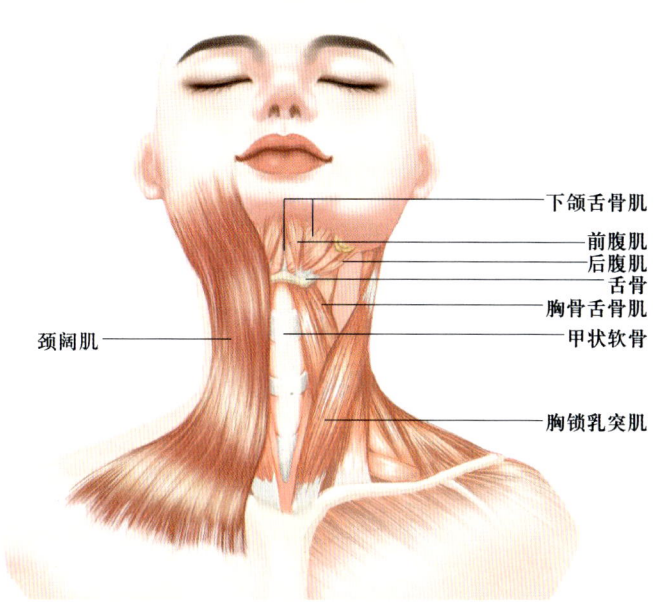

图 8-17　颈部肌肉

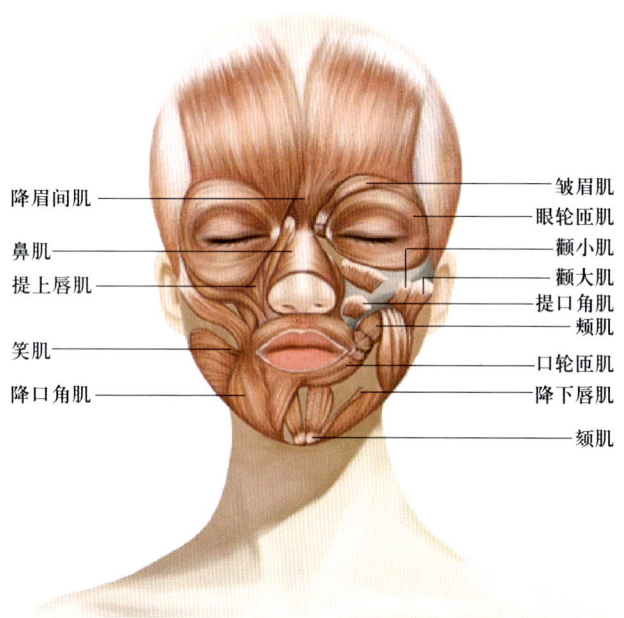

图 8-18　面部肌肉

②降口角肌。也叫口三角肌，是起于下颌骨，止于口角的一块肌肉，能牵引口角向下。
③降下唇肌。也叫作下方唇肌，是围绕下嘴唇的肌肉，能将下唇向一侧牵引。
④提口角肌。也叫尖牙肌，这块肌肉能上提嘴部，并将其向内牵引。

⑤提上唇肌。也叫上唇方肌,这块肌肉能上提上唇,打开鼻孔,如表达不满的动作会用到该肌肉。

⑥颏肌。收缩时上提颏部皮肤,使下唇前送,并在下颌皮肤产生皱纹。

⑦口轮匝肌。是环绕上下嘴唇的扁平带状肌肉,能闭合、收缩、皱起嘴唇,并使嘴唇起皱纹。

⑧笑肌。是牵引口角向外和收回的肌肉,咧着嘴笑的动作会用到该肌肉。

⑨颧大肌和颧小肌。是从颧骨延伸到嘴角的肌肉,能提升嘴唇,笑的动作会用到该肌肉。

8)连接手臂和躯干的肌肉。

①背阔肌(见图8-19)。是一块很大、平整的肌肉,覆盖背部下方,是全身最大的扁肌。它源自下背部、腰部和骶部处,逐渐缩小成肌腱,附着于肱骨,小结节帮助手骨完成后伸、内收、内旋等动作。

②胸大肌和胸小肌(见图8-20)。是胸部肌肉,帮助手臂的摇摆运动。

③前锯肌(见图8-21)。是胸部肌肉,帮助呼吸和抬臂动作。

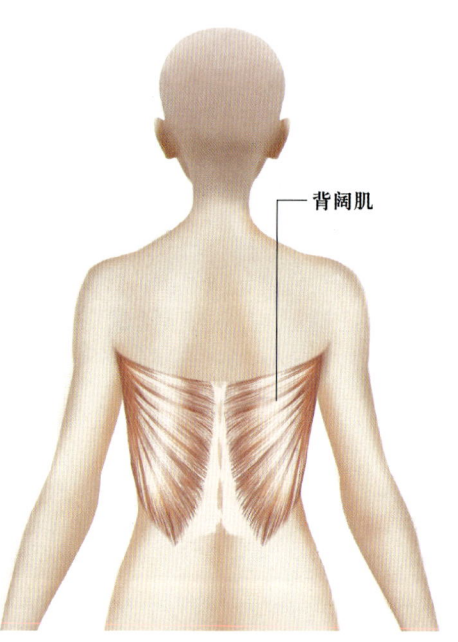

图8-19 背阔肌

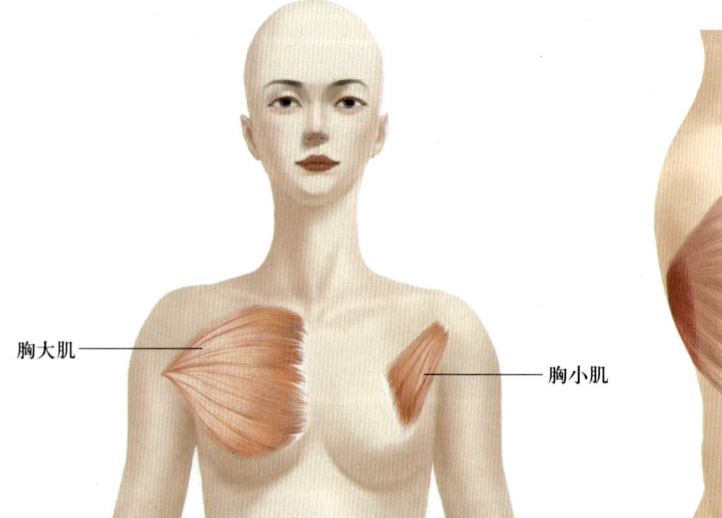

图8-20 胸大肌和胸小肌

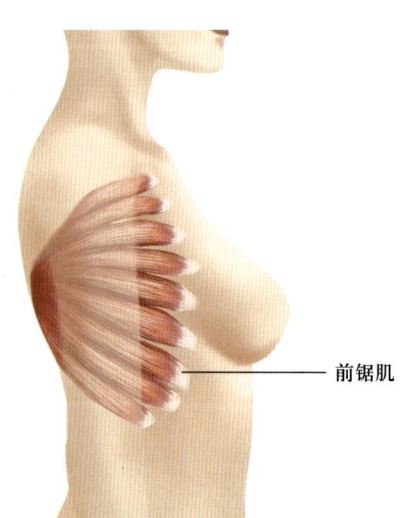

图8-21 前锯肌

9)肩部和手臂的肌肉。

①斜方肌(见图8-22)。覆盖颈背、肩膀和背部的中上部,能耸肩和稳定肩胛骨。

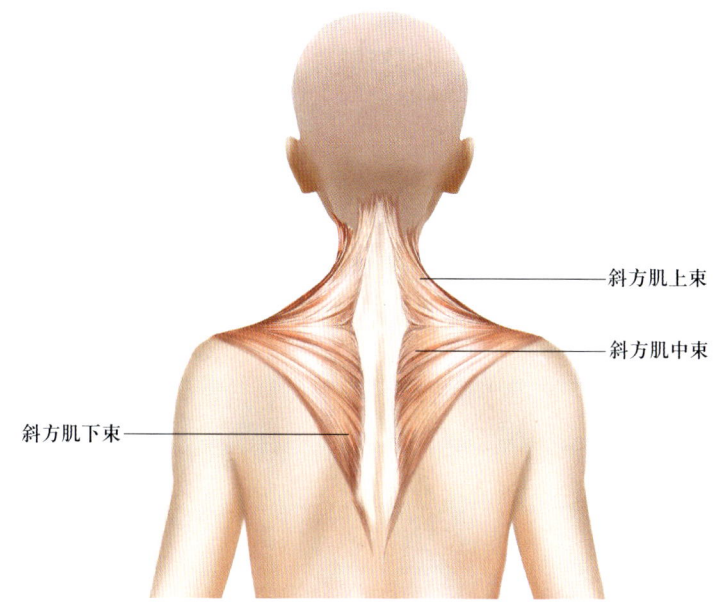

图8-22　斜方肌

②肱二头肌(见图8-23)。是上臂前侧和内侧的肌肉,能提起前臂、屈肘以及外翻手掌。

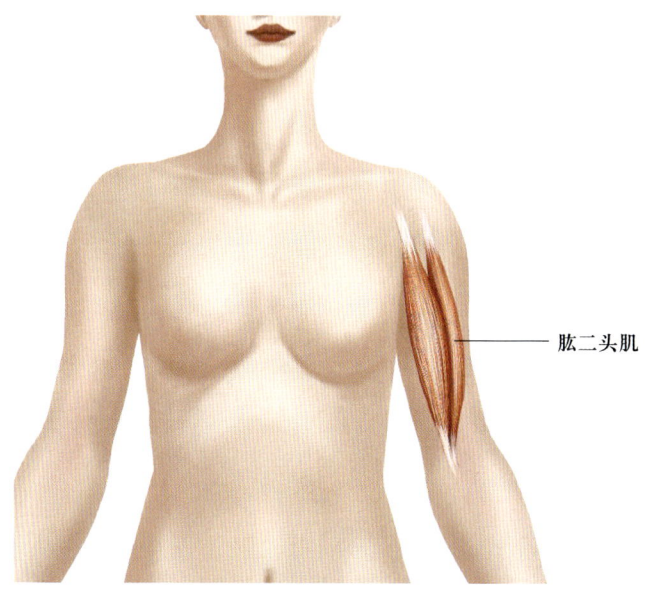

图8-23　肱二头肌

③三角肌（见图 8-24）。是一块较大的三角形肌肉，覆盖肩关节，使手臂能外伸至身体一侧。

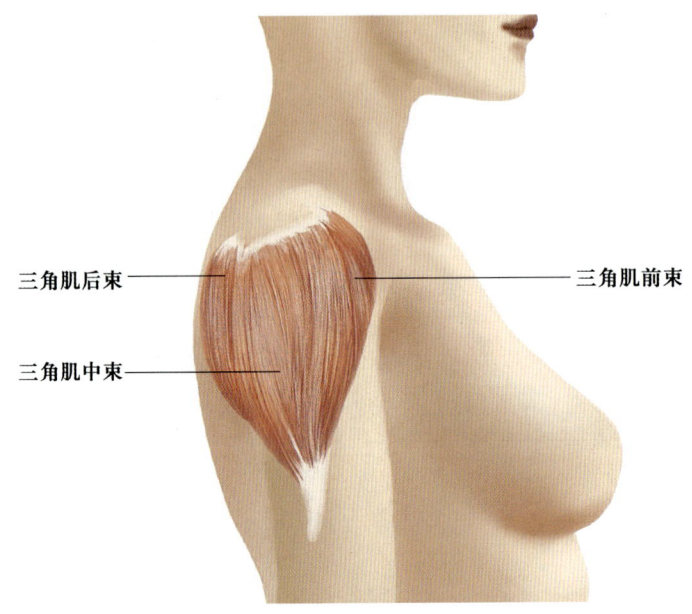

图 8-24　三角肌

④肱三头肌（见图 8-25）。覆盖整个肱骨后面，能伸展手臂。

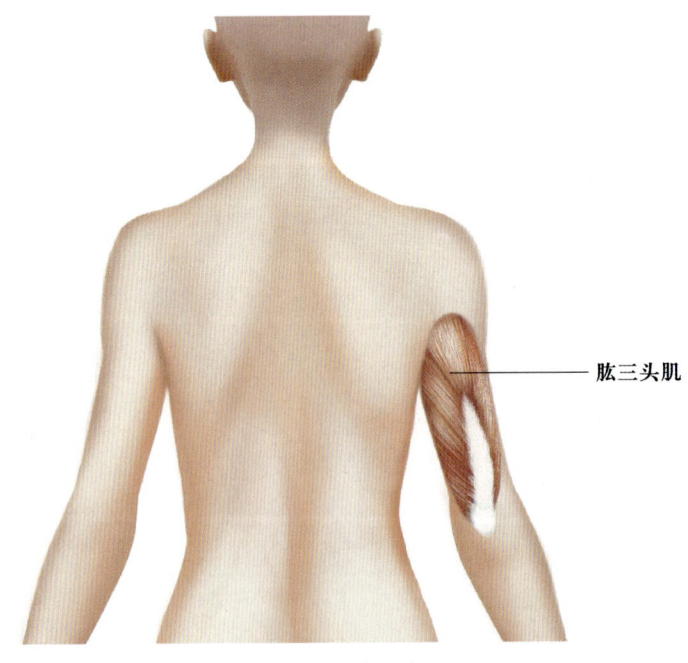

图 8-25　肱三头肌

⑤前臂肌群。由一系列肌肉和肌腱组成。作为美容师需要了解以下肌肉群。
前臂前面肌群（见图8-26）。位于前臂的前面，主要是屈肌和旋前圆肌。

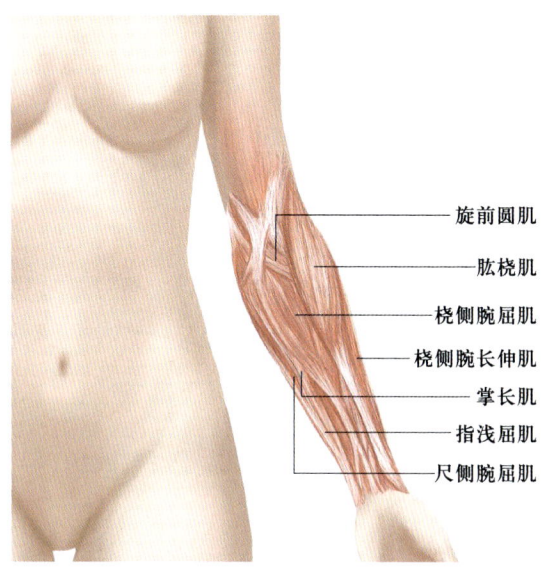

图8-26　前臂前面肌群

后臂后面肌群（见图8-27）。位于前臂的后面，主要是伸肌和旋后肌。伸肌能伸直手腕、手部和手指，使其形成一条直线。旋后肌能向外转动桡骨，向上翻动手掌。

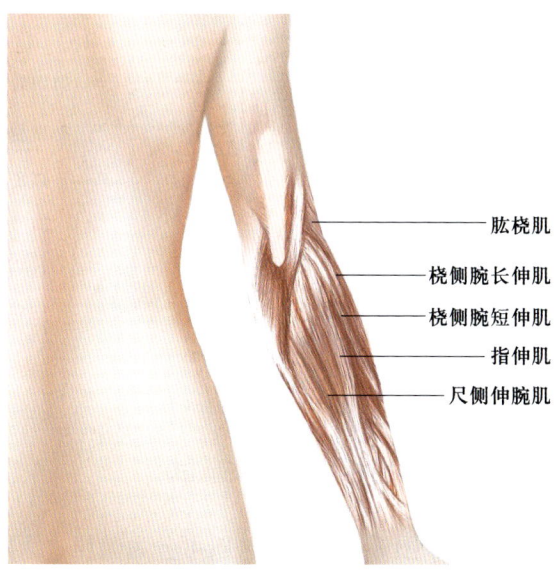

图8-27　后臂后面肌群

10）手部肌肉（见图 8-28 和图 8-29）。手部肌肉是身体中较复杂的肌肉，各关节间有许多短小的肌肉重叠，为手的开合提供了灵活度和力度。手掌固有肌肉主要完成手的精细动作，来自前臂的长肌完成手和手指的用力运动，长肌和短肌共同作用，使手能完成抓、捏、握、挟、提等一系列动作。

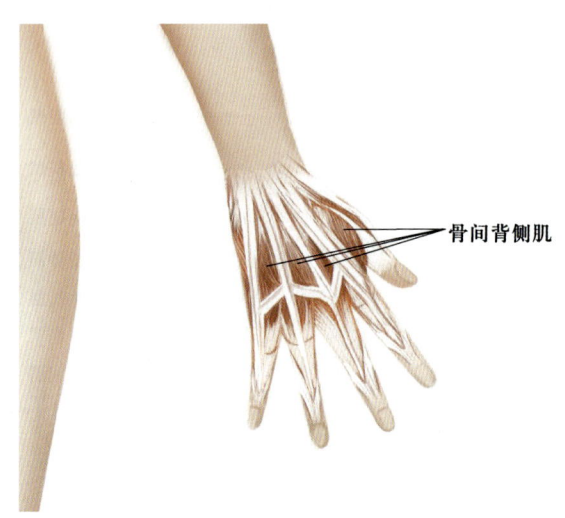

图 8-28　手背面肌肉

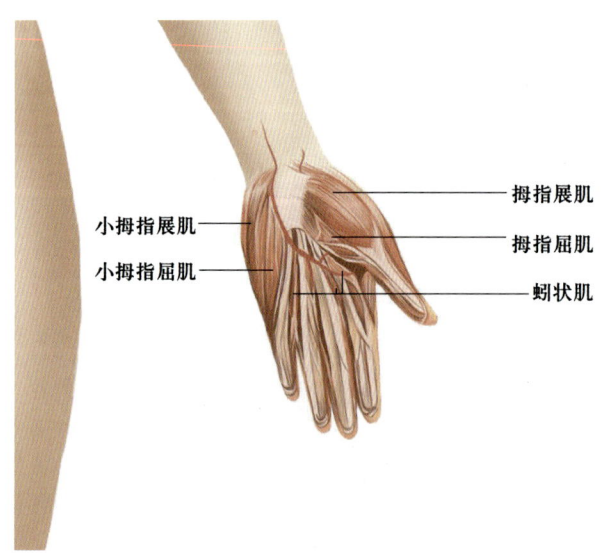

图 8-29　手掌面肌肉

11）下肢肌（见图 8-30 和图 8-31）。下肢肌可分为髋肌、大腿肌、小腿肌及足肌四个部分。

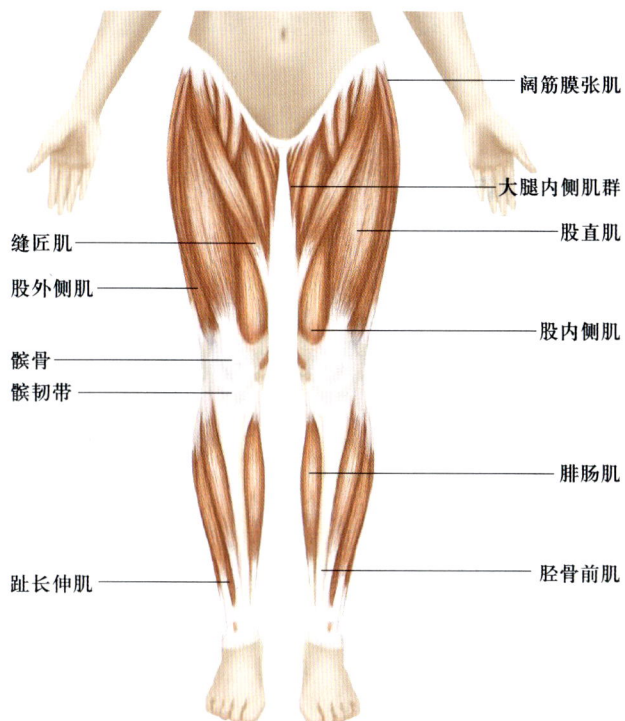

图 8-30 下肢正面肌肉

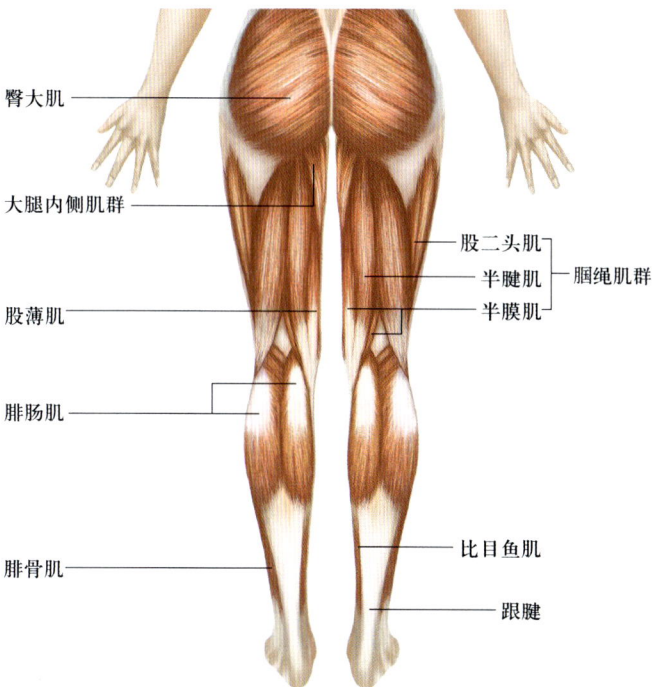

图 8-31 下肢后面肌肉

①髋肌。又称盆带肌，为连接盆骨和股骨的肌肉，根据髋关节的位置关系，分为前群、后群。

a）前群为屈肌群（见图8-32），主要有髂腰肌（包括腰大肌和髂肌），腰大肌（呈圆柱形，位于脊柱腰部的两侧），髂肌（呈宽形，位于腰大肌外侧的髂窝内）。腰大肌和髂肌向下汇合，止于小转子，可使髋关节屈和旋外、阔筋膜张肌（位于大腿上部的前外侧，肌腹被包在阔筋膜两层之间，可屈髋关节并使阔筋膜紧张）。

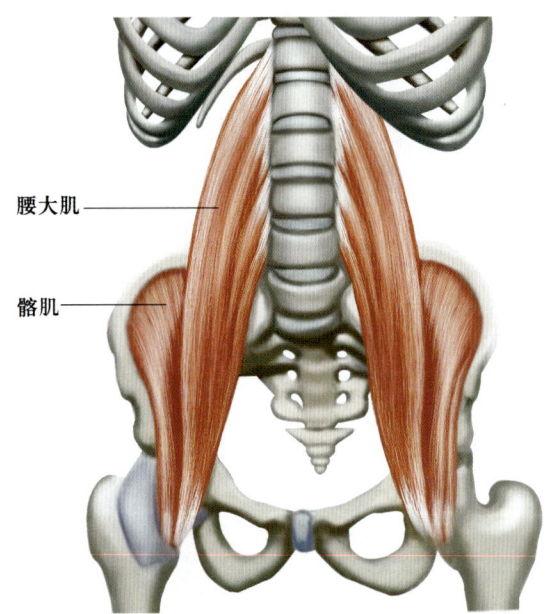

图8-32　髋肌前群

b）后群又称臀肌（见图8-33），主要位于臀部，主要有臀大肌（位于臀部皮下，宽而厚，略呈四方形，起自髂骨翼外面和骶骨背面，肌纤维斜向外下，止于股骨的臀肌粗隆髂胫束，可使髋关节伸和旋外）、臀中肌（呈扇形，在臀大肌深面，可使髋关节外展，其前部和后部纤维分别可使髋关节旋内和旋外）、臀小肌（位于臀中肌深面，呈扇形，可使髋关节外展）、梨状肌（位于臀中肌下方，通过坐骨大孔出盆骨，可使髋关节旋外）。

②大腿肌。位于股骨周围，共10块肌肉，分为前群、后群和内侧群。

a）前群位于股前部（含2块肌肉），包括以下几个部分。

- 缝匠肌。为延长的扁带状肌，可屈髋关节和膝关节，并使屈曲的膝关节旋内。
- 股四头肌。为全身最大的肌肉，位于大腿前面，作用是伸膝，分为如下四部分。

股直肌。位于大腿前面，起自髂前下棘，止于胫骨粗隆，可伸膝关节、屈髋关节。

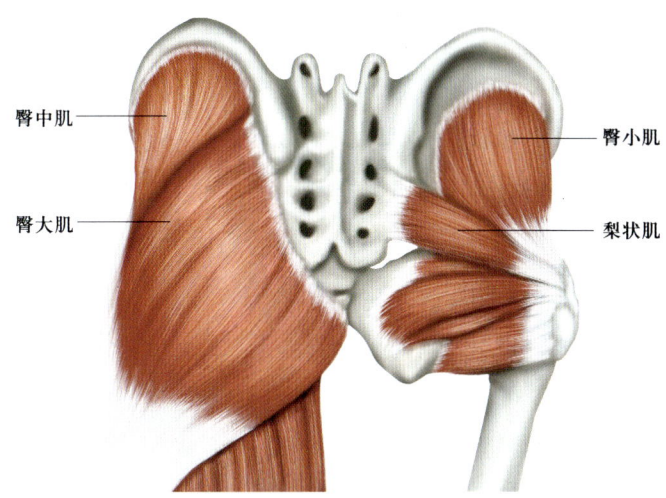

图 8-33 髋肌后群

股内侧肌。位于大腿的前内侧面，股直肌的内侧，起自股骨粗线内侧唇的肌肉，肌腱构成髌腱，止于胫骨粗隆。

股外侧肌。位于大腿的前外侧面。

股中间肌。位于股直肌的深面，起自股骨体的前面，止于胫骨粗隆。

b）后群位于大腿后面，其作用主要为屈膝关节、伸髋关节，当膝关节屈曲时，股二头肌能使小腿旋外，半腱肌及半膜肌可使小腿旋内。

- 股二头肌。位于股后部外侧，有长、短两头，短头短小被长头掩盖。
- 半腱肌。位于内侧浅层，肌的下半为长腱所代替。
- 半膜肌。位于半腱肌的深面，肌上部分为呈膜片状的腱板。

c）内侧群位于大腿的内侧（含 5 块肌肉），其主要作用为使髋关节内收，且可使其屈曲、旋外。主要肌肉分别如下。

- 耻骨肌。呈长方形，位于大腿根部，髂腰肌内侧，股血管的深部。
- 长收肌。呈三角形，位于耻骨肌的下方。
- 股薄肌。呈扁带状，位于大腿最内侧。
- 短收肌。呈三角形，位于耻骨肌和长收肌的深面。
- 大收肌。强厚，呈三角形，位置最深，被上述各肌肉覆盖。

③小腿肌。小腿肌有 10 块肌肉，可分为前群、后群和外侧群。

a）前群位于小腿骨间膜前面，有 3 块肌肉，自内侧向外侧分别为以下几个部分。

- 胫骨前肌。位于胫骨前缘的外侧，可背屈（伸）踝关节，并使足内翻。
- 趾长伸肌。并列于胫骨前肌的外侧，可伸 2～5 趾和背屈（伸）踝关节。
- 拇长伸肌。位于前二肌之间，起端被二肌覆盖，可伸拇趾和使膝关节背屈。

b）后群有5块肌肉，分浅、深两层。

• 浅层。有腓肠肌和比目鱼肌，合称小腿三头肌。

腓肠肌。位于膝和小腿后面，有内侧、外侧两头，分别起自股骨内侧、外侧髁的后面，两头在小腿中部互相融合成肌腹，向下移行。

比目鱼肌。位于腓肠肌深面，起自胫骨、腓骨后面上部，肌束向下移行为腱。腓肠肌和比目鱼肌的腱合成粗大的跟腱，止于跟骨。

• 深层。有3块肌肉，自胫侧向腓侧分别如下。

趾长屈肌。位于胫侧，可屈2～5趾和跖屈踝关节。

胫骨后肌。位于趾长屈肌腓侧，可屈踝关节和使足内翻。

拇长屈肌。位于胫骨后肌腓侧，可屈拇趾和跖屈踝关节。

c）外侧群（含2块肌肉）位于腓骨外侧，可使足外翻和屈踝关节。

• 腓骨长肌。位置较浅，上部直接贴附于腓骨。

• 腓骨短肌。较腓骨长肌短，位于其下部的深面。

④足肌。足肌分为足背肌和足底肌。

• 足背肌短小，可伸拇趾和2～5趾。

• 足底肌也分为内侧群、外侧群和中间群，其分布情况和肌作用与手肌相似，只是没有与拇指对掌肌相类似的肌肉。

二、神经系统

1. 神经系统概述

神经系统（见图8-34）是一个组织十分精密的系统，负责协调身体的诸多活动。身体中有100亿个神经细胞，叫作神经元。理解神经如何运作有助于美容师更熟练地进行按摩，同时从整体上了解这些护理对身体产生的作用。

2. 神经系统分类

神经系统可以分为中枢神经系统（central nervous system，CNS）和周围神经系统（peripheral nervous system，PNS）。

（1）中枢神经系统包括大脑和脊髓。它控制意识和许多精神活动，五大感官（看、听、感、闻、尝）的自主功能，以及自主肌肉功能，包括全身活动和面部表情。

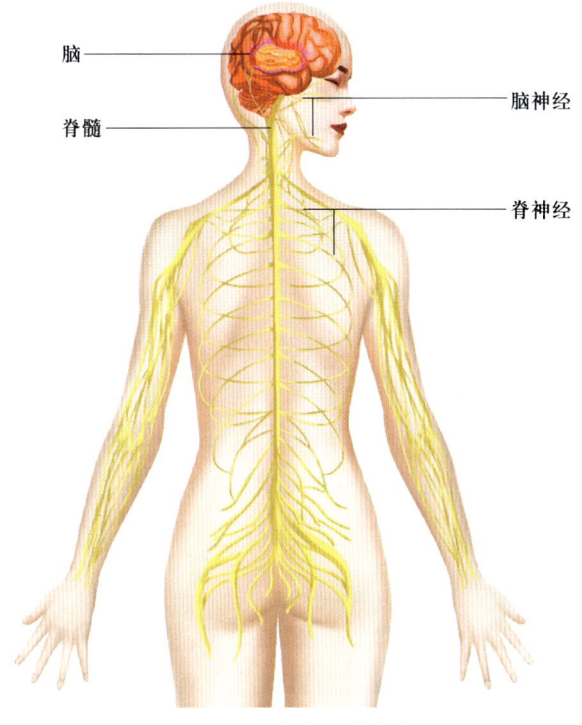

图 8-34 神经系统组成

（2）周围神经系统包括与脑相连的脑神经（12 对）和与脊髓相连的脊神经（31 对）。根据分布的器官不同，分为躯体神经和内脏神经。躯体神经分布于体表、骨骼、关节和骨骼肌；内脏神经分布于内脏、心血管、平滑肌和腺体，由于其不受人体意识支配，因此又称为自主神经系统或植物性神经系统。

周围神经系统含有传入纤维和传出纤维，传入纤维又称感觉纤维，传导感受器接受的感觉至中枢神经系统；传出纤维又称运动纤维，将动作指令从中枢神经系统传导至周围效应器，引起相应动作。

受自主神经系统影响的器官接受两个部分的神经细胞或纤维，即交感神经和副交感神经。交感神经部分刺激或加速活动，身体可在处于压力状态时做好准备；而副交感神经在正常、非压力状态下工作，有助于储存和减缓活动，从而保持身体的平衡。

3. 头、躯干、四肢的神经

（1）脑和脊髓。脑是身体中最大、最复杂的神经组织，如图 8-35 所示。大脑在颅骨内，平均重量 44～48 oz（1.25～1.35 kg），主要有 4 个部分：大脑、小脑、间脑和脑干。脑控制知觉、肌肉、腺体活动、思考和感觉的能力。它能通过 12 对脑神经接收和发送信号。脑神经源自脑部，延伸至头、脸和颈等部位。

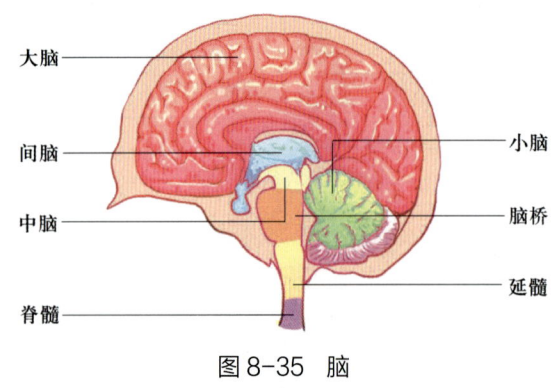

图 8-35　脑

1）大脑是脑的主干，它位于颅骨的上前部。它有白色物质的内核，由包裹着髓鞘的轴突束组成，为髓质。有由细胞体和树突组成的灰色物质的外核，为皮质。大脑与各种感觉和运动行为密切相关，同时能展现诸多思维和行为等高级神经活动，如情感、语言、学习和记忆等。

2）小脑位于大脑底部，与脑干相连，能控制活动，随意协调肌肉活动以及保持平衡。

3）间脑位于中脑的最上端，由丘脑和下丘脑两部分组成。丘脑位于间脑的最上端，是感觉刺激的中继站，在身体辨认疼痛和体温时发挥作用。下丘脑位于间脑的下部，是调节内脏活动和内分泌的皮质下中枢，可调节体温、水液代谢、激素分泌和情绪反应等活动。

4）脑干连接脊髓和脑部。它包括三个部分：中脑、脑桥和延髓。脑干参与调节一些重要功能，如呼吸、心跳和血压，被称为"生命中枢"。

脊髓是脑干的延续，它源于脑部，向下延伸至身体的下肢，由脊柱保护。31 对脊神经从脊髓出发，分散到躯体和四肢的肌肉和皮肤。

（2）头、脸和颈的神经。脑底部和脑干有 12 对脑神经。脑神经能刺激头和颈的肌肉和感觉结构，包括皮肤、膜、眼睛和耳朵。每对脑神经根据其特性或功能而各有特定的名称，并以先后顺序冠名。

美容师主要关注第 5、第 7 和第 11 对脑神经，每条神经都有几个分支。

1）第 5 对脑神经。最大的脑神经是第 5 对，叫三叉神经（见图 8-36）。它是面部的主要感觉神经，也是控制咀嚼肌肉的运动神经。它有如下三个分支。

①眼神经。为感觉性神经，分布于前额皮肤、上眼睑和头皮内部、眼眶、眼球和鼻腔。

②下颌神经。为混合性神经，分为肌支和感觉支。肌支分布在咀嚼肌，调节咀嚼肌运动。感觉支分布在腮腺、颞区皮肤、颊部皮肤及颊部口腔黏膜、下唇的皮肤和黏

膜、舌前 2/3 黏膜，传导一般感觉。

③上颌神经，为感觉性神经，分布于上颌牙及牙龈、上颌窦黏膜、口腔黏膜、鼻腔黏膜，以及口裂及眼裂之间的皮肤。

2）第 7 对脑神经。第 7 对脑神经是面神经（见图 8-37），为混合性神经。它从耳朵下部附近起源，延伸到颈部肌肉。其分支完成并控制所有面部表情肌肉和唾液分泌。

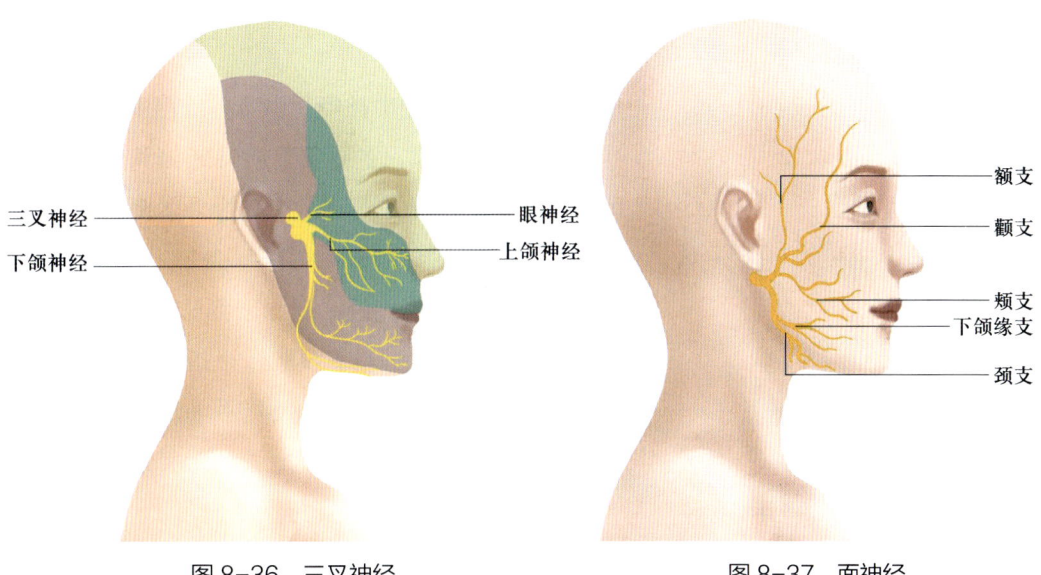

图 8-36　三叉神经　　　　　　　图 8-37　面神经

3）第 11 对脑神经。第 11 对脑神经为副神经（见图 8-38），是一种运动神经，能支配颈部和肩膀肌肉（胸锁乳突肌和斜方肌）的运动。这对神经对美容师而言十分重要，因为它在面部护理尤其是按摩时，会有很重要的作用。

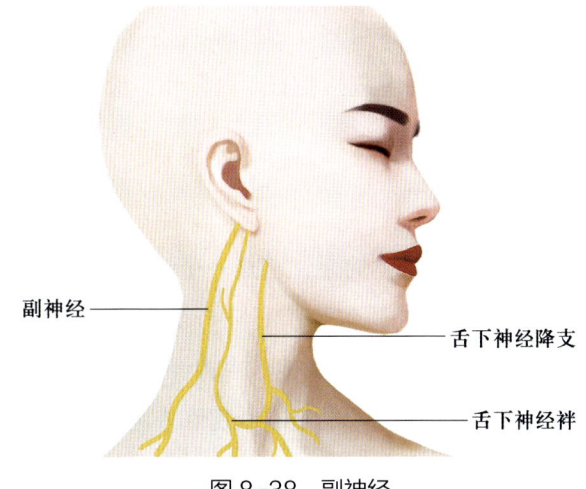

图 8-38　副神经

（3）手臂和手部神经（见图8-39）。

手臂和手部的浅表部分主要神经如下。

1）桡神经。起源于臂丛后束，支配肱三头肌、桡侧腕长伸肌、肘肌、肱桡肌的运动，并负责前臂后面、臂后区、臂下外侧皮肤感觉。

2）正中神经。由臂丛外侧束、臂丛外内束形成，主要负责前臂屈侧和内桡侧大部分肌肉的运动，并掌管手掌桡侧皮肤感觉。

3）尺神经。起源于臂丛内侧束，支配尺侧腕屈肌、掌短肌、小指伸肌、拇短屈肌等肌肉的运动，负责手掌尺侧面远端皮肤、小鱼际肌表面皮肤、无名指尺侧半背面皮肤等处感觉。

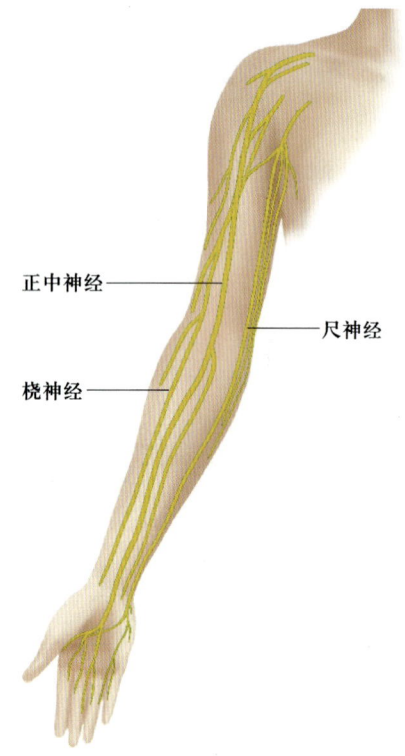

图8-39　手臂神经

三、循环系统（血液循环和淋巴循环）

1. 循环系统概述

循环系统也叫脉管系统（见图8-40），是一系列连续而封闭的管道系统，由心血管系统和淋巴系统组成。心血管系统包括心脏、血管和血液。淋巴系统包括淋巴管道、淋巴器官和淋巴组织。

2. 心血管循环系统及其作用

（1）心脏。心脏通常被称为身体的泵，它是一个锥形的肌肉器官，维持血液在循环系统中流动。心脏被叫作心包的膜包裹。心脏与拳头大小相似，重量约255 g（成人），位于胸腔中。心跳通过交感神经和其他自主神经系统中的神经调节。

心脏内部有4个腔。上方室壁较薄的是右心房和左心房，下方室壁较厚的是右心室和左心室。心房连接静脉，心室连接动脉。在房室口及动脉口均有瓣膜，让血液只能单向流动（见图8-41）。心脏每收缩、放松一次，血液就流进心脏，从心房流向心室，然后流出并流向全身。

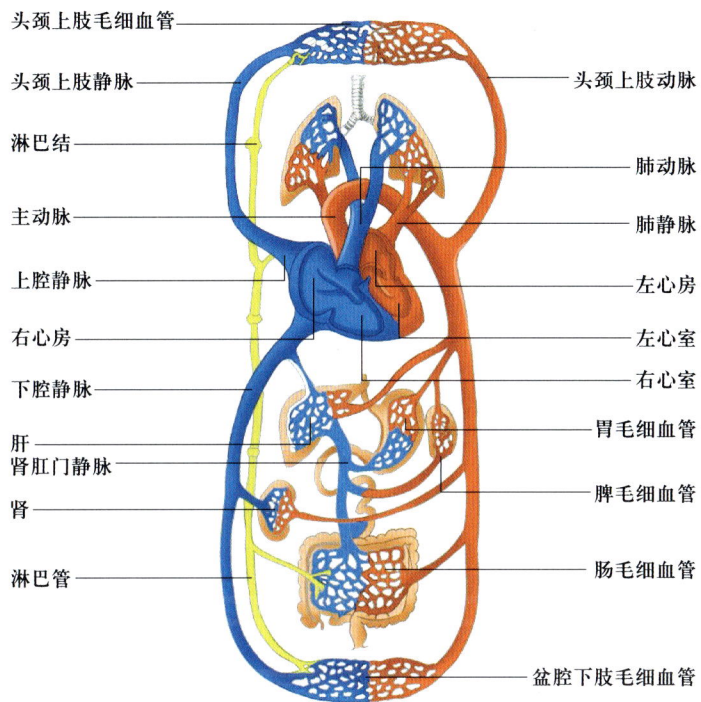

图8-40 血液循环示意图

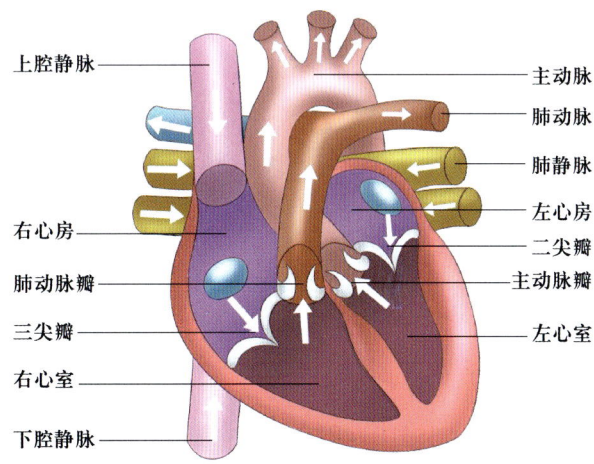

图8-41 血液在心脏内流动示意图

血液从离开心脏到回到心脏的过程，是一个恒定连续的循环，称为血液循环。根据途径和功能的不同，分为肺循环和体循环。肺循环是将血液从心脏送往肺部完成气体交换，使静脉血变成富氧的动脉血。体循环是将血液从心脏运向全身，然后再运回心脏，维持身体内环境的稳态，保证新陈代谢。

（2）血管。血管是管状结构（见图8-42），包括动脉、小动脉、毛细血管、小静脉和静脉。血管可以将血液输送至心脏，也可以从心脏把血液输送至身体的每个组织。身体内已知的血管类型有如下几种。

1）动脉。管壁厚、含有肌肉、有弹性，是引导血液离心的管道，人体中最大的动脉是主动脉。

2）小动脉。将血液从大动脉运往毛细血管的管道。

3）毛细血管。细小、壁薄的血管，连接小动脉和小静脉。毛细血管将营养物质运往细胞，并带走细胞代谢产物。

4）小静脉。连接毛细血管和静脉的小血管。它们从毛细血管收集血液并运往静脉。

5）静脉。管壁薄，比动脉弹性小，内含静脉瓣，能让血液朝心脏方向流动，防止倒流。静脉将含有代谢产物和二氧化碳的血液运回心脏和肺部。静脉分布位置相较动脉而言较浅。

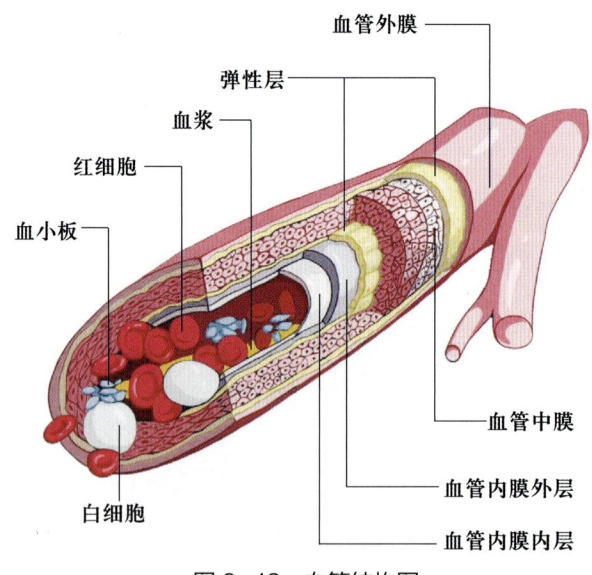

图8-42 血管结构图

（3）血液。血液是循环流动在心血管系统内的红色液态组织，是一种结缔组织。人体中有3.8~4.7 L血，占据人体重约十二分之一。血液中大约含有83%的水，它黏稠、含有无机盐，通常温度为36 ℃。它在动脉血管中是鲜红色（肺动脉除外），静脉血管中是暗红色（肺静脉除外）。血液在流过肺部用二氧化碳交换氧气，或流向全身用氧气交换二氧化碳时，颜色都会发生改变。

1）血液组成。

①血细胞。包括红细胞、白细胞和血小板。红细胞是在红骨髓中产生的，内含血红蛋白（一种复杂的含铁蛋白质），因此血液呈红色，其功能是向全身细胞输送氧；白细胞有吞噬及溶解细菌的功能；血小板参与止血和凝血过程。

②血浆。是血液的液体部分，让红细胞、白细胞和血小板得以流动。血浆中90%是水，其余是血浆蛋白、酶、激素、糖、脂类、维生素、无机盐及代谢产物等物质。血浆的主要功能是将营养物质带给细胞，并将代谢产物带离细胞。

2）血液的重要功能。

①将营养物质和氧气带向全身的细胞。

②将二氧化碳和废物通过肺部、皮肤、肾脏和肠道排出。

③帮助均衡体温，从而保护身体免受极热和极寒的伤害。

④通过白细胞的活动，帮助保护身体不受有害细菌和感染侵害。

⑤通过形成血块来闭合受伤的微小血管，从而防止血液流失。

3. 淋巴系统

淋巴系统是由淋巴管道、淋巴器官和淋巴组织构成，如图8-43所示。淋巴管道是心血管系统的辅助管道，协助静脉引导组织液回流到心脏。淋巴是无色液体，通过血浆从毛细血管壁过滤进入组织间隙而产生。淋巴系统的功能是建立免疫力，破坏致病微生物，从而保护身体，同时排出血液中多余的组织液（组织细胞间的血浆），然后将代谢废物从细胞中带出。

淋巴管起始像管道一样，一端是封闭的，可独立或成群出现，叫作毛细淋巴管。毛细淋巴管汇合形成淋巴管，淋巴管内淋巴液在走行中通过淋巴结过滤，淋巴结是管道内的腺体状结构，当局部发生病变时，细菌和毒素可经过淋巴管流向相应淋巴结，引起淋巴结肿大。全身主要的淋巴结群有颈部、上肢、胸部、腹部、盆部、下肢的淋巴结群。淋巴管经过一系列淋巴结群后汇合成较大的淋巴干，全身有9条淋巴干，最后汇合为2条淋巴导管，进入静脉，参与血液循环。

淋巴系统的主要功能有：过滤细菌和毒素，参与免疫应答；将身体细胞中的垃圾排向血液；引流组织液至血管，帮助减少身体浮肿、发炎和代谢物堆积。

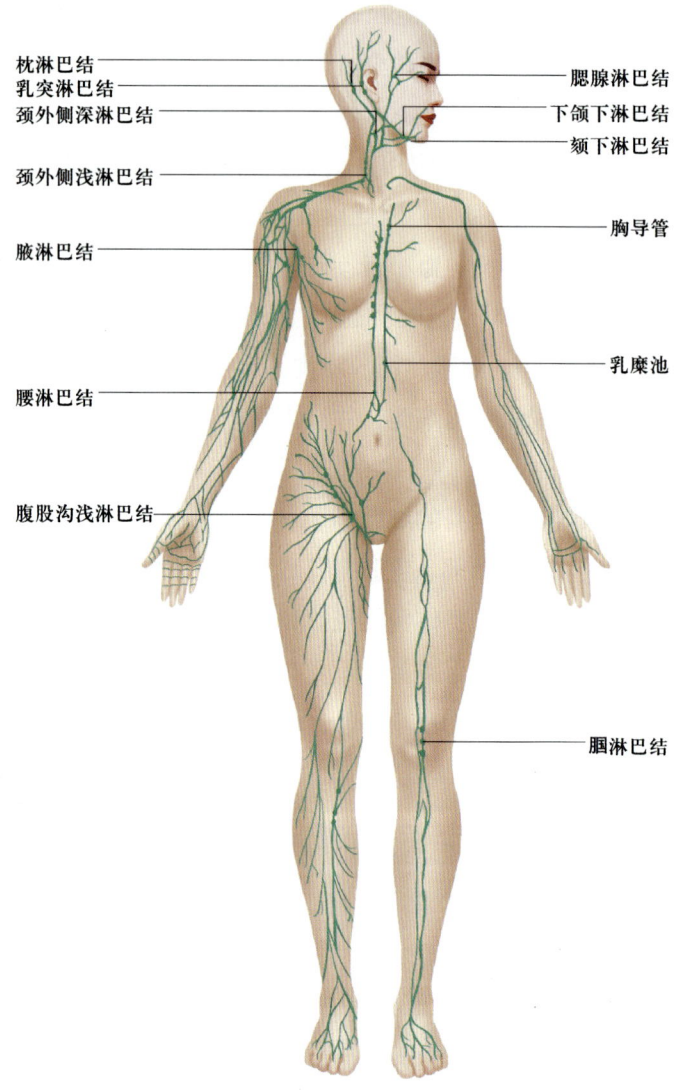

图 8-43　淋巴系统模式图

四、内分泌系统

1. 内分泌系统的组成

内分泌系统由内分泌腺（见图 8-44）和内分泌组织等组成，能影响发育、成长、性活动以及身体健康。内分泌细胞能合成和分泌激素，这是一种高效能生物活性物质，可以直接进入血液和淋巴系统，随循环运送至全身，作用于特定的器官和组织，产生效应。

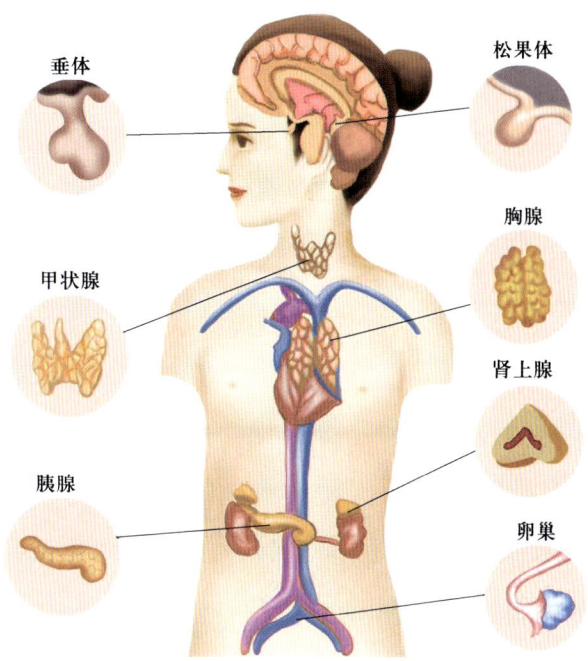

图 8-44 人体主要内分泌腺

人体内的腺体有两种,外分泌腺和内分泌腺。

外分泌腺,也叫有管腺,分泌的物质能通过小型管状通道排出。皮肤的汗腺和皮脂腺属于这一类别。

内分泌腺,也叫无管腺,直接向血液释放名叫激素的分泌物,如垂体、甲状腺、肾上腺等。激素,如胰岛素、肾上腺素和雌性激素,会刺激身体其他部位的功能性活动。

2. 主要的内分泌腺及其功能

(1)松果体。主要分泌褪黑素,在生殖腺发育、睡眠和新陈代谢中扮演重要角色。

(2)脑垂体。是内分泌系统中最复杂的器官,分泌的激素包括生长激素、催乳素、促甲状腺激素、促肾上腺皮质激素、促性腺激素、抗利尿激素和催产素等。垂体能影响几乎所有的生理过程,如生长发育、血压、生产时的宫缩、母乳生成、男女性器官功能、甲状腺功能、新陈代谢等。

(3)甲状腺。分泌甲状腺激素和降钙素,可以加速人体新陈代谢,提高神经系统的兴奋性,促进骨骼和中枢神经系统的发育等。

(4)甲状旁腺。分泌甲状旁腺激素,调节血液钙和磷水平,从而使神经和肌肉系统能恰当运作。

（5）胰腺。其中的胰岛分泌胰岛素和胰高血糖素，主要调节营养物质的合成代谢和血糖浓度。

（6）肾上腺。分泌大约30种类固醇激素，如盐皮质激素、糖皮质激素和少量性激素等，功能包括调节身体的新陈代谢、抗炎、加快心率、升高血压和应激反应等。

（7）性腺。包括卵巢和睾丸，产生性激素，主要功能为促进性器官发育、维持性功能和第二性征等。卵巢分泌孕激素和雌激素，睾丸分泌雄激素。

五、消化系统

1. 消化系统的组成

消化系统（见图8-45）由消化道和消化腺组成，负责消化食物、吸收营养物质和排出食物残渣。消化道是食物进出的通道，包括口腔、咽、食管、胃、小肠（十二指肠、空肠、回肠）和大肠（盲肠、阑尾、结肠、直肠、肛管）。消化腺包括唾液腺、肝、胰脏及消化管壁的小腺体，可以产生和分泌消化液，消化液内含有大量的消化酶，能将食物转化成能被身体吸收的化学物质，通过血液运输至全身。

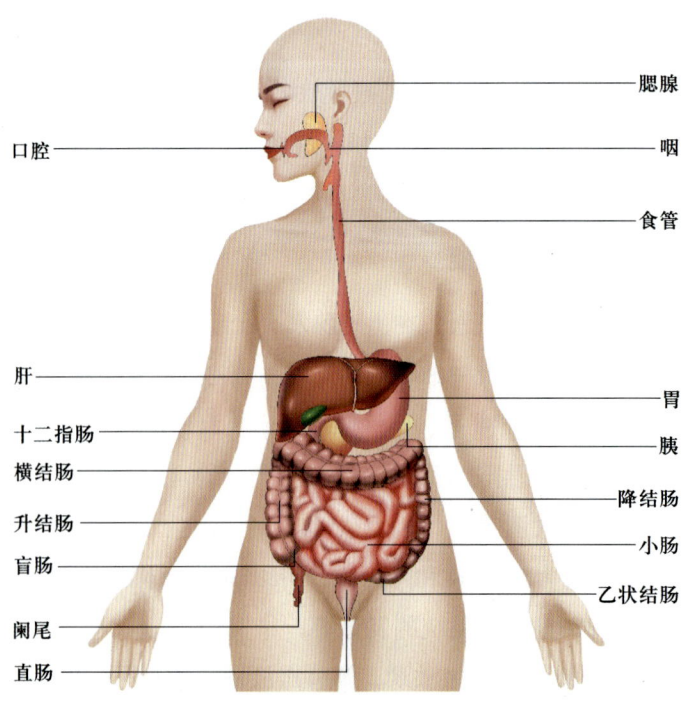

图8-45 消化系统

2. 消化系统的主要功能

（1）摄取食物。
（2）通过消化道的蠕动转运食物。
（3）通过机械和化学方式消化食物。
（4）将消化后的食物吸收进循环系统，输送到组织和细胞。
（5）排泄废物。

六、泌尿系统

泌尿系统（见图8-46）由肾脏、输尿管、膀胱和尿道组成，主要功能是产生尿液，排出废物。身体细胞新陈代谢形成多种有毒物质，如果蓄积会引起机体内环境平衡紊乱，影响身体健康。泌尿系统是排泄代谢产物的主要途径，除此之外还有其他器官也在排泄废物中有重要作用，如皮肤排出汗液、大肠排出已分解和未消化的食物、肺部呼出二氧化碳。

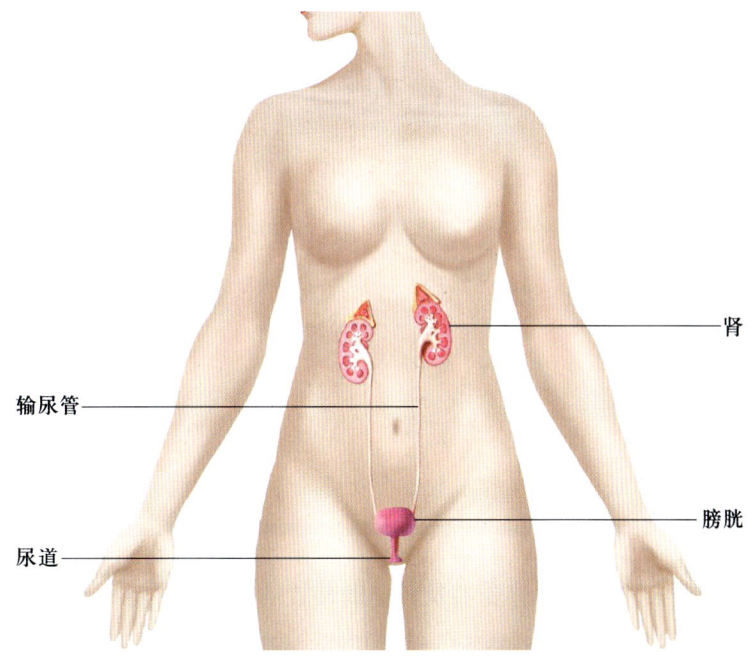

图 8-46　泌尿系统组成示意图

七、呼吸系统

呼吸系统（见图8-47）包括呼吸道和肺，主要功能是与外界进行气体交换，即吸入氧气，呼出二氧化碳。呼吸道是气体进出的通道，包括鼻、咽、喉、气管和各级支气管。肺部由肺泡组成，是气体交换的主要场所。膈肌是一块肌肉壁，能分开胸腔和腹腔，有助于调节呼吸。

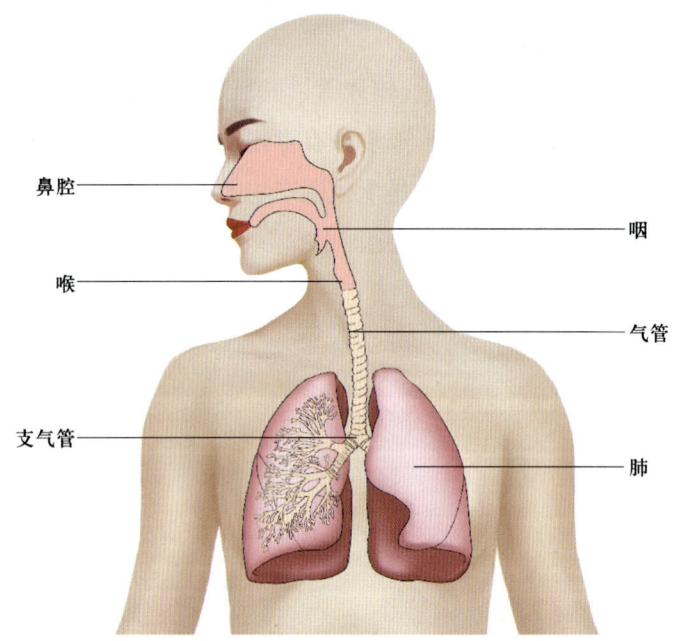

图8-47 呼吸系统

八、感觉器

感觉器是感受某种刺激的感受器及其辅助装置的总称感觉器，包括视器、前庭蜗器、嗅器和味器，它们各自具有特殊的感觉功能，包括听、视、嗅、味等。

1. 视器

视器就是眼，由眼球和眼副器组成，能感受光线刺激，产生视觉。

（1）眼球。为眼的主要部分，由眼球壁（纤维膜包括角膜、巩膜，血管膜包括虹膜、睫状体、脉络膜、视网膜）和眼球内容物（房水、晶状体、玻璃体）构成，如图 8-48 所示。

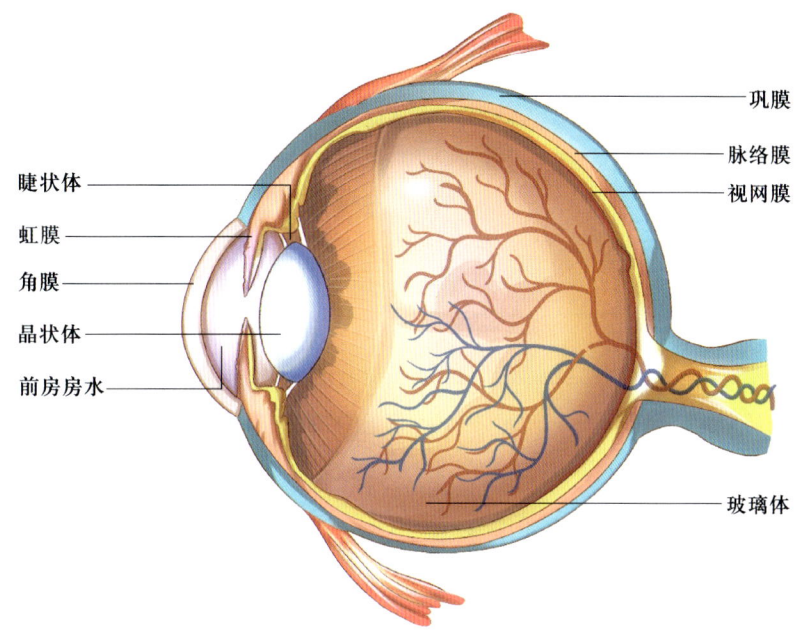

图 8-48　眼球的构造

（2）眼副器。包括眼睑、结膜、泪器和眼外肌等。

1）眼睑（见图 8-49）。即眼皮，能保护眼球，是构成人体容貌美的重要组成部分，有上眼睑和下眼睑之分。上眼睑根据其褶皱程度，分为单睑（单眼皮）、重睑（双眼皮）和多重睑。眼睑皮肤是人体中最薄的皮肤，富有弹性，皮下疏松结缔组织丰富，因此容易水肿。单睑的皮肤比重睑略厚。

2）睫毛。眼睑的游离缘有睫毛，排列成 2~3 行，短而弯曲，对眼睛有很好的保护作用。上眼睑睫毛多而长，通常有 100~150 根，长度为 8~12 mm，稍向前上方弯曲生长；下眼睑睫毛短而少，一般为 50~75 根，长度为 6~8 mm，稍向前下方曲。睫毛处于不断代谢更新状态，平均寿命为 3~5 个月。

2. 前庭蜗器

前庭蜗器（见图 8-50）又称耳，包括外耳、中耳和内耳，产生听觉和位置感觉。外耳由耳郭、外耳道和鼓膜组成。耳郭主要由弹性软骨构成。

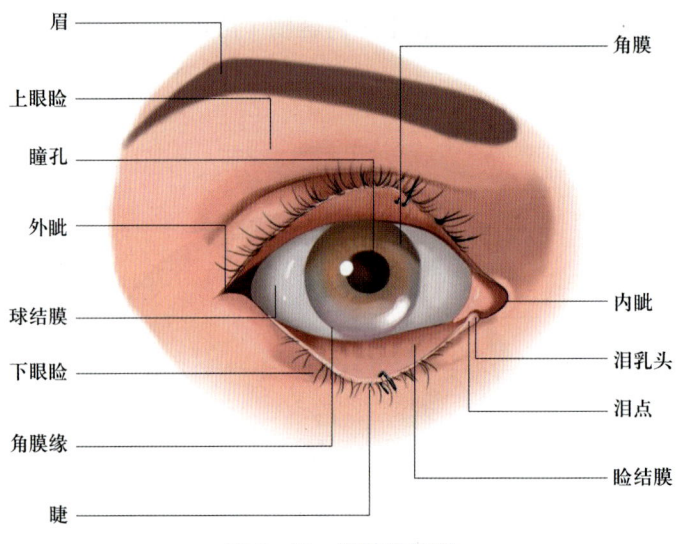

图 8-49 眼睑的外形

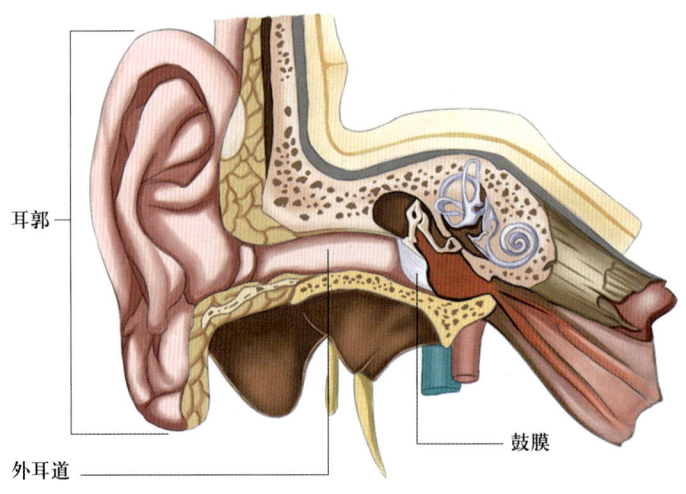

图 8-50 前庭蜗器结构模式图

3. 嗅器

嗅器是鼻，鼻是呼吸道的起始部分，能净化吸入的空气并调节其温度和湿度。它是重要的嗅觉器官，同时可以辅助发音。

外鼻的静脉主要经内眦静脉及面静脉汇入颈内、外静脉。由于内眦静脉经眼上、下静脉与颅内海绵窦相通，面静脉无静脉瓣，血液可上下流动，故当鼻或上唇（称为危险三角区）患疖肿、痤疮时，如因错误挤压或治疗不当，则有引起海绵窦血栓性静脉炎的可能性。

4. 味器

味器是舌，舌由表面的黏膜和深部的舌肌（骨骼肌）组成。舌具有搅拌食物、协助吞咽、感受味觉和辅助发音等功能，也是观察某些疾病的重要"窗口"。味蕾是主要分布于轮廓乳头和菌状乳头及软腭、会厌等处黏膜上皮中的卵圆形小体，是味觉感觉器，舌如图8-51所示。舌根部的黏膜内含有许多淋巴组织，使黏膜表面形成许多隆起，叫作扁桃体。

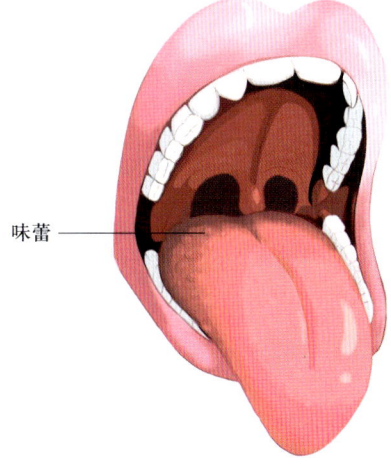

图 8-51　舌

第九章
人体皮肤生理知识

　　皮肤覆盖着整个人体表面，是保护人体的第一道防线，也是人体最大的器官。实践证明，进行科学的皮肤护理是维护皮肤正常功能，预防、改善损美皮肤问题和延缓皮肤衰老的有效途径，而进行科学的皮肤护理则必须建立在掌握皮肤结构和生理功能知识基础之上。

　　随着科技的进步和发展，皮肤科专家、各种网络社交媒体对美容知识的大力宣导，大众生活美容和医学美容知识越来越得到普及，使消费者对美容护理了解的渠道越来越多，知识也日益丰富，这对美容师的专业知识及工作胜任力是个极大的挑战。因此，美容师想要成为一名皮肤护理专业人员，建立专业自信并赢得顾客信任，必须系统地学习和掌握扎实的皮肤解剖生理知识及各种皮肤问题发生的成因及表现症状，才能建立科学的美容观，正确地分析和识别皮肤问题，找到合理解决问题的有效方法，制定科学的护理方案，回答各种顾客美容问题，正确选用化妆品、美容仪器以及以各种美容技术手段为顾客提供安全、有效的皮肤护理服务。

本章将系统、全面、严谨地介绍与皮肤护理领域相关的皮肤生理解剖知识，旨在为美容师学习和掌握皮肤护理知识和实践操作打下理论基础。

第一节　人体皮肤解剖结构

一、皮肤的概述

皮肤覆盖于人体表面，柔软而富有弹性，是机体抵御病原体侵袭及各种机械性、化学性、物理性刺激的第一道防线。完整而健康的皮肤可减少外界对机体的影响，维持机体的正常生命活动。

成人皮肤的总面积为 1.5～2 m^2，重量占体重的 14%～16%，皮肤厚度为 0.5～4 mm（不包括皮下脂肪层），可因年龄、性别和部位的不同而有所区别。如儿童、老年人的皮肤比成年人的皮肤薄，女性皮肤比男性皮肤薄，四肢屈侧、眼睑、乳房、外阴的皮肤较薄，而枕后、臀、手掌及足底的皮肤较厚。

皮肤表面有许多深浅、走向不一的细小沟纹称为皮沟，是由真皮纤维束的不同排列和牵拉所致。皮沟将皮肤表面划分成许多三角形、菱形或多角形的小区，称为皮野。皮野分为皮嵴、皮沟两个部分，皮肤凸起的部分称为皮嵴，皮肤凹下去的部分称为皮沟，如图 9-1 所示。

掌纹、足纹是由皮沟和皮嵴形成的特殊纹理，在指（趾）末端屈面的皮沟、皮嵴呈涡纹状，称为指（趾）纹，其形态受遗传因素决定，终生不变，除

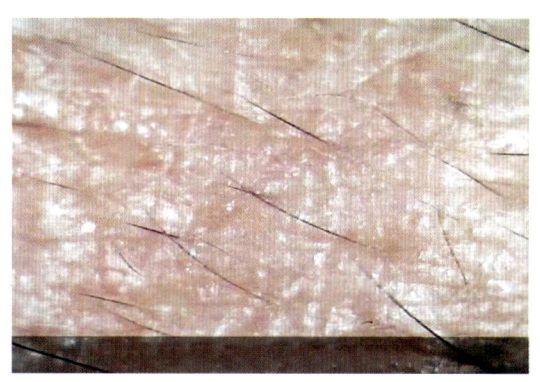

图 9-1　放大镜下的皮肤纹理图

同卵双生者外，个体之间的指（趾）纹均有差异，故常作为个体鉴别的可靠依据之一。

二、皮肤的基本结构

皮肤（见图9-2）分为表皮、真皮、皮下组织，以及皮肤附属器、神经、血管、淋巴管、肌肉。

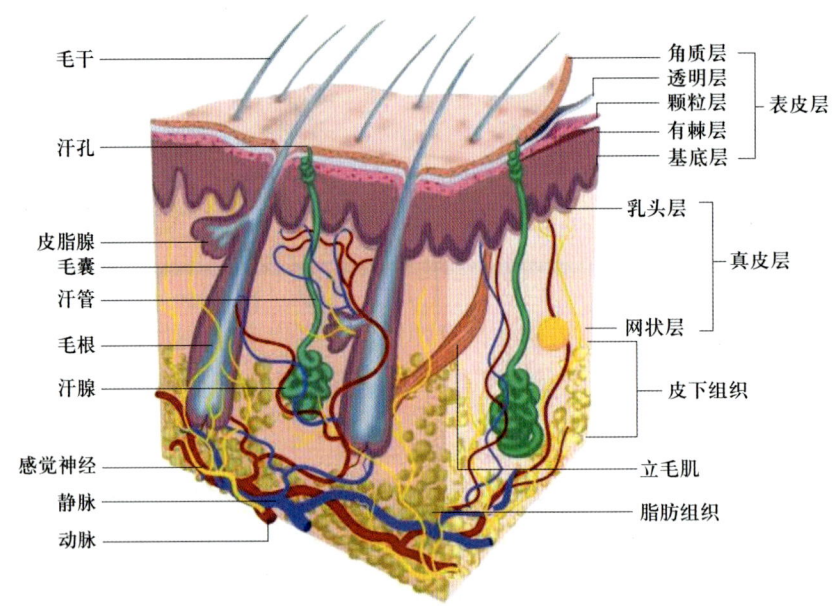

图9-2　皮肤的基本结构

1. 表皮

表皮覆于身体表面，是皮肤的最外层，由复层鳞状上皮构成。因分布部位不同，表皮的厚薄也有不同，一般为0.04（眼睑）~1.6 mm（脚掌），平均厚度约0.1 mm。

表皮属于复层鳞状上皮，主要由角质形成细胞和树突状细胞组成，后者又包括黑素细胞、朗格汉斯细胞、梅克尔细胞等。角质形成细胞是表皮的主要细胞，约占表皮细胞的80%以上，该细胞代谢活跃，能连续不断地进行分化和更新，在分化、成熟的不同阶段，细胞的大小、形态及排列均有变化。根据角质形成细胞的分化阶段和特点，将表皮分为五层，分别为角质层、透明层、颗粒层、有棘层和基底层。

（1）角质层。角质层为表皮的最外层，与皮肤护理有着密切的关系，皮肤护理最常涉及的是角质层。它由5~20层没有细胞核的死亡角质细胞和细胞间脂质构成。

美国学者埃利亚斯（Elias PM）曾提出了著名的"砖墙学说"，将角质层形象地命名为"砖墙结构"，如图9-3所示。角质细胞上下重叠，犹如"砖块"一样坚韧，细胞间脂质好比黏合砖块的"灰浆"，两者堆砌成一道皮肤的"护城墙"，形成一道皮肤天然的保护屏障，完整的"砖墙结构"对皮肤起着非常重要的保护功能。

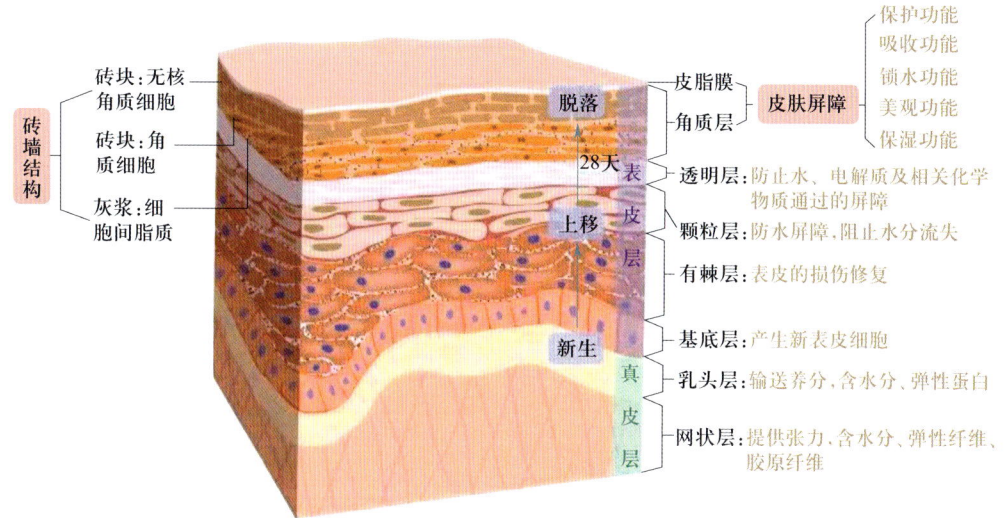

图9-3 表皮层、真皮层的基本结构

1）角质层的作用。

①皮肤的屏障保护功能。健康的角质层是皮肤非常重要的天然保护层，能够防御外界致病微生物的侵入，抵抗各种外界摩擦和刺激，对一些理化因素（如酸、碱、紫外线）有一定的耐受力。

②角质层的吸收功能。角质层是皮肤吸收外界物质的主要部位，占皮肤总吸收能力的90%，主要通过角质形成细胞间隙进行吸收。由于细胞间质主要以脂质为主，所以角质层主要吸收的是脂溶性物质，因此，脂溶性化妆品更容易被皮肤吸收。

③角质层的锁水功能。角质层与皮肤的锁水关系非常密切，正常皮肤的角质层含水量为10%~20%，如果含水量低于10%就会引起皮肤的干燥与脱屑，因此，良好的皮肤屏障功能可以防止皮肤中水分的丢失，使皮肤保持健康润泽的状态。

④健康的角质层对皮肤美观度的影响。角质层的厚薄直接影响皮肤的健康和外观，

角质层过厚会导致皮肤的粗糙、灰暗、无光泽；角质层过薄会导致皮肤的防御功能减弱，出现敏感、过敏等皮肤问题，如皮肤潮红、瘙痒、灼热、毛细血管扩张、色素沉着、皮肤老化等现象，甚至引发皮肤疾病。

2）角质层中的角质形成细胞。在角质形成细胞从基底层向角质层发展的过程中，细胞器和细胞核逐渐消失，细胞膜形成不溶性的坚硬外膜。这层膜由蛋白包膜、脂质包膜和酶组成，这三种物质分别在美容保湿、防止皮肤细胞内的水分丢失和限制外界水分的摄入方面发挥着屏障功能。

3）细胞间质。细胞间质由细胞间脂质和天然保湿因子组成，细胞间脂质的主要成分是神经酰胺（约占50%）、游离脂肪酸（占10%~20%）和胆固醇（约占25%）。神经酰胺和角质形成细胞表面的蛋白质黏合起来组成了皮肤的"砖墙结构"，神经酰胺含量的减少可使角质形成细胞的黏合力下降，导致皮肤干燥、粗糙、脱屑甚至出现过敏、湿疹等问题。另外，脂质的缺少也会导致皮肤的锁水及保湿功能下降，影响皮肤的屏障功能。因此，日常工作中遇到皮肤干燥、脱屑或皮肤敏感症状，首先要补充含有神经酰胺类成分、油脂含量较高的脂类护肤品来修复和重建皮肤屏障功能。

4）天然保湿因子。天然保湿因子是存在于角质层内能与水结合的一些低分子量物质的总称，包括游离氨基酸、乳酸、尿酸、钠、钾、钙、镁、氯、糖、肽类及其他未知的一些物质。天然保湿因子具有高效的吸湿锁水作用，能维持角质层的含水量，促进皮肤的新陈代谢，承担皮肤保湿的重要任务。天然保湿因子数目的多少影响了角质层含水量的高低。

5）皮脂膜。皮脂膜又称水脂膜，是覆盖于皮肤表面的一层透明的弱酸性保护膜，厚度只有0.5 μm，主要由汗腺分泌的汗液、皮脂腺分泌的油脂经过乳化形成。皮脂膜的主要成分是角鲨烯、神经酰胺、亚油酸、亚麻酸及其他脂质成分，这些成分是肌肤天然的保湿霜，能滋润皮肤、锁住水分、维护皮肤屏障功能和维持皮肤正常pH值。此外，弱酸性的皮脂膜还能抑制某些微生物生长。

6）皮肤角质层屏障。皮肤角质层屏障是指由角质层及覆盖于其表面的皮脂膜共同构成的皮肤物理屏障，具有对内锁住水分和油分，对外抵御病菌入侵、刺激物、紫外线的作用。所以，要拥有自然健康的皮肤，就必须拥有健全的皮肤屏障，修复皮肤屏障是美容师工作的重点之一。

一些内在和外在因素会降低皮肤天然成分的含量，导致皮脂膜变薄、角质层受损变薄、皮肤处于脱脂状态、具有保湿作用的细胞间脂质流失、经皮水分丢失量增加，最终使皮肤屏障的紧密性降低而损坏皮肤屏障。皮肤屏障的受损会导致皮肤自身的防御能力降低，外界刺激物能轻易地穿透角质层，经表皮水分散失量增多，容易引起皮肤干燥、敏感、发红、瘙痒、脱屑、炎症反应和老化等问题。所以，保持皮肤健康的最好方法就是维护好皮肤屏障的完整性，要注意避免"拆墙"的因素和注意保护皮肤屏障。

①角质层屏障受损的因素如下。

外在因素。季节及温度变化、干燥、寒冷、日晒、环境污染；医美术后护理不当，日常过度清洁、过度去角质和换肤、过度敷面膜（造成角质层过度水合）、使用不合格化妆品，使用外用激素类药物等；不良生活习惯、压力大、更年期等。

内在因素。衰老、遗传性皮肤薄弱，特殊疾病，体内激素含量和酶的释放等内在调节因素，脂类代谢失调、细胞间脂质合成障碍等。

其他因素。许多皮肤病都具有皮肤屏障功能受损的特点，如敏感性皮肤、玫瑰痤疮、干燥性皮肤瘙痒症、激素依赖性皮炎、面部脂溢性皮炎、鱼鳞病、湿疹（特应性皮炎）以及其他伴有皮肤干燥的皮肤病，都会减少皮肤屏障的脂质含量，降低对角质形成细胞的黏合度。皮肤屏障功能受损也可能是这些皮肤病反复发作的重要原因。

②修复受损皮肤屏障的要点如下。

使用具有修复功能的护肤品可滋润皮肤和修复皮肤屏障。此类产品添加了各种吸湿剂、封闭剂和类似于皮肤天然成分的仿生"砌墙"原料，可补充皮肤表面的"水脂膜"和细胞间脂质"灰浆"的不足，从而加固皮肤表层的"砖墙结构"，使皮肤变得更加健康和坚韧。

在护理或治疗皮肤疾病的同时，配合使用具有修复功效的保湿护肤品能促进受损屏障的修复，增强皮肤的抵抗力，从而使病情能尽快得到稳定或治愈。

用正确的方法洁面，避免过度清洁，否则会带走过多的皮脂膜。日常注重保湿，保持肌肤水合状态，每日做好防晒工作。

（2）透明层。透明层位于角质层的下方，仅见于手掌、足趾部。由2~3层扁平细胞组成，无细胞核，细胞界限不清，但紧密相连，有强折光性，故名"透明层"。它是由颗粒层细胞的透明角质颗粒变性而成，是防止水分、电解质及相关化学物质通过的屏障。

（3）颗粒层。颗粒层位于透明层的下方，由1~3层扁平或梭形的细胞构成。细胞质中含有许多大小不等、形状不规则、强嗜碱性的透明角质颗粒，故此层称"颗粒层"。颗粒层的代谢变化较大，表皮细胞在此层完全角化后细胞核消失，在颗粒层上部的细胞间隙中，酸性磷酸酶、疏水性磷脂和溶酶体酶等构成一个防水屏障，使水分既不易从体外渗入，也阻止了角质层以下的水分向角质层渗透。

（4）有棘层。有棘层位于颗粒层的下方，由4~8层多角形细胞组成，细胞较大，向四周伸出许多棘状突起，故称"棘细胞"。有棘层细胞间含有多糖、糖皮质激素、肾上腺素及其他内分泌受体和表皮生长因子受体等，具有黏合性和亲水性。初离基底层的棘细胞仍有分裂功能，可参与表皮的损伤修复。

（5）基底层。基底层位于表皮的最底层，有棘层的下方，附着于基底膜上，由单层圆柱状或立方状的细胞组成，与基底膜带垂直排列成栅栏状，与下方的真皮层呈锯齿状联结。表皮基底层与真皮之间的联结区域称"基底膜带"，此膜具有半渗透性，真皮内的营养物质可经此进入表皮，表皮的代谢产物也可经此进入真皮随着淋巴和血液循环排出体外。基底层细胞包括基底细胞、基底干细胞、树突状细胞等。

1）基底细胞。基底细胞不断分裂并向浅层推移，分化为其他各层细胞，故基底层又常被称为"生发层"。人体表皮正常角质细胞的补充及外伤、手术后的修复，其来源主要靠基底细胞，因此，在皮肤护理中一定要注意保护基底层，以免留下瘢痕。

2）基底干细胞。基底干细胞也被称为表皮干细胞，正常情况下处于缓慢的分裂状态，在一些特殊状态下（如创伤修复等），表皮干细胞分裂就会加速，并引起基底细胞数量增多，加速对创伤面的修复。

3）树突状细胞。树突状细胞散布在角质形成细胞之间，形态呈树枝状突起，包括黑素细胞、朗格汉斯细胞、梅克尔细胞等，具体功能如下。

①黑素细胞。生成黑色素，约占基底层细胞的4%~10%，它们在身体各部位的数量有明显差别，在乳晕、腋窝、外生殖器、会阴部等处较多。黑素细胞分泌的黑色素为棕黑色物质，决定了皮肤和毛发的颜色。皮肤中黑素颗粒的大小和含量的多少以及黑素细胞合成色素的速度不同，决定了不同种族和个体的皮肤、毛发呈现不同的颜色。

②朗格汉斯细胞。位于表皮中上部，约占表皮细胞的3%~5%，是一种来源于骨髓的免疫活性细胞，具有吞噬处理抗原和抗原递呈功能，是一种对机体具有重要防御功能的免疫活性细胞。

③梅克尔细胞。位于基底层细胞之间，目前推测该细胞可能是一种感觉细胞，能产生神经介质，在感觉敏锐部位（如指尖和鼻尖）密度较大。

相关链接

表皮内含黑素细胞约 20 亿个,不同人种黑素细胞数量及分布无明显差别,但黑种人的黑素颗粒多而大,分布于表皮全层;白种人的黑素颗粒少而小,主要分布于表皮基底层;黄种人则介于两者之间。黑素颗粒可吸收紫外线,保护表皮深层细胞免受紫外线辐射损伤。日光照射可促进黑色素的生成,黑素细胞功能异常会导致色素增加或减少性的皮肤病而影响皮肤美观。

表皮的新陈代谢是指表皮细胞由基底层增殖分裂,产生新的细胞向上推移至有棘层、颗粒层、最后形成角质层脱落的过程。这个过程一般需要 28 天,被称为皮肤的新陈代谢时间。随着年龄的增加,皮肤代谢周期逐渐减缓,国际上通行的计算方式是年龄加 10 天,即 50 岁的年龄代谢周期天数计算方式为:50+10=60(天)。在皮肤护理中,当角质层过厚,影响皮肤的外观和正常的吸收功能时,可以使用温和的角质剥脱剂(如酸)等手段加速皮肤新陈代谢,改善皮肤状态,使皮肤表面光滑,从而达到抗衰老的目的。

2. 真皮

真皮来源于中胚层,属于不规则的致密结缔组织,由纤维、基质和细胞组成,还有血管、淋巴管、神经、肌肉、皮肤附属器等。真皮层包括乳头层及网状层。

(1)乳头层。乳头层位于真皮浅层,乳头层较薄、纤维细密,含有丰富的毛细血管和淋巴管,还有游离神经末梢和触觉小体。

(2)网状层。网状层位于乳头层下方,网状层较厚,由粗大的胶原纤维交织成网,并由许多弹力纤维组成,内含较大的血管、淋巴管及神经。

(3)纤维。

1)胶原纤维。由胶原蛋白构成的胶原纤维组成粗细不等的胶原纤维束,是真皮纤维中的主要成分。这些粗大纤维束在真皮中相互交织成网,是维持皮肤饱满充盈的物质基础。胶原纤维耐拉力,赋予皮肤张力、韧性和承受力,对外界机械损伤有保护作用。

2)弹力纤维。由无定型弹力蛋白与微原纤维构成细束状,有较强的弹性和张力,多与胶原纤维缠绕在一起,并环绕皮肤附属器与神经末梢。弹力纤维束被牵拉后可恢复原状,它赋予皮肤弹性和顺应性,对外界机械性损伤有保护作用。

3)网状纤维。为纤细、未成熟的胶原纤维,仅见于表皮下、毛囊、汗腺、皮脂腺和毛细血管周围,呈疏松状排列,主要分布在乳头层。

(4)基质。基质是一种填充于纤维及纤维束间隙和细胞间的无定形均质状物质,是细胞赖以生存的微环境,对皮肤起着重要的保湿、促进细胞的新陈代谢、保证微循环畅通的重要作用。基质的组成成分主要是由蛋白多糖、多种结构性糖蛋白、糖胺聚糖组成的复合物。皮肤中的糖胺聚糖包括透明质酸、硫酸软骨素、硫酸皮肤素、硫酸角质素等,对保持皮肤的水分发挥着重要的作用。随着年龄的增长,皮肤中的基质含量也会减少,皮肤锁水功能变差。基质中的蛋白赋予皮肤韧性和弹性,多糖类的物质可吸收水分形成凝胶基质,起到使皮肤饱满充盈、抵抗外在压力的作用。另外,基质具有亲水性,是各种水溶性物质与电解质等交换代谢的场所,同时参与细胞形态的变化、增殖、分化及迁移等生物学作用。

(5)细胞。真皮中含有成纤维细胞、肥大细胞、巨噬细胞、淋巴细胞及少量真皮树突状细胞、噬黑素细胞、朗格汉斯细胞等。成纤维细胞能产生胶原纤维、弹力纤维、网状纤维和基质。在皮肤组织深层损伤后,成纤维细胞是主要的组织修复细胞,成纤维细胞数量的减少是引起皮肤老化的一个重要原因。

3. 皮下组织

皮下组织又称为皮下脂肪层,与真皮之间没有明显界限,深部与肌膜等组织相连。脂肪小叶中含有脂肪细胞。纤维间隔中有较大的血管、淋巴管、神经穿过。皮下组织的厚度约为真皮层的5倍,其厚度因性别、年龄、营养及所在部位而异,并受内分泌调节。皮下组织的主要功能:是热的绝缘体,在调节体温上起关键作用,可储备能量,缓冲外力冲击,并参与体内脂肪代谢,具有保持皮肤张力、丰满体形的作用。人体脂肪的过度沉积主要表现在皮下脂肪沉积,可造成肥胖,影响形体美。

4. 皮肤附属器

皮肤附属器包括皮脂腺、汗腺、毛发、指(趾)甲。其中指(趾)甲部分将在美甲章节中阐述。

(1)皮脂腺(见图9-4)。

1)皮脂腺分布。除掌跖与足背外,皮脂腺遍布全身,以头部、面部、鼻翼、眉间和前额最多,躯干部及腋窝也较多,四肢特别是小腿外侧皮脂腺分泌最少,所以洗澡后小腿外侧容易干燥脱屑。

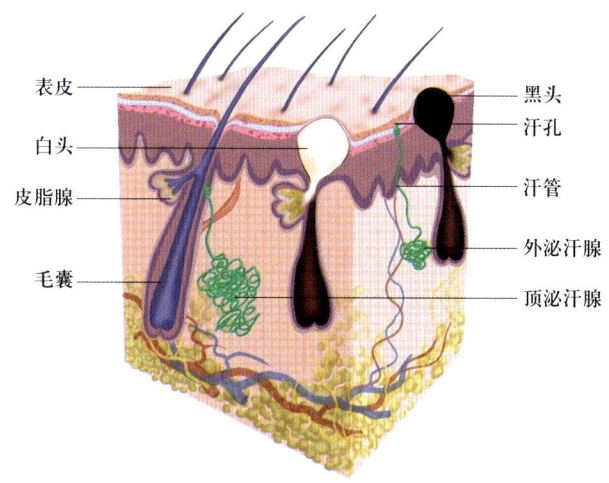

图 9-4 皮脂腺

皮脂腺多位于真皮毛囊与立毛肌的夹角内,开口于毛囊上部,也有独立存在者,如颊黏膜、唇红、乳晕、阴蒂、大小阴唇、包皮内板、龟头等处的皮脂腺直接开口于皮肤表面。

2）皮脂腺的结构。皮脂腺体呈分叶状,没有腺腔,由多层细胞构成。成熟的腺体细胞内充满大量的脂质微滴。

3）皮脂腺功能。皮脂腺可合成和分泌皮脂,经过在毛囊上 1/3 处的开口进入毛囊,再由毛囊排至皮肤表面,独立存在的皮脂腺则经单独的导管开口,将皮脂排至皮肤表面,主要有滋润皮肤和毛发的作用。

（2）汗腺。

1）外泌汗腺。外泌汗腺也称为小汗腺,是局部分泌腺,合成和分泌汗腺,人体有 300 万~500 万个小汗腺,除唇红、鼓膜、甲床、乳头、龟头、包皮内板、阴蒂和小阴唇外,其他部位均有小汗腺,而以掌跖、腋窝、前额等处较多,其次为头部、躯干和四肢。

室温条件下排汗量少,气温高时出汗量多。排汗可调节体温,有助于机体代谢产物的排泄,并与皮脂混合成皮肤的皮脂膜,有保护和润泽皮肤的作用。

2）顶泌汗腺。顶泌汗腺也称为大汗腺,主要分布于腋窝、乳晕、脐窝、肛周、外阴及外耳道等部位。顶泌汗腺的分泌受性激素的影响,青春期分泌旺盛。分泌物为一种无菌、较黏稠的乳状液,除水分外,还含有铁、脂质、荧光物质、有臭物质、有色物质等,汗液被细菌分解后可产生不饱和脂肪酸而发生臭味。腋部臭汗症俗称"狐臭",为一种特殊的刺鼻臭味的症状,夏季更甚,常见于青壮年,有遗传性。狐臭不可根除,但可以通过手术和非手术疗法对大汗腺加以破坏,控制汗液分泌量而得以改善。

（3）毛发。毛发由毛囊中角化的角质形成细胞构成，主要成分为角蛋白。毛发呈杆状斜插入皮肤。人体皮肤除唇红、掌跖、指（趾）末节伸侧、眼睑、乳头、龟头、包皮内板、阴蒂及阴唇内侧无毛外，其余均为有毛肌肤。美容师只有掌握好有关毛发的分类、结构和生长周期等方面的基础知识，才能做好安全、有效的脱毛服务。

1）毛发的分类。毛发分为胎毛、终毛和毳毛。

①胎毛。胎儿身体表面细软色淡的毛发，比毳毛更加粗厚。

②终毛。又称终端毛发或硬毛，具有粗、硬、色泽深和含髓质的特征。终毛可深达皮下脂肪层，其毛囊与皮脂腺相连。终毛分为长毛和短毛，长毛包括头发、阴毛、腋毛和（男性）胡须；短毛包括手臂、腿、背、上唇、下巴、眉毛、鼻毛、耳毛、睫毛等。脱毛一般针对的是影响美观的终毛，也可去除脸部周边过多或太过明显的毳毛。

终毛的横切面分三层（见图9-5）。中心为毛髓质（髓质层），由含有色素的多角形细胞组成，这一层在粗发中比较明显，细发中可能不存在，其功能尚未清楚；其外为毛皮质（皮质层、发芯），是毛的主体和最重要的部分，由数层菱形上皮细胞紧密排列组成，含黑色素并富含水分，它决定毛发的形状、粗细、弹性和颜色；最外层为毛小皮（表皮层、小皮层、毛鳞片），由一层互相连叠的角化细胞构成，成鳞片状覆盖于毛发的表面，起着保护头发、影响头发润泽和光滑的作用。

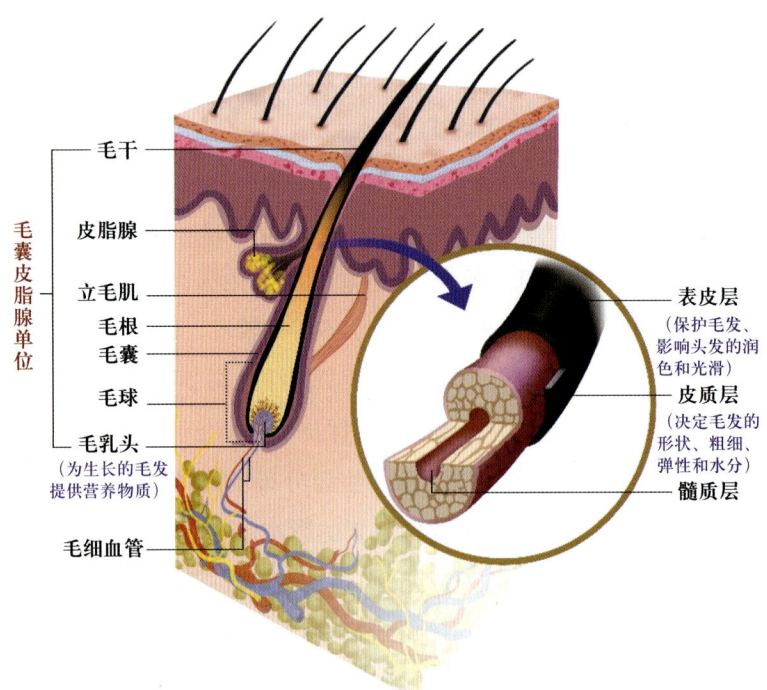

图9-5 毛发的基本结构及横切面

③毳毛。俗称桃绒毛、柔毛、软毛、毫毛、汗毛，软细而无髓质，色浅，偶见色素，分布于全身光滑皮肤，多见于面颈、躯干和四肢，具有保护皮肤和保温的功能。青春期由于雄性激素的增加，身体某些部位的毳毛会转换终毛，如阴毛、腋毛等。毳毛通常仅深至真皮网状层，其毛囊没有与皮脂腺相连。

2）毛发的基本结构（见图9-5）。

①毛干。毛发露出皮肤以外的部分。

②毛根。毛发在皮内的部分。

③毛囊。毛囊是上皮组织和结缔组织构成的鞘状囊，是一个输送毛发到皮肤表面的倾斜管道，位于表皮和真皮内。毛囊分为三部分，毛囊口至皮脂腺开口处称为毛囊漏斗部；皮脂腺开口处至立毛肌附着处称为毛囊峡部；这两部分也称为毛囊的上段，以下为毛囊的下段，包括毛囊茎部与球部。

④毛球。毛根和毛囊的下部融合的膨大部分。其中央内凹，包围着毛乳头。

⑤毛乳头。毛球底部向内突入的真皮组织，内含神经、血管与结缔组织，具有感觉功能，为毛发和毛囊提供营养物质，毛乳头上部有一层柱状细胞称为毛基质，间有黑素细胞、相当于表皮的基底层，是毛发与毛囊的生长区。

毛乳头在毛囊发育及毛发周期性生长中起着主要作用。如果毛乳头被破坏或退化，毛发就停止生长并脱落。所以，美容师用蜡脱毛时，只有反复不断地破坏毛乳头，才能达到减少毛发生长的目的。

3）毛囊皮脂腺单位（见图9-5）。毛囊皮脂腺单位是指位于皮肤以下，由毛根、毛囊、毛球、毛乳头、竖毛肌和皮脂腺所组成的一个单位。痤疮就是毛囊皮脂腺单位的一种慢性炎症性皮肤病。

①立毛肌。又称竖毛肌，它是一端斜附着于毛囊底部，另一端与皮肤相连的一小块平肌肉，并与皮脂腺相连。当人体的交感神经受到震惊、寒冷、发怒、恐惧等刺激时，会导致立毛肌收缩并扯动另一端皮肤，使毛发竖起，产生俗称的"鸡皮疙瘩"。

②皮脂腺。皮脂腺与毛囊相连，负责分泌油脂滋润皮肤和毛发。

4）毛发的生长周期（见图9-6）。毛发的生长周期是指毛发从生长到脱落的一系列循环生长过程。人体毛发生长分为三个阶段：生长期、衰退期和休止期。各毛囊独立进行周期性变化，即使临近的毛囊也并不处于同一生长周期。因此，同一部位脱毛后长出的毛发长短不一。

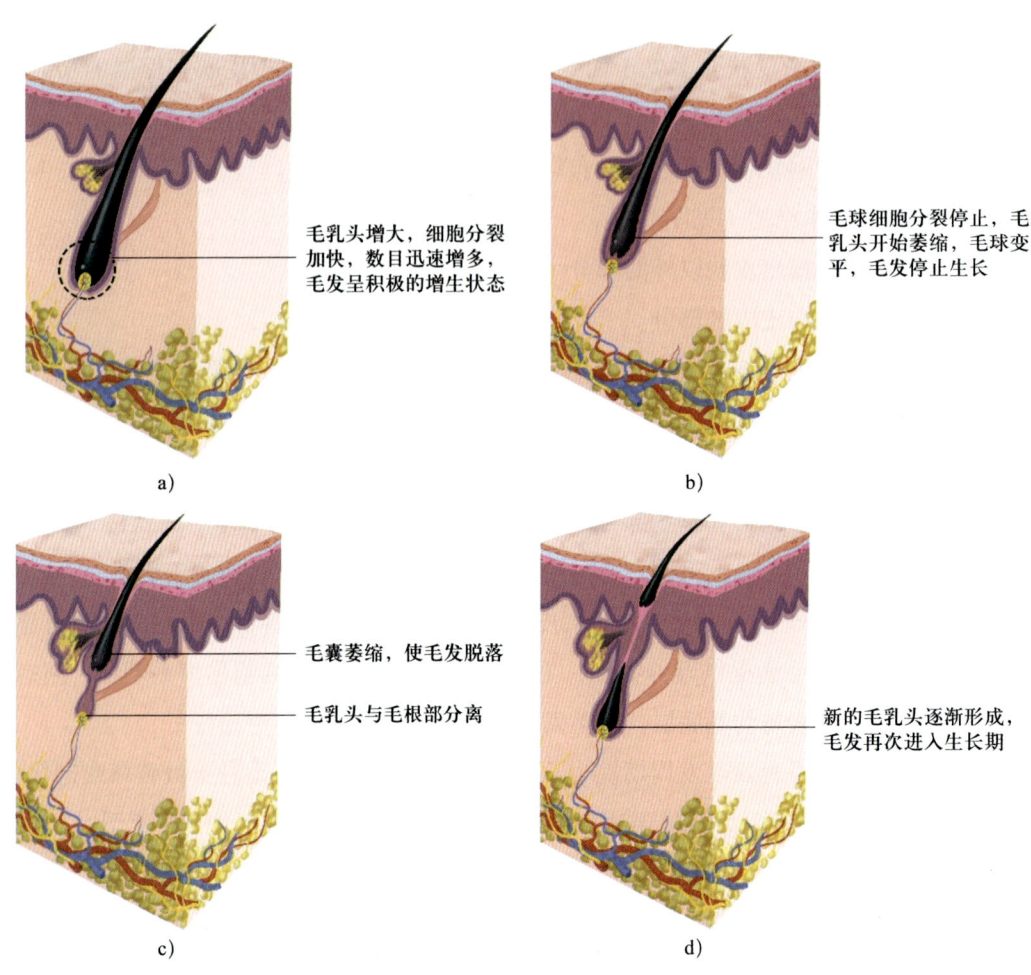

图 9-6 毛发的生长周期
a）生长期　b）衰退期　c）休止期　d）再次进入生长期

①生长期。发根活动较强，它向真皮内推进并随细胞分裂而膨胀。毛乳头增大，细胞分裂加快，数目迅速增多，毛发呈积极的增生状态。在生长期进行各种类型的脱毛都能有效地破坏毛乳头，而达到减少毛发生长的目的。毛发周期性生长的调控机制尚不清楚，可能与遗传及健康、营养、气候、激素等因素有关，如雄激素可促进胡须、腋毛、阴毛的生长。

了解毛发生长周期对美容师安排脱毛服务的时间很重要。由于在生长期性内脱毛更加有效，所以脱毛的间隔时间需要 3～4 周，否则毛发太短难以拔出。每一根毛发的生长速度有异，如果脱毛后的部位很快长出少量长短不一的毛发，属于正常现象。

不同部位的毛发由于生长期长短的不同，毛发的长短也不同。如头发每日生长 0.27～0.4 mm，平均约 0.37 mm，生长期 3～6 年，退行期 3～4 周，休止期 3～4 个月，所以毛发可长至50~60 cm，然后脱落，再长新发。眉毛、睫毛的生长期仅6个月，故较短。

②衰退期。又称退行期，毛球细胞分裂停止，数目减少，毛乳头逐渐角化缩小，毛球变平，毛发停止生长。

③休止期。毛根部的角化逐渐向下发展，最终与毛乳头分离，毛囊萎缩，使毛发脱落。随着新的毛乳头逐渐形成，又有新的毛发再次进入生长期。

5）毛发的形态和颜色。毛发的形态和颜色由遗传决定。常见的毛发形态有直形、卷曲形、螺旋形和波浪形。黄种人头发多为直形，黑种人头发多为卷曲形或螺旋形，白种人头发多为直形或波浪形。毛发的颜色与皮质和髓质中黑素体的含量有关，如棕黑色或黑色发含大量椭圆形黑素体，红色发含球形淡黑素体，金黄色发含少量黑素体，灰白发和白发中黑素体很少。

6）影响毛发健康的因素。毛发与皮肤一样，是一个人健康状况的晴雨表。健康的毛发有弹性、光泽、顺滑，而不健康的则干燥、发黄、脆弱、无光泽和弹性。对毛发各方面的影响因素很大程度上与遗传、营养、气候环境、阳光、激素、疾病、药物、压力、内分泌和自然老化等有关。

成年人有少量毛发（每天50~100根）脱落属正常现象，会有相等数量的新发生长，使人体始终保持一定数量的毛发。适当补充维生素、矿物质和营养食物可保持毛发健康。

头发变白是生理变化和老化的结果。随着年龄增长，毛发也随之发生变化，会变白、粗糙、弯曲、发根更深更粗大。这不仅增加了脱毛的难度，而且脱毛后更容易出现毛发向内生长。接近更年期的女性通常会因雌性激素减少、雄性激素过量而长出过多和更粗的毛发，特别是上唇和下巴。有些过粗的毛发无法用蜡脱掉，只能用镊子拔掉。

（4）皮肤的血管、淋巴管、肌肉及神经。

1）血管。表皮层内无血管，皮肤的微循环所能到达的是真皮层的乳头层和网状层，皮肤中的微循环对皮肤起到三大核心作用。

①输送营养和氧气给皮肤组织。

②回收皮肤细胞所排泄的代谢产物，通过血液及淋巴循环排出体外。

③参与体温调节。皮肤的微循环对皮肤的抗衰老及肤色起着重要的作用。皮肤微循环好，皮肤红润有光泽；微循环差，肤色暗沉，皮肤老化加快。因此，改善皮肤的微循环是预防和延缓皮肤衰老以及保持皮肤白皙、红润有光泽的重要手段。面部护理中的按摩、微电流导入、毛巾热敷、蒸汽热喷、热导膜等方式可以有效地改善皮肤的

微循环。

2）淋巴管。毛细淋巴管的盲端起源于真皮乳头层内，与毛细血管伴行向下汇集成真皮浅层及深层淋巴管网，在皮下组织内形成较大的淋巴管，并与所属淋巴结连接。皮肤中的组织液、游走细胞、病理产物及细菌可经由淋巴管排出体外，有害物质在淋巴结内会被吞噬消灭。

3）肌肉。皮肤内的肌肉主要由立毛肌、阴囊肌膜、乳晕的平滑肌、血管壁平滑肌、纤体周围肌上皮、面部表情肌和颈部颈阔肌组成。如寒冷或精神紧张时的汗毛竖起，起了一身"鸡皮疙瘩"，这是立毛肌的收缩起作用。

面部表情肌与皮肤紧密附着，皮肤在表情肌的牵动下就会形成表情纹，比如微笑时的眼角纹，表情牵动下的抬头纹，两目之间的眉间纹。早期的表情纹只有在表情肌收缩时才有。长时间的重复性动作会使肌肉形成长久性收缩，进而形成不可逆性的皱纹。医学美容常通过注射肉毒素来麻痹神经，使过度收缩的肌肉得以松弛，从而达到治疗面部表情纹的效果。

4）神经。皮肤神经分布于真皮和皮下组织中，由感觉神经和运动神经两大类组成。感觉神经末梢能感受冷热、触觉、压力及痛觉；运动神经可支配面部表情肌，控制面部表情变化，可使毛发竖立、血管收缩、腺体分泌。

第二节　人体皮肤的生理功能

人体皮肤具有很多特定的生理功能，还是重要的免疫器官，参与机体的免疫反应，对维护机体健康起着十分重要的作用。皮肤有七大生理功能：屏障功能、分泌和排泄功能、吸收功能、感觉功能、代谢功能、体温调节功能、免疫功能，本节将对皮肤的七大生理功能进行详细阐述。

一、屏障功能

皮肤屏障功能可从两个方面来理解：一方面是人体防护屏障，即由人体皮肤的表皮、真皮和皮下组织共同构成的一个完整的防护层屏障；另一方面是表皮屏障，即由角质层及皮肤表面的酸性皮脂膜构成的一个皮肤最外层的角质层物理屏障。在美容界，屏障功能指的是角质层屏障功能，也是美容师的护理重点。

总体来讲，皮肤屏障功能也就是保护功能，是指皮肤对外界物理性、机械性、化学性及生物性损伤的防御功能，保护身体内重要的内脏器官不受伤害。人体防护屏障和表皮屏障的具体功能如下。

1. 人体防护屏障功能

由表皮、真皮和皮下组织形成的防护层既柔软又坚韧，而且伸展性和弹性较好，使皮肤及深层组织器官对外界的损伤具有一定的抵抗和保护作用。表皮角质层致密而柔韧的结构能抵御外界各种有害因素对皮肤的入侵；真皮内的胶原纤维、弹力纤维和网状纤维交织成网状，对外界的牵拉、撞击等起到缓冲、抵抗机械损伤的作用；皮下组织具有海绵垫的作用，使皮肤具有一定的抗挤压、抗牵拉及冲撞的能力。

2. 表皮屏障功能

表皮屏障由机械（或物理）、化学和微生物（或微生态）三道屏障共同形成，它们通过相互的协同作用和均衡运作来维持屏障的健康和完整性，为皮肤提供有效防护。良好的皮肤屏障可以防止体内营养物质、电解质和水分等的流失，维持皮肤的含水量和滋润度，同时也能阻止外界有害物质渗入皮肤。皮肤屏障功能的受损不仅会影响皮肤的美观，还会引起皮肤的过敏和各种炎症反应，严重的还会引起脱水和感染，甚至危及生命。

（1）物理屏障。

1）角质层物理屏障。皮肤对机械、物理性刺激的防御功能主要是由角质层特殊的"砖墙结构"来提供保障，这个角质层细胞形成的物理屏障是皮肤的第一道防线，能有效防止多种外来化学物质、过敏原、致病微生物等进入体内。

2）紫外线屏障。人体皮肤对紫外线有反射和吸收的能力，保护机体免受光损伤，从而对皮肤起到屏障保护作用。皮肤表面的脂质、角质层、棘层细胞、基底层细胞及汗腺都能吸收和反射一部分紫外线。角质层可吸收大量的短波紫外线，棘层和基底层则吸收长波紫外线。基底层黑素细胞产生的黑色素能吸收紫外线并降低紫外线对皮肤的损害，是人体防卫紫外线的主要屏障。

3）保湿屏障。皮肤的保湿屏障一方面取决于角质层，它可以锁住水分，防止水分过度蒸发；另一方面和细胞外基质有关，细胞外基质是人体皮肤的天然保湿锁水库，由水、蛋白、脂类和多糖组成，多糖和水结合形成凝胶状物质填充于细胞之间起到锁水保湿的功能。皮肤中的多糖（透明质酸）含量减少时皮肤的锁水功能变差。

4）电屏障。角质层是电的不良导体，皮肤特别是干燥皮肤对低电压低电流有一定阻抗防御的能力。

（2）化学屏障。正常皮肤表面偏弱酸性，对酸性或碱性物质有一定的中和或缓冲作用。由于皮肤表面的弱酸性和干爽环境对寄生的微生物生长繁殖不利，因此，健康的弱酸性皮肤状态可抵御多种细菌、真菌及病毒等病原体的滋生，维持皮肤微生态的平衡。保持皮肤的酸碱度和水分可以维持表皮的化学屏障作用。

（3）微生物屏障。微生物屏障是由皮肤表面生存的大量微生物群系组成，这些微生物包括细菌、真菌、病毒等，主要分布于表皮外层及毛囊开口等处。皮肤正常菌群又可分为常驻菌和暂住菌，常驻菌是指长期稳定地在皮肤表面生长繁殖，并与皮肤友好共生的无害菌群，也称皮肤共生菌，包括葡萄球菌、痤疮丙酸杆菌等，正常的常驻菌在健康完整的皮肤上不会造成感染；暂住菌是指由非致病性和潜在致病性的微生物所组成的菌群，包括金黄色葡萄球菌、链球菌等，它们来自周围环境并暂时附着于皮肤表面，在正常情况下不会致病。

正常微生物菌群能通过多种机制来保护宿主皮肤，在维持皮肤微生态平衡和抵御外来病原体侵害等方面起着重要作用。正常情况下，常驻菌可以通过释放抗菌肽、细菌素等物质或其他方式来抑制、杀灭病原暂住菌，从而产生屏障作用，发挥免疫屏障功能。另外，角质形成细胞、皮脂腺腺体等释放的抗菌肽同样发挥抑菌作用，它们共同参与皮肤的免疫防御。所以，微生物屏障能增强皮肤的免疫防御能力，间接强化角质层物理屏障，是免疫系统的第一道屏障，对皮肤的健康至关重要。

一旦微生物屏障紊乱，微生态失调，菌群就可能成为致病菌或产生相应的毒素，从而产生炎症、皮肤敏感等各种皮肤问题。例如，当常驻菌失调时，潜在致病性暂住菌就会大量生长、繁殖，使微生物屏障紊乱并引起皮肤疾病。另外，在角质层屏障功能低下或物理屏障受损的情况下，常驻菌会侵入皮肤深层而变成致病菌，可以诱发皮肤敏感，加重敏感肌肤的症状。而且，玫瑰痤疮、痤疮、湿疹等很多非感染性皮肤疾病都与皮肤菌群失调有关。

通过正确的皮肤保养和护理，时常保持皮肤的清洁和健康、维护正常的pH值、维护皮脂膜和角质层的防御功能，有助于维持正常的微生物菌群，抑制有害微生物的生长，促进皮肤微生态的平衡，从而增强皮肤免疫防护能力。

二、分泌和排泄功能

皮肤的分泌和排泄功能主要通过汗腺和皮脂腺完成。汗腺的分泌在人体散热降温、角质软化、皮肤表面呈酸性抑菌、脂类乳化滋养、排泄药物等方面发挥着重要作用。皮脂腺分泌的皮脂具有润泽毛发，防止皮肤干裂的作用。皮脂腺的分泌受体内激素的调控，雄性激素使皮脂分泌旺盛，雌激素可抑制皮脂腺的分泌。

三、吸收功能

人体皮肤虽有屏障防护作用，但不是绝对严密无通透性的，它能够有选择性地吸收外界的营养物质。各种接触皮肤的固体、液体、微量气体等均可能经皮肤吸收。

皮肤的吸收功能主要通过角质层、毛囊皮脂腺及汗管口3条途径完成。其中以通过角质层细胞间隙为主要吸收途径，以吸收脂溶性物质为主，在一定条件下水分可以自由通过。附属器官主要吸收水溶性物质，极少量的物质（如钾、钠、汞等）可以通过角质层的细胞间隙吸收。因此，护肤品中脂溶性的护肤品更容易被皮肤所吸收。

影响皮肤吸收功能的因素有以下几点。

1. 皮肤的结构和部位

皮肤的吸收能力与角质层的薄厚、完整性及通透性有关，不同部位皮肤的吸收能力因角质层厚薄不同有很大差异，依次为耳翼后侧、鼻翼两侧、前额、下颌、面颊、大腿屈面、上臂屈面、前臂，最差为掌跖。黏膜无角质层，吸收能力较强。婴儿皮肤角质层较薄，吸收能力强于成人。皮肤糜烂、溃疡等损伤时，皮肤屏障作用降低，吸收性变强。

2. 皮肤角质层的含水量

皮肤角质层的含水量越高，皮肤的吸收能力就越强。在皮肤护理中的蒸脸仪蒸脸也是提高皮肤含水量的一种手段，让皮肤内水分充足，角质软化，毛孔、汗孔打开，进而增加后续美容产品的有效吸收。护肤品大量使用保湿水增加皮肤的含水量，有利于后续精华类营养品更好地吸收。

3. 外界环境因素

环境温度升高可使皮肤血管扩张，血流速度增加，从而使皮肤吸收能力提高。按摩皮肤、敷热膜、蒸汽喷面等均可提高皮肤表面温度，促进营养物质的吸收。

四、感觉功能

人体皮肤遍布全身，分布着感觉神经和运动神经，有极丰富的神经纤维网及多种神经末梢，具有触、痛、冷、热等多种感觉。

五、代谢功能

皮肤是人体最大的器官，与人体内在器官是一个有机的整体，皮肤除完成自身的新陈代谢和黑素合成及代谢外，还参与整个机体内的水、电解质、糖、蛋白质等物质的营养代谢，来保障人体生理功能和生命活动的正常进行。

1. 黑素代谢

黑素细胞内分泌的黑色素最终会传递到角质形成细胞内，最后随着皮肤的新陈代谢，经由角质细胞的脱落排出体外。

2. 表皮细胞的增殖与分化

基底细胞增殖、分化、移动，最终形成角质形成细胞脱落的过程。良好的新陈代谢有利于让皮肤保持细嫩、新生、健康、美观的皮肤状态。

六、体温调节功能

皮肤对体温保持恒定具有重要的调节作用：一是能感知外界环境的温度变化并及时传达给体温调节中枢，来发挥体温调节功能；二是通过汗液的蒸发及皮肤血流的改变对体温进行调节。

七、免疫功能

皮肤是人体免疫系统的重要组成部分，皮肤中有淋巴细胞、朗格汉斯细胞、肥大细胞、巨噬细胞及中性粒细胞等免疫细胞，还有多种免疫分子成分包括细胞因子、神经肽、免疫球蛋白等。皮肤免疫系统对机体起着防御功能、自稳功能、免疫监视功能三方面的重要作用。

第三节　健美肤质和皮肤类型

一、健美肤质（healthy skin）

皮肤是人体的自然外衣，除具有屏障作用、调节体温、吸收、分泌排泄、感觉、代谢、免疫等重要生理功能外，还是人体最引人注目的审美器官，是反映人体美感的第一观察对象。目前，人们对皮肤这一外在器官的关注已不仅限于健康或"没有疾病"，而是扩展到对皮肤的美学要求，所以专业的美容工作者应该熟悉和掌握基本的健美肤质的标准和特征。

1. 健美肤质的标准

人体美的基础是健康，虽然美的标准在不同的国家、不同的民族，甚至不同的地区、不同的历史时期和不同的阶层都存在差异，但是也有一些标准是共同的。光滑、细腻而有弹性的皮肤是人们共同追逐的目标，皮肤的衰老也是不可阻止的自然现象，但我们可以通过科学有效的皮肤美容，延缓皮肤衰老的速度。

健美肤质的标准：皮肤颜色均匀红润，皮肤水分含量充足，水油分泌平衡，肤质细腻有光泽，皮肤光滑有弹性，无皮肤病，面部皱纹程度与年龄相符，对外界刺激不敏感，对日光反应正常。

2. 健美肤质的特征

健美肤质的特征包括皮肤的肤色、光泽、滋润、细腻、弹性、结构与功能。

（1）肤色。是视觉审美的重要特征，是皮肤美学的第一要素。肤色的变化，可以引起视觉审美心理的强烈反应。肤色往往因种族、性别、年龄、部位等不同而有差异。正常情况下，亚洲黄种人的肤色以微红、稍黄为健美。

（2）光泽。光泽度与身体健康和皮肤健康状况有关。只有皮肤含水量充足，皮脂膜健全，角质层健全，真皮层胶原蛋白、弹力蛋白充足时，才会呈现良好的光泽度。

（3）滋润。皮肤滋润体现在皮肤看起来润泽、舒适、不干燥，触摸起来微微发凉。皮肤的滋润度主要与两个因素相关。

1）角质层含水量。主要受天然保湿因子的调控，皮肤细胞外基质的多糖、透明质酸的含量多少会影响皮肤中水分的存储。随着人们年龄的增长以及环境、营养、紫外线等因素的影响，人体透明质酸的合成能力会逐渐下降，皮肤中透明质酸的含量会逐渐降低，当皮肤中的透明质酸含量低于某一水平时，皮肤锁水的能力就会下降，含水量降低，角质层老化，皮肤出现粗糙、皱纹等症状，皮肤就失去了光泽。

2）代谢功能。性激素可以维持一个人的最佳性别特征及肌肤的滋润度和饱满度。性激素与皮肤及其附属器内的特异受体相结合，可促进皮肤细胞生成透明质酸，从而促进皮肤保持滋润和对营养物质及微量元素的吸收，所以，女性衰老导致的性激素水平不稳定或下降会影响皮肤的滋润度。另外，良好的情绪和稳定平和的心理状态能促进腺垂体分泌性激素而提升皮肤的滋润程度，所以皮肤滋润度也是情绪、心理状态良好的一种表征。

（4）细腻。皮肤是否细腻主要由皮肤纹理和毛孔大小决定。健美的皮肤质地细腻，毛孔细小。毛孔的直径为 0.02～0.05 mm，面部皮肤大约有两万多个毛孔。毛孔的大小由遗传决定。青春期油脂分泌过度，代谢产物以及细菌分解产物堆积至排泄不畅、堵塞毛孔；季节、女性生理周期、怀孕、精神压力大、脂溢性皮炎等因素都会造成油脂分泌过盛，从而导致毛孔粗大。衰老导致真皮中胶原蛋白和基质成分的减少，会造成萎缩性毛孔粗大。

（5）弹性。皮肤的弹性与真皮中胶原蛋白、弹力蛋白的含量，皮下脂肪含量及密度，组织间歇所含液体量，营养状况和年龄等因素有关。良好的皮肤弹性体现为皮肤滋润、饱满有张力和韧性。随着年龄的增长，主要影响皮肤弹性的胶原蛋白、弹力蛋白逐渐流失，脂肪含量逐渐减少，会导致真皮松弛、下垂，皮肤弹性下降。

（6）结构与功能。皮肤的结构美，体现着人体原本旺盛而强健的生命力；皮肤的功能美，蕴含着人体的优美与崇高的本质力量。健康的皮肤，其结构与功能必须是完整、有效和相互协调的，因为它担负着保护皮下组织和器官免受外界伤害、调节体温、参与机体代谢以及传递人体皮肤美感信息等生理功能和审美功能。红润柔嫩、光滑细腻的肌肤，使人感受到血肉之躯的质感、动感与活力，激发出人们对人体审美的激情，激励着审美主体去感悟生命之美。所以皮肤结构与功能美，是审美对象的感性形式和精神内涵的完美统一。

二、常见皮肤类型

皮肤类型（skin types）是与生俱来的，由遗传决定。健康皮肤按照皮肤毛孔大小、油脂分泌状况、角质层含水量可分为四种类型：中性皮肤、干性皮肤、油性皮肤和混合性皮肤。这些类型属于皮肤的基本情况，一般不受内部和外部因素影响而改变其本质及类型。

衰老是使皮肤类型逐渐改变的唯一因素。由于老年人激素水平生理性下降，皮脂腺分泌功能减退而造成生理性皮脂缺乏，尤其是女性在绝经后体内激素的变化会使皮脂分泌量减少。同时老年人的皮脂膜功能不全，皮肤内的水分丢失也随之增多，皮肤通常比年轻时更加干燥缺水。因此，所有皮肤类型在老年时都可能转变成偏干性状态，即使油性皮肤也可能变成干性皮肤，严重时可能会产生老年性皮肤瘙痒症。

1. 中性皮肤（normal skin）

（1）表征。皮肤厚薄适中，皮肤紧致、柔软、细腻平滑、富有弹性；血液循环良好，没有或很少有瑕疵；皮肤既不油腻也不干燥，毛孔细小。

（2）特征。中性皮肤属于理想的皮肤类型。皮脂分泌适中，且皮脂的分泌量与角质层的含水量具有适当的平衡水平。中性皮肤角质层的含水量在 20% 左右（健康皮肤的角质层含水量应保持在 10%~20%），皮肤 pH 值为 4.5~6.5，呈弱酸性，不容易敏感，对外界环境不良刺激的耐受性较好。中性皮肤较容易护理。

2. 干性皮肤（dry skin）

（1）干性皮肤。

1）表征。肤质细腻，皮肤干燥而缺少弹性，肤色晦暗缺乏光泽；纹理较细，毛孔不明显，毛细血管表浅。

2）特征。皮脂分泌少，不易产生粉刺痤疮但容易产生细小干纹和皱纹；角质层含水量不足，低于 10%；皮肤 pH 值通常大于 5.5（5.5～6.0），偏碱性，且越干的皮肤 pH 值越高，越偏碱性；角质层薄且皮肤屏障功能有缺陷，皮肤因缺乏皮脂而不能滋润皮肤且难以保持水分，缺油又缺水；对外界物理性、化学性、粉尘、寒风、紫外线等刺激因素耐受性较差，比较敏感并容易产生过敏反应；洗脸后紧绷感明显，皮肤非常干燥时会变得粗糙并容易出现红斑、瘙痒、鳞屑甚至皲裂等症状；彩妆附着力强，不易掉妆。

女性干性皮肤通常多于男性，老年人的皮肤多数是干性皮肤。进行适当的皮肤护理可改善干性皮肤的先天不足，有助于使其恢复正常生理功能，以防变成敏感性皮肤或过早衰老。

（2）脱水或缺水性皮肤（dehydrated skin）。缺水性皮肤因皮肤缺水所致，即真皮中的水分穿过表皮并从表皮蒸发散失，此过程称为经皮失水。正常皮肤的含水量约为 62%～72%，主要分布在真皮乳头层，水分会不断地从皮肤表面蒸发而流失。在正常情况下，人体会自动调节这一经皮失水的过程，使经皮失水量和皮肤水分含量之间保持一定的比例，保持皮肤的健康。但是，许多引起皮肤屏障受损的因素会影响经皮失水的正常过程，导致经皮失水量增加、皮肤脱水或加重脱水情况。皮肤脱水意味着皮肤缺乏水分，从而产生脱水或缺水性皮肤。

导致经皮失水的因素包括：皮肤缺乏足够的皮脂来防止自然水分的流失（皮肤缺油常伴有皮肤缺水）；天气变化、寒冬、低湿度环境、长时间在高空中旅行和待在空调房、暴露于恶劣环境中；缺乏必要保护、护肤不当、使用劣质洁面品、过度清洁或去角质；常喝酒抽烟，饮水量和营养不足，过多饮茶、咖啡和碳酸饮料；睡眠不足、压力大、有皮肤疾病或慢性疾病；更年期激素变化、过多流汗和代谢不良、衰老以及衰老所致的汗腺功能减退等。

缺水性皮肤与干性皮肤的症状相似，主要表现为皮肤感觉紧绷、干痒、干燥、晦暗，严重时可出现红斑、丘疹、刺痛、鳞屑、敏感，特别是冬天最为明显。皮肤长期缺水可能出现细纹、干纹和缺水假性皱纹等问题。经皮失水状况可以通过使用具有修复屏障功能的保湿护肤品以及采取相关专业护理来降低经皮失水量，从而改善皮肤干燥和敏感等状况。

（3）干性皮肤与缺水性皮肤。干性皮肤是由于皮脂腺不够活跃而形成的，皮肤长期缺乏皮脂滋润。缺水性皮肤是由于皮肤脱水而致，是相当常见的皮肤症状之一，而且任何皮肤类型都会有脱水现象，即使油性皮肤也可能脱水。皮肤脱水通常是暂时性的，可通过适当的护理而得到改善。

3. 油性皮肤（oily skin）

（1）表征。皮肤油腻光亮，毛孔粗大；弹性较好，肤色较暗，无透明感。

（2）特征。皮脂分泌旺盛；角质层含水量低于20%，且含水量与皮脂分泌量不平衡（据统计，有80%的油性皮肤有缺水现象）；皮肤pH值通常在4~5.2，偏酸性且越油的皮肤pH值越高，越偏酸性；不易出现皱纹，但容易患粉刺痤疮、脂溢性皮炎等皮肤病；皮肤角质层较厚，对光线、物理性及化学性等外界不良因素刺激的耐受性较强，不易产生过敏反应；彩妆附着力差，易掉妆。

油性皮肤常见于青春期的年轻人，体内雄性激素分泌量高或具有雄性激素高敏感受体的人群。油性皮肤的人到老年时会转变为偏干性皮肤，且越老皮肤就越干燥。适当的皮肤护理可帮助控制油脂分泌，减少毛孔堵塞，预防或减少油性皮肤产生粉刺痤疮。

4. 混合性皮肤（combination skin）

此类皮肤最为常见，兼有油性皮肤、干性皮肤或中性皮肤的特点，即面中部T区（前额、鼻部、下巴）具有油性皮肤的特征，U区（双颊、颞部）具有干性或中性皮肤的特征。护理时可根据具体情况进行分区、进行区别护理。

三、常见皮肤状况

1. 皮肤状况的定义

皮肤状况是指皮肤当下的健康状态。虽然遗传因素会影响整体皮肤状况，但皮肤状况并不仅受遗传基因影响，它主要是许多内部和外部因素对皮肤共同影响而产生的结果。

与皮肤类型不同，皮肤状况一生中不同时期可能会有较大的变化和差异，如皮肤可能出现敏感、脱水、干纹、过度油腻、痤疮、表浅色斑等状况，其严重程度和表现形式也不同。这些变化大多数是暂时性的，可以通过各种护理或治疗得到改善，但自然老化产生的皱纹、皮肤下垂等状况是不可逆转的。

2. 影响皮肤状况的内外因素

许多内在和外在因素会影响皮肤状况，改善皮肤状况是美容师的工作重点。

（1）影响皮肤状况的内在因素。

1）遗传。许多皮肤病或问题与遗传有直接或间接的关系，如毛囊角化症、雀斑、鱼鳞病等。遗传因素会影响皮肤更新和再生过程、皮脂腺和汗腺分泌、结缔组织和弹力纤维退化等许多方面；遗传易感性的人容易患特应性皮炎、银屑病等皮肤病，如遗传性皮肤屏障丝聚蛋白缺乏症的人皮肤屏障功能较弱，容易出现敏感皮肤和特应性皮炎。

2）激素。激素水平及其变化对皮肤会产生各种不同的影响。例如，在女性生育期，体内雌性激素和雄性激素分泌失调会促进黑素的产生，从而使色素沉着过度（如黄褐斑）；女性经期抵抗力下降容易导致皮肤敏感；女性在月经期、开始或停止服用避孕药会改变激素水平，从而引发粉刺痤疮等；女性绝经后雌性激素水平的下降会导致皮肤干燥、缺少弹性和光泽、皱纹、色素沉着等一系列与年龄相关的皮肤衰老现象等。

3）健康状况。健康的皮肤光滑、红润、富有弹性，反之则颜色晦暗或面色苍白。人体内的许多疾病都会在皮肤上表现出来，如糖尿病、肝病、肾病、贫血及某些免疫系统疾病可出现皮疹、荨麻疹、黄疸、皮肤苍白等。

4）自然衰老。详见下一节的"衰老皮肤"。

5）其他因素。压力、不良生活方式、消极态度；体内缺水、缺乏维生素、营养不良；各种疾病、血液循环不良、自由基过多、免疫力下降等因素会导致皮肤状态的改变。

（2）影响皮肤状况的外在因素。

1）紫外线。紫外线照射对皮肤的损伤是累积的，会导致不可逆的光老化以及色素沉着等一系列问题。如果皮肤被晒伤，会诱发或加重各种光感性皮肤病，甚至诱发皮肤癌。

2）气候环境。极端温度、温差的瞬间变化都会影响皮肤，这种情况可诱发或加重玫瑰痤疮。湿热气候会增加皮脂和汗腺的分泌，容易生粉刺痤疮；持续的低温、干燥气候、低湿度的机舱和空调暖气房都会减少油脂分泌，引发皮肤脱水和敏感性增加。

3）空气污染。空气污染也是影响皮肤的因素之一。空气中各种杂质和微尘会阻塞毛孔，使皮肤不能正常呼吸，刺激皮肤，造成皮肤过敏和粉刺痤疮的出现。

4）工作环境。不同职业会有不同的工作环境，如长期面对计算机工作，蓝光会导致皮肤干燥缺水，增加皮肤的敏感性和使皮肤过早老化；工作环境中接触对皮肤有害的化学物质会导致过敏甚至损伤；而在喧杂吵闹的工作环境里，人的心情烦躁，长此以往，会影响内分泌系统，加速皮肤的衰老。

5）睡眠。体内激素分泌均有昼夜节律，机体组织器官新陈代谢活动很大部分也要在睡眠中进行。充足的睡眠是维持皮肤健康和美容的重要保证。长期睡眠不足，不仅影响健康和精神状态，而且使皮肤血流减慢，血管收缩，血流减少，对皮肤胶原蛋白的形成和完整性造成不利影响，皮肤会变得灰黯并过早老化，还会诱发慢性皮炎。

6）精神压力。当人心情愉悦时，人体免疫功能会大大提高；当人情绪低落，特别是面临很大压力，精神处于紧张状态时，人体免疫功能也会大大降低，皮肤新陈代谢、血液循环等各种功能随之降低。长期或慢性压力使肾上腺分泌肾上腺素、皮脂醇等"压力荷尔蒙"，不仅会造成胶原蛋白和弹性蛋白的合成降低，皮肤变得干燥、灰暗，皱纹增多，加速皮肤衰老，还会诱发或加重痤疮、玫瑰痤疮、湿疹等皮肤病。同理，皮肤状况不好也会影响人的情绪，所以，保持乐观和心态平衡，形成豁达开朗的性格，做好压力管理对维护皮肤的健康美丽很重要。

7）其他外在因素。皮肤保养和护理方法不当、过度清洁和去角质、使用刺激或劣质护肤品、过度机械摩擦；服用某些药物，吸烟、饮酒、摄入咖啡因；缺乏锻炼、过度疲劳、身体脱水等均会影响皮肤健康状况。

四、菲茨帕特里克（Fitzpatrick）皮肤分型

1. 菲茨帕特里克皮肤分型的定义

菲茨帕特里克皮肤分型也称日光反应性皮肤分型，此概念是由美国哈佛医学院皮肤科医生菲茨帕特里克（Fitzpatrick）1975年首次提出。它是根据皮肤经一定量的紫外线照射后产生色素（晒黑）和红斑（灼伤）及其程度的反应特点，分为6型，即Ⅰ～Ⅵ型。

此肤色分型法是基于皮肤黑素含量，含量越少的皮肤越无法抵御紫外线的照射，难晒黑，容易晒伤，患皮肤癌的风险高，容易出现衰老迹象。所以皮肤越白的人越应采取额外的预防措施来保护皮肤免受紫外线的伤害。黑素含量越多的皮肤越容易晒黑，不容易晒伤，患皮肤癌的风险相对较低，容易产生炎症后色素沉着，特别是在激光、换肤术等医美治疗后。

2. 菲茨帕特里克皮肤分型的作用

菲茨帕特里克皮肤分型可帮助预测有晒伤和皮肤癌风险的人。在医学美容中，它

可帮助医生在进行激光、光子治疗时选择适当的激光波长、能量以及化学脱落术等，它同样有助于预测治疗后出现炎症后色素沉着的概率，以便预先采取防范措施来极大限度地避免和减少发生概率。

这种按肤色分型的方法对美容师选择适当的果酸（草本）换肤术、水晶磨皮术、护肤品、顾客护理前后防晒品、修复产品及其具体使用方面都有一定的指导作用。例如，由于Ⅲ~Ⅵ型的人容易产生炎症后色素沉着，美容师应根据皮肤具体情况，避免选择深度的去角质护理。皮肤分析时，美容师可通过借助菲茨帕特里克照片量表对照顾客皮肤进行目测，并讯问在日晒数小时后皮肤晒黑和晒伤的反应来确定皮肤类型，但并非每一个人的皮肤都适合其中一种类型。菲茨帕特里克皮肤分型也是世界技能大赛美容项目的考核点之一。

3. 菲茨帕特里克皮肤类型（见表 9-1）

表 9-1　菲茨帕特里克皮肤类型

类型	人种和皮肤特征	晒伤（产生红斑）和晒黑
Ⅰ	北欧人，苍白皮肤，蓝或绿眼睛，金或红色等浅色头发，通常有雀斑	不会晒黑，极易晒伤
Ⅱ	高加索人，白皮肤，蓝眼睛，栗色头发，通常有雀斑	轻微晒黑，容易晒伤
Ⅲ	高加索人、黄色人种，白皙皮肤，棕色眼睛和头发	有时晒伤，有些晒黑
Ⅳ	地中海人、黄色人种，浅棕色皮肤，深色眼睛和头发	很少晒伤，中度晒黑
Ⅴ	西班牙人、黑种人（浅色黑种人），棕色皮肤，黑眼睛和黑头发	很少晒伤，容易晒成深棕色
Ⅵ	黑种人，深褐色或黑色皮肤，黑眼睛和黑头发	不会晒伤，总是晒成黑色

4. 不同人种的皮肤色素

皮肤的颜色主要是由皮肤内黑素的多少决定的，皮肤含有的黑素多少不一样，也就形成了不同肤色的人种和同一人种不同的皮肤差异。

皮肤内有 4 种生物色素，即褐色的黑素、红色的氧化血红蛋白、蓝色的还原血红蛋白和黄色的胡萝卜素。胡萝卜素不能由人体自身合成，需要从饮食中摄取，称为外源性色素，其余 3 种均由机体自身合成，称内源性色素。这 4 种生物色素在皮肤中的部位有所不同，黑素分布于表皮角质形成细胞内，胡萝卜素分布于表皮角质层和皮下脂肪层，血红蛋白则分布在真皮内。其中，黑素是皮肤颜色最主要的决定因素，黑素含量多皮肤就黑，黑素含量少皮肤就白。

白种人皮肤内黑素小体仅少量存在于表皮细胞内，黑种人黑素小体可见于表皮各层细胞，黄种人皮肤黑素小体的含量介于白种人和黑种人之间。而黑素量的多少则主要取决于黑素细胞中酪氨酸酶活性的强弱，酪氨酸酶活性越强，合成的黑素量就越多。每一种皮肤颜色都有自己的个性美，无论是什么肤色，只要肤质健康就是健美的皮肤。

第四节　衰老皮肤

随着年龄的增长，人们原本光洁、饱满、紧致、有弹性的肌肤会逐渐变得松弛、下垂并出现皱纹。美容保养的一个最主要的功能就是对抗衰老，那么作为专业的美容师指导顾客通过正确的保养及护理延缓衰老是我们应该具备的基本职业能力。本节从衰老的定义、内外因素的认知及老化皮肤的表现特征进行了阐述，可让我们对衰老肌肤的护理及延缓衰老的方法有一个系统的认知。

一、皮肤老化的定义

人体皮肤的老化，是指皮肤在内源性及外源性因素的影响下引起皮肤外部形态、内部结构和功能衰退，出现皮肤暗沉、干燥、粗糙、无光泽、色斑、松弛、下垂、皱纹等现象，女性各年龄段皮肤如图9-7所示。

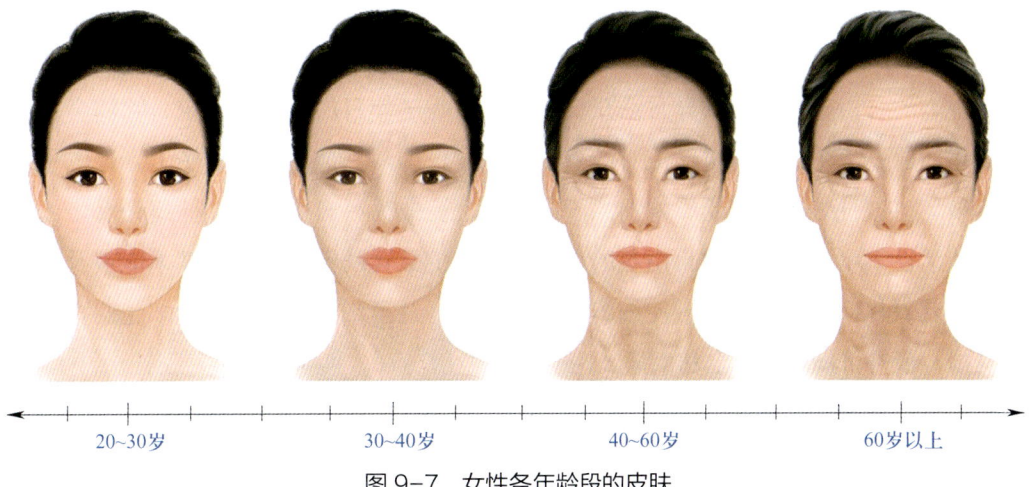

图9-7　女性各年龄段的皮肤

二、皮肤老化的成因

皮肤的衰老是一个极其复杂的生命过程，目前研究尚未能完全阐明皮肤衰老的确切机制。引起皮肤老化的因素很多，主要分为内在和外在因素两方面。有学者提出，大约90%的皮肤衰老为外源性衰老，只有10%为内源性衰老，也称自然衰老，自然衰老主要与遗传基因有关。自然衰老是一个按照时间顺序、不可逆转的生理变化过程。外源性衰老是指由紫外线或人造光源辐射、环境污染、不良生活方式、营养不良等外在因素引起的皮肤老化。外在的皮肤老化发生得更早，但是可以预防和控制。

1. 内在因素

（1）表皮细胞更新变慢。细胞是皮肤最小的组成单位，人的身体每天有10亿个细胞进行新旧更替。皮肤表皮细胞的新陈代谢周期正常为28天，但随着年龄的增长，细胞再生能力变弱，新陈代谢周期变长。新生的细胞是饱满、光泽而富有弹性的，因此能保持皮肤年轻的状态。但是，当新陈代谢变慢时，老化细胞过多囤积于面部进而会导致皮肤干燥、粗糙、无光泽等衰老的迹象。此情况下可通过各种去角质的方法来加速表皮细胞的更新过程，使皮肤变得光亮滑润。

（2）细胞增殖能力降低。随着年龄的增长，角质形成细胞、成纤维细胞等细胞的增殖能力降低，新陈代谢减缓，细胞衰老；真皮中细胞外基质成分减少，弹性蛋白和胶原蛋白减少，透明质酸含量降低，真皮变薄变干失去弹性；皮下脂肪减少，于是皮肤出现松弛、下垂、皱纹等深度衰老的痕迹。可以通过一些皮肤更新术和使用含活性成分的产品来刺激成纤维细胞的活性和增殖，帮助皮肤恢复弹性。

（3）自由基与衰老。自由基是含有不成对电子的原子、分子或基团，包括以氧和氮为中心的自由基。自由基异常活跃、不稳定，为了使自己变得更稳定，它们会在细胞氧化还原过程中寻找与自己配对的另一半电子，即从其他原子和分子上夺走电子而发生破坏。这种破坏会使受影响的原子或分子也变成另一自由基。如此连锁反应的结果会使活性氧增加，细胞内自由基的积累增强，抗氧化酶不足，自由基不能被及时清除而引起氧化应激。氧化应激使细胞的结构受损，甚至细胞功能丧失、细胞凋亡和组织受损，最终可能导致衰老和疾病。

在人体内的每一次新陈代谢中，细胞都会不断进行氧化还原反应而产生自由基，而人体与生俱来的抗氧化系统能使自由基的数量保持一定的平衡，从而使自由基的氧化伤害最小化。但是，不是所有的自由基都是有害的，适量的活性氧的产生可为细胞的生命活动提供必需的能量，只有当自由基产生过多并使人体的抗氧化系统失衡、人体无法控制越来越多的自由基时，才会对人体产生伤害。

随着年龄的增长，人体抵抗自由基的能力降低，而不良的生活方式、压力、环境污染等都会加速更多自由基的产生，从而导致衰老。可以说，抗衰老便是抗氧化、抗自由基。摄入蔬菜、水果等天然抗氧化物，涂抹抗氧化剂等方法可以帮助抵消自由基对细胞的影响，减少细胞受损，辅助抵抗皮肤衰老。

（4）皮肤的糖化反应。随着年龄的增长，新陈代谢变慢，人体摄入的糖分无法得到很好的代谢。体内过多的糖和蛋白质结合使胶原蛋白糖化失去弹性，胶原纤维变得僵硬。表现在皮肤上糖化的胶原蛋白和弹力蛋白对皮肤组织的支持作用和弹性变差，使皮肤出现衰老的现象。

（5）皮肤微循环变差。皮肤的营养大部分来自真皮层微循环的供给，随着年龄的增长真皮层的毛细血管萎缩、失去弹性，导致皮肤营养供给及代谢产物的排除受到影响，这也会导致皮肤的衰老。

（6）皮肤衰老与激素。随着年龄的增长，皮肤开始衰老，其中一部分原因与体内激素水平的变化有关。雌激素是保持身体健康和皮肤年轻态的重要激素。雌激素也是重要的抗炎、抗氧化剂，充足的雌激素可以使皮肤富有弹性。雄激素和肾上腺激素可以使皮肤保持滋润光滑。女性40岁左右进入更年期，体内雌激素的含量下降会导致皮肤结构发生变化，皮肤就会开始出现明显的衰老迹象。

（7）内脏机能病变。皮肤是人体健康和体内状况的一面镜子。许多机体内在的疾病或异常（如糖尿病或血管疾病）会影响皮肤特征，不同程度的改变皮肤的外观。肝脏的解毒、肾脏的排泄、心功能不全、肺气不足等人体脏腑功能下降，会导致皮肤的营养供给和新陈代谢受到影响，也会导致皮肤的衰老。慢性、低度炎症也被认为是导致皮肤衰老的因素之一，各种炎性因子可干扰胶原蛋白的合成，从而加速皮肤衰老。

2. 外在因素

（1）紫外线的伤害。紫外线损伤又被称为光老化，长期暴露在阳光下是造成外源性皮肤老化的主要因素，约占面部皮肤老化原因的80%。皮肤衰老的光老化学说认为，日光中的紫外线会通过损伤细胞核和线粒体DNA，抑制表皮朗格汉斯细胞的功能，进而促使皮肤的免疫功能减弱，导致基质金属蛋白酶活化，同时通过损伤皮肤成纤维细胞等途径引起皮肤过早老化，使皮肤粗糙，形成皱纹。紫外线不仅会造成皮肤组织发生自由基损伤，还可能导致皮肤癌。

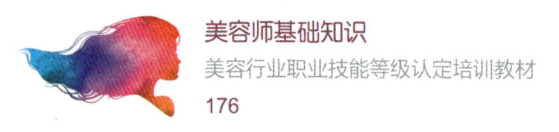

紫外线可分为短波紫外线（UVC）、中波紫外线（UVB）和长波紫外线（UVA）。UVC可对人体造成很大伤害，但会被臭氧层完全吸收，不能到达地面。紫外线杀菌灯发出的就是短波灭菌紫外线。

UVB仅能达到表皮，会引起照射部位的表皮损伤和皮肤急性炎症，皮肤可能出现红肿、水疱、脱屑、灼痛等症状。UVB还具有促进体内矿物质代谢和维生素D的形成的作用，适当的日照可预防骨质疏松。

UVA的穿透力很强，可深达真皮层，虽然不会造成皮肤急性炎症，但长期暴露于UVA中可导致真皮层胶原蛋白含量减少、胶原纤维老化、弹力纤维结构退行性改变而变粗和分叉。UVA是造成皮肤提前老化的主要原因，也是将皮肤晒黑的主要原因。所以，选防晒品时不仅要注意SPF值，还要注意防止UVA射线的指标PA+。

光老化主要表现为皮肤松弛无弹性、肥厚、粗而深的皱纹、皮肤呈黄色或灰黄色皮革状、干燥、无光泽、色素沉着等老化现象。光老化所导致的皮肤衰老速度比自然老化更快，皱纹更为粗深严重。所以，防止紫外线对皮肤的伤害是预防皮肤光老化的重要措施。

（2）皮肤健康与环境。虽然阳光在皮肤如何衰老上扮演着绝对重要的角色，但环境的污染也极大地影响了皮肤的衰老过程。工厂的废气、汽车的尾气，甚至二手烟都会影响皮肤的衰老和整体健康，加速皮肤衰老的过程，皮肤会出现色斑增多、皱纹更加明显等现象。

另外，气候、湿度和其他因素也会影响皮肤的健康。比如南方城市多雨水、气候温润，皮肤状态就比较好；北方多风沙、气候寒冷故皮肤易干燥老化。当然，不管什么样的地方气候，科学适度的皮肤保养都能起到至关重要的作用。

计算机、手机等蓝光辐射对人体的影响值得注意。蓝光是波长400～450 nm具有相对较高能量的光线，蓝光大量存在于计算机显示器、手机、荧光灯、数码产品、显示屏、LED等光线中。蓝光除影响眼睛健康外，长期暴露于蓝光中也会引起皮肤光老化。因此应注意控制使用计算机、手机时间，使用时将亮度降低。

（3）皮肤健康和生活方式选择。吸烟、喝酒、吸毒和不良饮食都会对衰老过程有很大影响。吸烟除是致癌因素外，还与皮肤加速衰老有关，烟草中的尼古丁会引起毛细血管收缩，减少皮肤的供血量，烟雾产生毒素和自由基，使皮肤微循环变慢。最终，皮肤表现出暗沉、干燥、皱纹加深等。

饮酒也对皮肤有伤害。过量的酒精会导致毛细血管扩张。导致皮肤出现毛细血管扩张甚至酒渣鼻。过量的酒精也会造成皮肤脱水，让皮肤看上去暗沉干燥，加速衰老过程。

作为专业的美容师，在帮助顾客做好美容院及家居护肤管理的同时，有责任对顾客的饮食及作息习惯进行指导。

（4）地心引力的作用。由于地心引力的作用，本来因自然老化松弛的皮肤会加速下垂。

（5）错误的保养。使用过热的水洗脸，过度按摩，使用劣质的化妆品，过度去角质等，均会使皮脂含量减少，角质层受损，丧失对皮肤的保护和滋润作用，加速皮肤老化。

三、皮肤老化的表现特征

1. 表皮的变化

皮肤厚度变薄，首先表现为表皮轻度变薄，细胞形态大小不一，基底层细胞增殖减缓，角质层对某些化学物质的通透性增加，皮肤屏障功能降低，角质层水分含量减少，皮肤缺水。通过美容透视灯观察，皮肤呈紫色、有悬浮白色。通过光纤显微检查仪观察，表皮没有纹路，表示肌肤萎缩。

2. 表皮与真皮之间的变化

表皮与真皮之间的波浪状结构变得扁平，致使二者之间的接触面积大大减少，造成表皮营养物质的输送量减少，基底细胞增殖能力进一步减弱，二者黏合力降低，新陈代谢降低。

3. 真皮层的变化

真皮层结缔组织减少，真皮层纤维细胞逐渐失去活性，胶原纤维增粗，弹力纤维变性、缩短、增厚成团。通过光纤显微检测法观察，真皮纹路宽大，有的微血管扩张，表示肌肤松弛。另外，由于新陈代谢降低和皮下脂肪减少，真皮网状层失去支撑，皮肤变得松弛萎缩。

4. 外表形态的变化

皮肤表面沟纹加深，皮肤松弛而缺乏弹性，皱纹增多。皮肤含水量下降，皮脂及汗液分泌减少，从而出现皮肤干燥、脱屑。皮肤的机械防御能力和损伤后愈合能力下降，对外界各种刺激的耐受力变低。

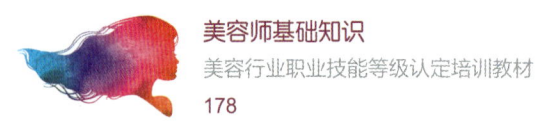

5. 皮肤色素的变化

皮肤出现色素增加或色素减退斑是皮肤老化的表现之一。脂溢性角化（老年斑）发病常与慢性紫外线辐射有关，常表现为头、面颈、手背等处淡褐色至黑色的斑片、丘疹或斑块，表面光滑或粗糙。老年性白斑则表现为双小腿伸侧、躯干部的点状白斑，略有凹陷。

6. 皮肤血管的变化

随着年龄增加，皮肤血管脆性增加，加之皮肤萎缩变薄，容易出现局部淤血等现象。

7. 皮肤附属器的变化

皮脂腺、汗腺退化，皮脂和汗液分泌减少，皮肤随着年龄的增长会变得越来越干燥。指甲生长变慢，甲片肥厚、色暗、变脆，毛发变软、变细、干燥、无光泽。

第五节　色斑皮肤

色斑皮肤是一个广泛而复杂的皮肤问题，发病人群较多，几乎所有人在一生当中多多少少都和色斑打过交道。其复杂性来源于色斑的种类、诱发因素繁多。有时很难判断究竟是哪一类色斑，以及所涉及的皮肤层次，要依靠检测仪器，有的甚至需要医生做皮肤活检，来从病理上作出诊断。

美容师要尽量做到能正确地分析色斑的类型、层次，这对指导后续的护理很重要。美容师在分析皮肤时，在不确定或没有把握的情况下，需要转介顾客给医生诊断治疗，如果发现色斑的形状、光泽异常或有破损等现象，应告知顾客及时就医诊断治疗。美容师可以做一些表皮层色斑的辅助护理，如果酸或其他淡斑护理。

一、皮肤色斑的定义

色斑是指由于多种内外因素影响导致皮肤色素代谢失常，色素沉积于皮肤的表面而形成的斑点或斑块。色斑是生活美容中最常见的损美性皮肤问题。

二、色斑的成因

先天性色斑形成是由基因决定的，后天性色斑形成的原因主要是来自长时间的阳光照射，其他原因包括皮肤外伤、皮肤疾病、生理性因素等而产生的色素沉着。

正常皮肤受到紫外线照射后会产生黑色素。表皮基底层的黑素细胞也称为色素母细胞，主要功能是合成、分泌黑色素。当皮肤受到紫外线照射时就会处于"自我防护"的状态，借由紫外线刺激黑色素分泌，激活酪氨酸酶活性而产生黑色素颗粒来抵御紫外线，以保护自身免受损害。黑色素是以酪氨酸为底物，在酪氨酸酶作用下氧化为多巴，再氧化形成多巴醌，进一步氧化成黑色素，如图9-8所示。

已经形成的黑素通过表皮细胞的新陈代谢不断向上推移，最终脱落于皮肤表面，排出体外。而表皮下的黑素被重新吸收或细胞的吞噬后进入血液循环代谢出体外。一旦表皮的新陈代谢紊乱，皮肤的微循环变差，黑素不能正常代谢而沉积皮肤基底层或基底层，破坏后色素颗粒进入真皮层内（色素失禁）形成色斑。

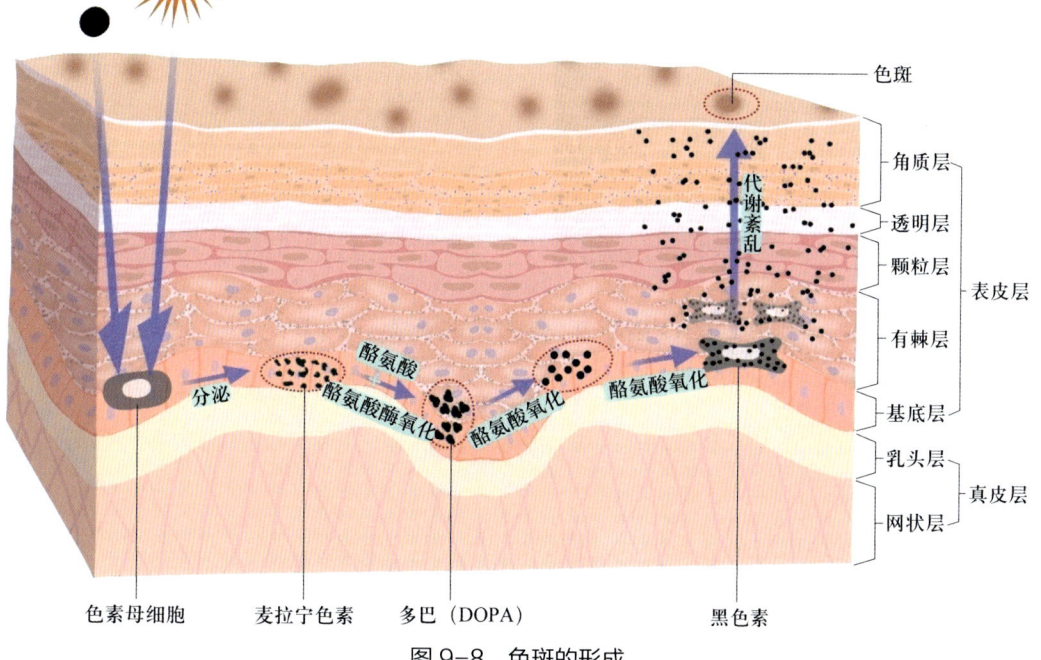

图9-8 色斑的形成

三、色斑的分类

色斑的种类很多,以下主要介绍几种常见的色斑。

1. 黄褐斑

黄褐斑也叫妊娠斑,是一种常见的色素沉着性皮肤病,表现为面积大小不等的对称性黄褐色或淡黑色斑片,常发生于面部的脸颊、颧、前额、鼻梁、上唇、下巴,但不涉及眼睑,无任何自觉症状,如图9-9a所示。90%的黄褐斑患者是女性,特别是中青年女性,肤色较深者比肤色白者更容易患黄褐斑,且持续时间更久。

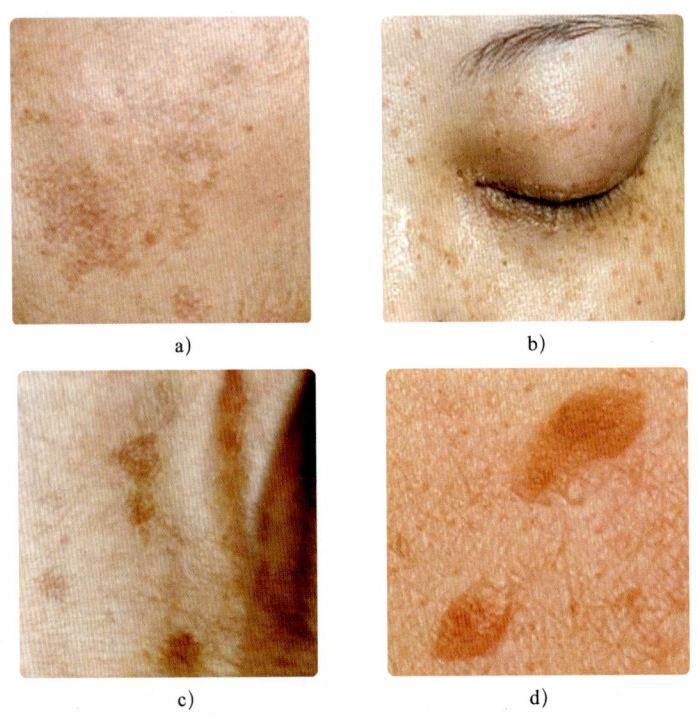

图9-9 皮肤屏障的受损
a)黄褐斑 b)雀斑 c)老年斑 d)脂溢性角化

在国内,黄褐斑也称蝴蝶斑(外形分布形似蝴蝶)和肝斑。中医认为黄褐斑的形成与肝脏关系密切,故名肝斑。

黄褐斑可根据色素沉着的深浅分为表皮型、真皮型和混合型,美容师分析黄褐斑的类型时需要借助伍德灯(Wood's lamp),或者偏振光皮肤测试仪。另外,黄褐斑还可以分为静止期及活动期。黄褐斑的病因尚未完全清楚,可能与下列因素有关。

（1）生理性因素。妊娠期的女性因其内分泌发生较大的变化，雌激素和孕激素分泌增多，雌激素能刺激黑素细胞分泌黑素小体，孕激素则可促使黑素小体运转和扩散，使黑素细胞的功能活跃。妊娠性黄褐斑一般会在分娩后自行消退，但也有一部分人终生不消退。口服避孕药和激素治疗药物的女性也容易出现黄褐斑。虽然黄褐斑别名叫妊娠斑，但并非所有黄褐斑都与妊娠有关。

（2）病理性因素。妇科疾病如痛经、月经不调、子宫及卵巢的慢性炎症等和内分泌性疾病可诱发黄褐斑的形成。甲状腺疾病也可能引起黄褐斑。

（3）化妆品因素。化妆品使用不当，化妆品的香料、脱色剂、防腐剂、止汗剂及部分重金属等，都不同程度地对皮肤有直接刺激或致敏作用，使皮肤产生红斑和色素沉着的现象，如化妆品中的铜、锌、汞含量超标，经皮肤吸收后会导致皮肤出现色素沉着。

（4）日光因素。中波紫外线可提高黑素细胞活性，引起色素沉着，加重黄褐斑的形成。因此黄褐斑一般会有夏季加重，冬季减轻的现象。

抗氧化剂对黄褐斑有改善作用，如虾青素胶囊、维生素 E 等抗氧化剂的使用可有效淡化黄褐斑。维生素 E 及虾青素有抑制脂褐质生成和清除自由基的作用。

2. 褐青色痣

褐青色痣是一种常见的先天性非遗传性的皮肤色素性疾病，色素沉积于真皮层，主要长在颧骨的部位，左右对称，一般于 15～25 岁出现，女性偏多，呈直径为 1～5 mm 的灰青色、黑褐色的斑点。形状呈圆形、椭圆形，边界清楚，斑点与斑点之间有正常的皮肤。

褐青色痣也常与黄褐斑并存，因此美容师有时会把褐青色痣误判为黄褐斑治疗，但两者治疗原则和方法完全不同。褐青色痣是真皮斑，治愈效果较好，激光治疗褐青色痣是最有效的方法，治愈效果显著，但美容护理和产品的淡斑效果非常有限。

3. 雀斑

雀斑是一种极为常见的褐色或黄褐色小斑点，多为圆形或卵圆形，表面光滑，不高出皮肤，互不融合，分布基本左右对称，无自觉症状，常发生在脸部、手臂和肩等暴露部位，如图 9-9b 所示。

雀斑的成因与遗传有关。一般 4～5 岁开始出现，女性居多。随着年龄的增长逐步增多，青春期最为明显，之后可随着年龄增长逐渐减少。雀斑与日光照射有明显关系，数量和色素沉着的程度随日晒而增加或加重，夏季往往加重，冬天消退。雀斑属于表皮斑，黑色素增加主要位于表皮层，黏膜无损害。

4. 老年斑

根据哈佛大学发表的文章指出，老年斑又称为肝斑和日光性雀斑样痣，是暴露在阳光下引起的色素聚集。

老年斑是与衰老和长期紫外线照射相关的色斑，通常在50~55岁时开始出现，随着衰老而增多。老年斑呈棕褐色、棕色或黑色，其大小、形状和数量各不相同，常出现在脸部、手背、手臂、肩膀、秃顶的头皮等暴露于阳光的部位，无自觉症状，如图9-9c所示。老年斑是无害的，不需要治疗。如果斑点出现突然增大、颜色变深、边缘不规则，伴有瘙痒、发红、疼痛或出血等现象时，应及时就医诊断，查明是否有癌变的可能性。减少阳光的照射就能减少老年斑产生的可能性，特别是减少18岁以前的日照，它是决定日后中老年时皮肤外观的主要因素。同时，防晒有助于防止老年斑进一步恶化。

5. 脂溢性角化

脂溢性角化也称老年疣，大多发生于40岁以后，为中老年人最常见的表皮良性肿瘤。它多发生于面颈、手背、躯干，皮损表现多样，常为淡褐色至黑色的斑片、丘疹或斑块，表面多粗糙，一般无明显症状。脂溢性角化病病因不明，可能与遗传、皮肤老化、基因突变以及长期受日光照射等因素有关，如图9-9d所示。

脂溢性角化无须治疗，一般不会恶化，极少癌变。如果皮损影响美观，或出现大量突增、生长过快、破溃、发炎、流血、搔痒、疼痛等现象时，需要及时就诊并进行相应的治疗。皮肤科常用冷冻治疗、电干燥法、激光、刮除术、药物来清除老年疣。

6. 炎症后色素沉着

炎症后色素沉着（也叫炎性斑）是皮肤炎症后发生的反应性黑素沉着过度后遗症，常见病因包括寻常痤疮、特应性皮炎、银屑病、接触性皮炎、烧伤、化学剥脱术和激光治疗等。炎症后色素沉着一般呈浅褐色至深褐色，呈散状或片状分布，表面平滑，有些色素斑呈网状并有毛细血管扩张现象，一般会伴有皮肤屏障的受损。

皮肤屏障受损，皮肤锁水能力变差导致皮肤干燥，伴随皮肤底层炎症。由于皮肤比较脆弱，对紫外线的防御能力变差，也会导致皮肤色斑的加重。炎性斑常伴随黄褐斑共同存在，在两者并存的情况下，首先应以修复皮肤屏障、补水保湿、抗炎为首要治疗原则。通过visia皮肤检测能判断皮肤炎症的消退情况，皮肤屏障得到修复，炎症减退的同时，炎性斑也会得到很大程度的改善。

第六节　痤疮皮肤

一、痤疮的定义

痤疮也称为寻常性痤疮，是常见的一种毛囊皮脂腺单位的慢性炎症性皮肤病，主要以粉刺、丘疹、脓疱、结节、囊肿及瘢痕等症状为表现特征。大约90%的人一生中会出现各种不同程度的痤疮。痤疮以青少年患者居多，俗称"青春痘"，青春期后往往能自然减轻或痊愈。大约40%的患者是在青春期以后出现，称为成人痤疮。痤疮通常发生在皮脂分泌丰富的面部、上胸和背部，其中青春痘多集中在面部"T"区，成人痤疮多集中在面部"U"区。

二、痤疮的成因

产生痤疮的原因复杂，其发病机制目前尚未清楚，普遍的共识是与皮脂分泌增多、毛囊皮脂腺导管的异常角化、痤疮丙酸杆菌增殖、激素水平变化和遗传等因素有关，这些成因都可能单独或共同引发痤疮。

1. 皮脂分泌增多

皮脂含量的变化是痤疮发展过程中的关键因素。皮脂对皮肤有一定的保护和滋润作用，但皮脂过多就容易形成粉刺痤疮。青春期雄性激素分泌旺盛，刺激皮脂腺的生长和增大，皮脂分泌亢进而产生大量皮脂。过多的皮脂不能完全排泄出去，渐渐聚积在毛囊口内，造成毛囊皮脂腺导管阻塞，这为痤疮丙酸杆菌提供了良好的局部厌氧环境和大量的皮脂营养食物。

皮脂主要含有角鲨烯、蜡酯、甘油三酯、亚油酸等脂质成分，痤疮患者存在这些脂质成分含量的改变，即蜡酯、过氧化鲨烯等含量增高，亚油酸含量则降低。这些变化导致毛囊周围的必需脂肪酸减少，皮肤屏障功能受损，促进了毛囊皮脂腺导管的异常角化。

2. 毛囊皮脂腺导管异常角化

毛囊皮脂腺导管异常角化是痤疮发展过程中的另一个重要因素和主要病理现象。对于有遗传性痤疮者，毛囊皮脂腺导管容易在雄激素作用下而过度角化。毛囊壁上皮细胞角化会造成细胞间的胶质在形式上发生变化，导致角质细胞粘连性增加。这些不易脱落的角质细胞在毛囊漏斗部形成角质物堆积，使毛囊壁增厚，阻碍了皮脂的通路。大量的皮脂和角质物混合形成半固体乳酪状物质，栓在毛囊口内形成"微小粉刺"阻塞物。

微小粉刺从形成至成熟一般需要大约 5 个月的时间。微小粉刺一般情况下能长时间处于静止不活跃的状态，但会因压力、荷尔蒙等诱导因素的影响而变得活跃，并向白头或黑头粉刺发展。当毛囊开口处扩大到能容纳增大的阻塞物时，便形成了开口性黑头粉刺。

毛囊皮导管堵塞为厌氧菌的繁殖创造了良好的局部无氧环境。有理论认为，与其他痤疮成因相比，毛囊皮脂腺导管的异常角化可能会加重病情，同时，如果没有不正常的细胞堆积，那么粉刺的发展过程很可能不会出现。所以，清理毛囊对预防和减轻痤疮非常重要。

3. 痤疮丙酸杆菌增殖

痤疮丙酸杆菌与痤疮的发生密切相关。正常的毛囊中存在多种微生物，如痤疮丙酸杆菌。痤疮丙酸杆菌为厌氧菌，堵塞的毛囊为其提供了良好的无氧和营养丰富的环境，导致痤疮丙酸杆菌大量繁殖。痤疮丙酸杆菌被大量的皮脂滋养后排出具有高度炎症性及腐蚀性的游离脂肪酸，刺激毛囊及其周围组织产生炎症反应，进而形成丘疹、脓疱、囊肿、结节炎性痤疮。此外，痤疮丙酸杆菌还能产生多肽类物质，可能会直接诱发或加重炎症。

机体激素水平变化、皮脂分泌过多、毛囊堵塞以及遗传等特征都能提供给痤疮丙酸杆菌一定的活力，产生游离脂肪酸，刺激皮肤产生炎症，从而加重粉刺的发展。

4. 激素水平变化

进入青春期后的男性青少年产生大量雄激素，皮脂分泌增加，男性青少年分泌的睾酮激素量比女性多，青春痘往往更加严重。

激素水平变化对成年女性的影响尤为突出，主要表现在月经周期、避孕药的服用与停用、怀孕、服用激素药物、绝经期、压力激素（皮脂醇）增加等，这些因素都可导致荷尔蒙的波动，进而成为引发痤疮的导火线。因激素水平变化而引起的成人痤疮多集中在下脸部及颈部，皮损往往比其青春期更严重，容易复发并难以治愈。

5. 遗传

据研究表明，大约 50%～90% 的痤疮与遗传有关，有的家族中几代人患有痤疮，有的隔代相传，有的家族可能具有过度产生皮脂、死皮细胞和雄激素的遗传倾向。遗传是决定皮脂腺大小及其活跃程度的一个重要因素，遗传可确定免疫系统在抵御痤疮丙酸杆菌方面的有效性。同时，痤疮患者可能与缺少锌、铜等微量元素有关，缺锌可能会促使毛囊皮脂腺的角化，缺铜可能会减弱机体对细菌感染的抵抗力。

三、痤疮的诱导和加重因素

近些年，痤疮人群的发病年龄呈上升趋势，这和熬夜、压力、情绪波动、不良生活作息、不健康饮食等因素有密切关系，这些因素都有可能刺激下丘脑垂体肾上腺轴，促进雄激素分泌，使内分泌失衡。另外，激素药物、不良环境、过量使用美容美发产品、皮肤屏障受损等都可能诱导或加重痤疮。

1. 压力

中轻度反复发作的痤疮大多会出现在压力较大的职业女性脸部。压力和熬夜会刺激大脑神经，使肾上腺分泌更多的肾上腺皮质激素，刺激皮脂腺分泌更多的皮脂。过多的油脂会阻塞毛囊且提供给痤疮丙酸杆菌更多的营养食物，从而引发痤疮。

压力同样会影响免疫系统，使皮肤变得更加敏感，更容易引发或加重痤疮、玫瑰痤疮、荨麻疹、湿疹、银屑病等炎症性皮肤病。

2. 饮食

有研究表明，高糖、高脂肪、乳制品和加工食物会引发痤疮，具体原因目前尚未清楚，可能与胰岛素水平提高和其他引起痤疮的激素水平升高有关。胰岛素会刺激细胞生成，同时还能抑制死皮细胞的分裂，促进炎症和痤疮的发展。此外，胰岛素水平的增加可促进雄激素的产生，从而刺激皮脂分泌，导致痤疮。所以，痤疮患者应避免摄取过多乳制品、甜食、含糖饮料、牛奶巧克力、动物性脂肪、高碘化物、辛辣、油腻、快餐食品等。

3. 药物

糖皮质激素类药物或者雄激素内服药物均会导致痤疮的加重。

4. 不良环境

炎热的夏季、高温的厨房等会导致皮肤温度升高，皮脂腺分泌增多，诱发痤疮的产生。空气污染也会导致炎症性痤疮和皮肤刺激。

5. 美容美发产品

一些护肤品、化妆品及美发产品中含有致粉刺成分，容易阻塞毛孔和诱发粉刺，如蜡、矿物油、羊毛脂、椰子油、可可脂、杏仁油、橄榄油、润滑剂、闪亮原料、香料、防腐剂及一些化学成分会加重痤疮症状。

6. 皮肤屏障受损

研究表明，容易长痤疮的皮肤比健康的皮肤屏障功能弱。健康皮肤的pH值处于弱酸性，可帮助清理毛孔及阻止丙酸痤疮杆菌的发展。但皮肤的pH值偏碱性时，皮肤的碱中和能力就会减弱，从而阻碍酸性破坏痤疮丙酸杆菌的活动力。使用碱性肥皂和化妆品等会破坏皮肤屏障功能，导致皮肤表面的pH值偏碱性，皮肤容易受到痤疮丙酸杆菌等致病微生物的感染而长痤疮。此外，雄激素也可能对削弱皮肤屏障的功能起着一定的作用，从而间接影响痤疮的产生。

四、痤疮的分级和表现特征

1. 痤疮的分级

痤疮分级是美容师进行痤疮皮肤分析和疗效评估的重要依据。按照痤疮皮损的性质和严重程度，可将痤疮分为3度和4级，如图9-10所示。美容师只能护理轻度和中度痤疮，切记不能挤压囊肿、结节。

痤疮的分级
1. 轻度（1级）：仅有粉刺
2. 中度（2级）：粉刺、炎性丘疹
3. 中度（3级）：粉刺、炎性丘疹、脓疱
4. 重度（4级）：粉刺、炎性丘疹、脓疱、囊肿、结节

图9-10　痤疮的分级

2. 痤疮的表现特征

痤疮分为非炎症性皮损（黑头粉刺、白头粉刺）和炎症性皮损（丘疹、脓疱、结节、囊肿），如图9-11所示。

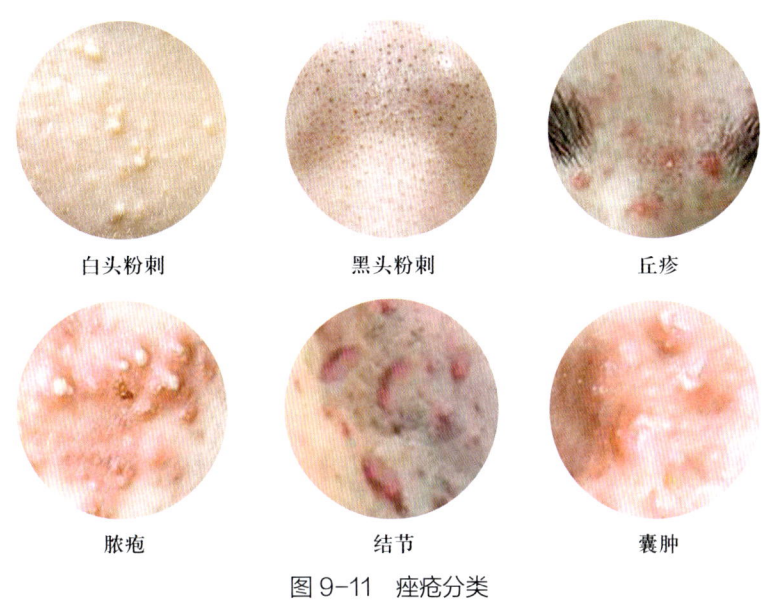

图9-11　痤疮分类

（1）粉刺。

1）白头粉刺（闭合性粉刺）。白头粉刺也称白头，是指毛囊口被角质物和皮脂等内容物堵塞而形成的白色小丘疹，有的肉眼无法看见，表面有表皮覆盖，空气无法进入，为封闭性粉刺。白头粉刺挤压出来的是白色或微黄色的脂肪颗粒。白头有的会转变成黑头，有的会自然消失，大多数会转变成炎性丘疹和脓疱。所以，去除白头可预防或减少炎症粉刺的发生。白头不是粟丘疹，两者有时容易混淆。

2）黑头粉刺（开放性粉刺）。黑头粉刺也称黑头，为开口性粉刺，其表面呈黑色是因为暴露在毛囊口外渐渐干燥的脂质堵塞物经空气氧化，黑色素沉积而变色形成。挤压后可见头部呈黑色、体部呈黄白色脂栓排出。黑头一般不会形成炎症痤疮。黑头、白头粉刺引起的毛孔堵塞在50倍皮肤镜下如图9-12所示。

（2）丘疹。丘疹呈红色小突起，红肿的底部小而硬，皮损以炎性小丘疹为主，有的会有轻微疼痛感。有的丘疹在1～3周后会消退，有的则会进一步发展成脓疱，甚至结节及囊肿。丘疹的毛囊壁破裂处浅、愈合较快且不会留下瘢痕。

（3）脓疱。脓疱是在丘疹的基础上炎症继续蔓延，导致丘疹中央可见白色或淡黄色脓疱，破溃后可流出黏稠的脓液，此为继发感染所致。脓疱的毛囊壁破裂处接近表

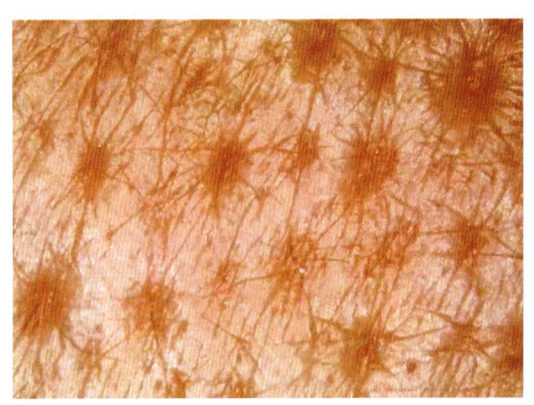

图 9-12　50 倍皮肤镜下的毛孔堵塞

皮,若炎症不严重,愈合后一般不会留下瘢痕,但若是较深的脓疱愈合后可能会留下表浅小凹坑。若脓疱治疗不及时,有的会发展成结节和囊肿。

（4）结节。结节是炎症向深部继续发展,呈硬结状,初期触摸时较痛。与丘疹、脓疱不同的是,结节的毛囊壁破裂在皮肤较深处,并且牵扯到更多的组织。结节化脓破溃后,因伤及皮肤深层,并且会将炎症扩散到临近的毛囊,病程较长,可持续数月或一年以上,常常会留下瘢痕。

（5）囊肿。囊肿是痤疮发展到后期,牵连多个毛囊及周围组织,出现黄豆或花生大小隆起、暗红色、按之有波动感并有疼痛的囊肿。囊肿就像一个盖了一层膜的凹洞,在真皮内形成一个大的囊腔。通常,囊肿会随着痤疮的加重而慢慢扩大,膨胀后的毛囊壁变得更薄。囊肿在组织下破裂,位置更深,病程漫长,经久不愈,愈后皮肤会留下明显的瘢痕。

丘疹、脓疱、结节（囊肿）的形成如图 9-13 所示。

（6）聚合性痤疮。聚合性痤疮是一种少见的严重型痤疮,多见于青年男性的面部和背部,病因复杂,发病机制尚不清楚,皮损主要表现为粉刺、丘疹、脓疱、结节、囊肿和瘢痕,愈合后会留下各种瘢痕。

3. 炎症后色素沉着

大多数的痤疮患者在炎症刚消退后都会遗留下一定程度的色素沉着,其斑点可以是白色、粉红、红色、紫色、棕色甚至黑色,具体取决于患者的肤色和变色程度,如图 9-14 所示。肤色较深的往往更容易患炎症后色素沉着,且色更深、更严重、持续时间更长,越严重的炎症斑点越大、色越深。不当的挤压炎症痤疮会增加患炎症后色素沉着的概率。这些持久性的色斑通常需要几个月或更长的时间才会自行消退。

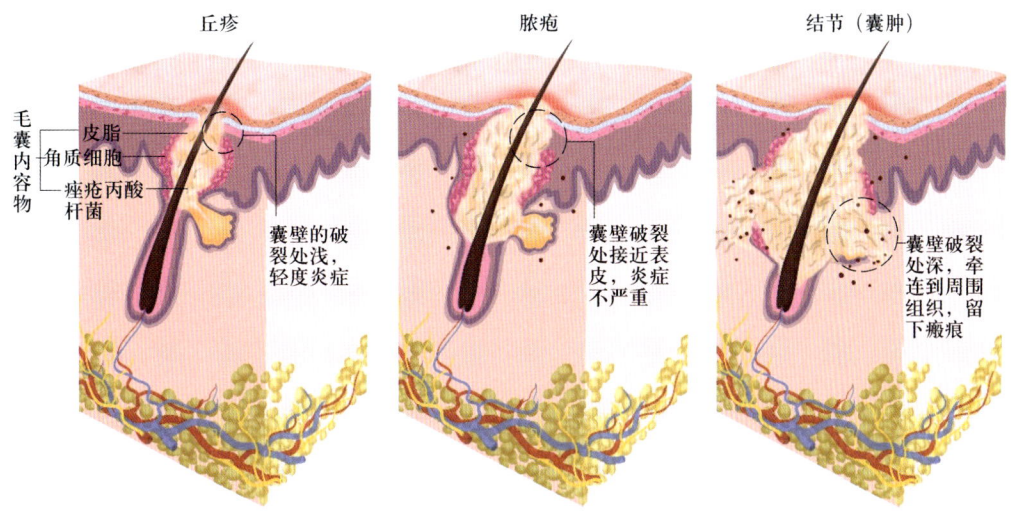

图 9-13　丘疹、脓疱、结节（囊肿）的形成

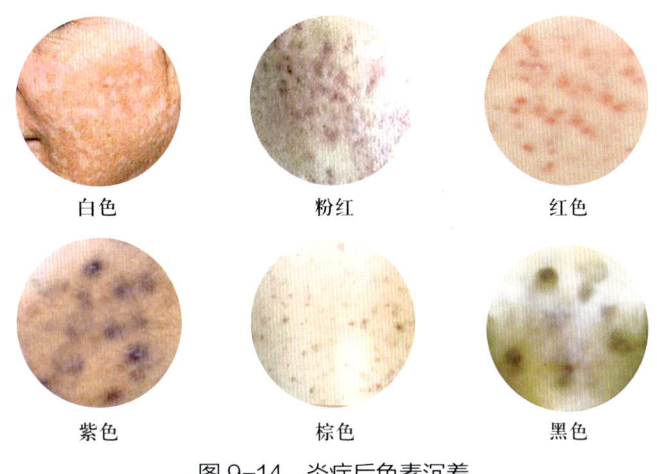

图 9-14　炎症后色素沉着

4. 瘢痕

较严重的炎性痤疮会破坏真皮组织，皮肤在随后的自我修复和组织重建过程中恢复不完全，便会形成痤疮瘢痕，如图 9-15 所示。瘢痕大约在痤疮治愈后不久或数月出现，但并非所有患者均会形成瘢痕。一些本来不会留下瘢痕的痤疮因采取错误的处理方式也可能会留下瘢痕，因此应避免挤压囊肿、结节等不正确的痤疮处理方法。

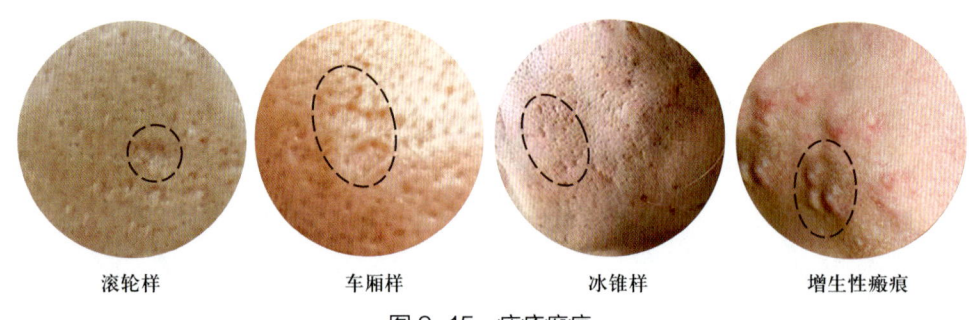

| 滚轮样 | 车厢样 | 冰锥样 | 增生性瘢痕 |

图 9-15 痤疮瘢痕

痤疮瘢痕的治疗方法有多种，需要根据其类型、严重程度、治疗可用性、患者偏好等因素来选择和决定，包括换肤术、激光、真皮填充、钻孔技术、微移植术、微针治疗以及联合治疗等。但所有的方法只能减少瘢痕的显著性，目前没有完全去除痤疮瘢痕的方法。

痤疮瘢痕可依低于或高出皮肤平面，分为萎缩性痤疮瘢痕（凹陷性痤疮瘢痕）和增生性痤疮瘢痕两大类。

（1）萎缩性痤疮瘢痕。俗称"痘坑"，是最为常见的凹陷性瘢痕。在炎症愈合后的恢复过程中，当真皮胶原蛋白沉积减少时，就会形成凹陷性或萎缩性痤疮瘢痕。它常发生于面部，也发生于身体其他部位。萎缩性痤疮瘢痕可按照不同的形态分为滚轮样、车厢样和冰锥样瘢痕。其中最常见的是冰锥样，大约占 60%～70%，许多患者以混合样呈现。

对于表浅凹陷性瘢痕的治疗，常会采用草本换肤、海洋换肤、果酸换肤、磨皮术、射频（RF）、强脉冲光（IPL）等方法。轻中度的常采用红外光波（NIR）、非剥脱性激光及真皮填充等方法。

1）滚轮样瘢痕。一般呈小环状，具有圆形的边缘，凹陷较宽，样似被车或滚轮碾压过的不规则凹陷。它是一种表浅的痤疮瘢痕，以男性患者居多，主要表现为皮肤萎缩不严重，瘢痕组织较柔软、平整，用手能捏起瘢痕周围的皮肤，一般会随时间的延长而逐渐好转。

2）车厢样瘢痕。一般呈 U 形，样似一个车厢，主要表现为皮肤萎缩、截断样凹陷，瘢痕轮廓清晰，或浅或深。表浅类的瘢痕可采取对换肤护理或其他治疗方法。

3）冰锥样瘢痕。一般呈 V 形，样似冰锥，表面通常较窄小，凹痕不规则，或深或浅。这种瘢痕可以延伸到皮肤深层，很难去除。用指甲抠痤疮或不正确的挤压等有可能引起凹坑状或凹陷性瘢痕。医学美容可以通过点阵激光、微移植术等手段进行联合治疗。

（2）增生性痤疮瘢痕。由皮肤对炎症的过度反应引起。皮肤在炎症愈合后的恢复过程中，当局部成纤维细胞过度增生和胶原蛋白过度合成时，就会形成高出皮肤表面的坚实、肥大的增生性痤疮瘢痕。

增生性痤疮瘢痕的瘢痕增生局限于痤疮病变局部，不累及临近正常皮肤。早期通常呈红色或紫色，可伴有瘙痒和疼痛。数月或数年后逐渐变平软、颜色变白，瘢痕逐渐萎缩。

对于增生性痤疮瘢痕的治疗，常见的方法包括脉冲染料激光、注射类固醇皮质激素、压迫疗法、冷冻切除或联合治疗等。

第七节　敏感性皮肤

敏感性皮肤是近些年常见的一种特殊皮肤类型，在世界范围已经成为一种普遍的皮肤问题。目前全世界敏感皮肤的比例已经占到了 25%～50%，也就是平均 2～4 个人中就有一个人为敏感性皮肤。其中女性多于男性，年轻人多于老年人，白种人多于黑种人，这与皮肤角质层的厚薄、激素水平、神经信号的传导能力等因素有关。此外，敏感性皮肤与皮肤屏障功能的健全与否有着直接的关系。

一、敏感性皮肤的定义

目前对敏感性皮肤的定义尚未统一，传统的皮肤病学没有敏感性皮肤这个概念。敏感性皮肤一般是指在受到物理、化学、精神等因素刺激时易出现灼热、刺痛、瘙痒及紧绷感等明显的主观症状，并常伴有红斑、鳞屑、毛细血管扩张和潮红等体征的皮肤状态。敏感性皮肤是一种高度不耐受的皮肤状态，而不是一种皮肤类型。

二、敏感性皮肤的成因

敏感性皮肤的成因尚不完全清楚，是多种因素共同作用的结果，其复杂的发生过程牵涉皮肤屏障、神经血管和免疫炎症反应，即主要是在内源性因素和外源性因素的刺激或相互作用下，导致皮肤屏障功能受损，使感觉神经传入信号增加，皮肤对外界刺激的抵抗力下降、反应性增强，从而引发皮肤免疫及炎症反应，出现一系列的红、肿、热、痛、痒等自我保护反应。

敏感性皮肤的诱发原因很多，皮肤屏障功能低下或受损是主要原因。敏感性皮肤一般都伴随着角质层结构不完整或者角质层太薄，表皮细胞间脂质含量不平衡，细胞间脂质中的神经酰胺的含量减少，表皮细胞黏合度变差。受损的皮肤屏障会引起经表皮失水率增加，角质层含水量降低，同时对外界的通透性也增加，引发皮肤干燥。干燥的肌肤更不利于角质层的修复、重建，因而更易引发皮肤的敏感。避免过热或过冷的刺激，皮肤表面低于 34 ℃或高于 42 ℃都会延迟皮肤屏障修复，故环境温度过高或过低都可以引发或加重敏感性皮肤。

1. 内源性因素

内源性因素主要包括以下几种。

（1）年龄、种族、性别、激素水平、精神压力过大等因素。

（2）往往年轻人的发病率高于老年人，女性高于男性。

（3）近年的研究表明敏感性皮肤与遗传也有关系，主要表现为先天性皮肤角质层薄、皮肤屏障功能弱。

（4）月经周期也会影响皮肤的敏感性。

（5）一些炎性皮肤病也是敏感性皮肤的发生因素，如玫瑰痤疮、痤疮、特应性皮炎等。

2. 外源性因素

外源性因素主要包括以下几种。

（1）季节交替、温度变化、日晒等因素，导致皮肤干燥，锁水能力变差，易引发皮肤敏感现象。

（2）花粉、化妆品中的香精、色素、酒精、防腐剂或者某些添加成分等会引发皮肤敏感现象。

（3）污染的空气、清洁用品、消毒产品等因素会诱发皮肤敏感。

（4）有些皮肤外用刺激性药物，局部长期大量外用糖皮质激素会导致皮肤屏障受损而引起过敏。

（5）激光治疗或者过度去角质、不恰当的果酸换肤等引起角质层变薄，皮肤屏障受损而引发敏感性皮肤。

外源性因素引发的敏感皮肤经过合理的护理或治疗，通常可以恢复。

三、敏感性皮肤的表现特征

敏感性皮肤主要发生在面部，一般在不受刺激的情况下皮肤外观大多基本正常，受刺激后可出现红斑、丘疹、毛细血管扩张、片状或弥漫性发红或潮红，可伴有肿、灼热、刺痛、瘙痒、干燥、紧绷感、细小鳞屑以及干纹等现象。

常见的敏感性皮肤大致可分为以下三种类型。

1. 一般过敏性皮肤

皮肤外观正常，皮肤屏障健全，但在外物刺激下引发红斑、丘疹、瘙痒等过敏现象。

2. 皮肤病型的敏感性皮肤

因玫瑰痤疮、激素依赖型皮炎、湿疹、脂溢性皮炎等原发皮肤病引发的皮肤屏障受损，导致皮肤敏感。

3. 皮肤屏障受损型的敏感性皮肤

皮肤因各种内外因素导致的角质屏障功能受损，皮肤锁水屏障受损导致皮肤干燥，干燥的肌肤与受损的角质屏障让肌肤对外界物质的抵抗力变弱，容易引发皮肤过敏等问题。

第八节 玫 瑰 痤 疮

一、玫瑰痤疮的定义

玫瑰痤疮是一种好发于面中部，以面部血管及毛囊皮脂腺的慢性炎症为主要表现特征的一种皮肤问题。其临床表现主要为面部出现暂时性或持久性潮红、丘疹、脓疱、毛细血管扩张甚至增生肥厚等现象，伴有刺痛、灼热、干燥、搔痒等皮肤敏感症状。玫瑰痤疮好发于面颊、下颌、鼻子、额头等面部凸起部位，部分患者会出现鼻部红斑及增生等现象。玫瑰痤疮好发于中年女性。

我国有大量玫瑰痤疮患者，但是很多人却不知道自己患有玫瑰痤疮，在临床也常被漏诊或误诊为自然红润，或误诊为过敏性皮炎、激素依赖性皮炎、脂溢性皮炎、日光性皮炎等皮肤病。最普遍的情况是很多顾客或患者的皮肤总是有泛红和毛细血管扩张，对外界刺激敏感等现象，感觉自己是常规敏感皮肤。其实，在常见的各类敏感皮肤中，绝大部分是伴有敏感性皮肤的原发疾病——玫瑰痤疮。

容易造成误判的主要原因是玫瑰痤疮和常规敏感皮肤在发病机制、分析或诊断、主观症状等方面有共通之处，同时也有交叉之处。另外，国内部分教科书和专著中对玫瑰痤疮的认识水平还停留在"酒糟鼻"这个不正确的概念上，造成临床误诊或漏诊、不规范的护理和治疗现象较为普遍。因此，对于美容师来讲，提高对玫瑰痤疮的认识水平十分重要。

二、玫瑰痤疮的分型

美国玫瑰痤疮学会专家委员会将玫瑰痤疮分为以下四型，各型又可分为轻、中、重度。

1. Ⅰ型——红斑毛细血管扩张型

Ⅰ型主要特征是面部出现对称性红斑，持续发红；皮肤变得敏感，并在食用刺激性食物、饮酒、外界温度突变、情绪激动和一定护肤品的刺激下红斑加重；常常伴有皮肤干燥、刺痛或灼热，少数伴有皮肤瘙痒的感觉。初起表现为面部红斑，持续的炎症慢慢导致树枝状的毛细血管扩张，如图9-16a、b所示。

2. Ⅱ型——丘疹脓疱型

在红斑和毛细血管扩张型的基础上，形成痤疮样的丘疹和脓疱，但不是因痤疮丙酸杆菌引起的，可能与痤疮共存，有时难以分析或诊断，关键的区别在于玫瑰痤疮无粉刺形成。部分患者伴有针头到绿豆大小的丘疹，逐步加重会变成豌豆大小的丘疹或者水疱。如不经治疗会进一步感染形成脓疱。此期的油脂腺变得大而明显，从而形成更多的丘疹和脓疱，严重的会产生浅的瘢痕，如图9-16c所示。

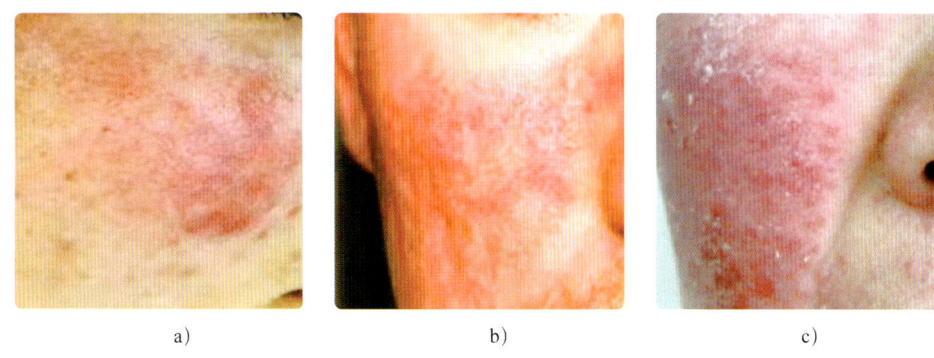

图9-16 玫瑰痤疮的分型（图片提供：邓军）
a）轻度红斑毛细血管扩张型 b）中度红斑毛细血管扩张型
c）中、重度丘疹脓疱型

3. Ⅲ型——鼻赘型

多见于鼻部，极少数出现面颊部的肥大，多发于40多岁的男性。在红斑和毛细血管扩张的基础上，鼻尖肥大粗糙并形成大小不等的紫红色结节并隆起，油脂腺继续极端地扩张。若炎症经久不消，可形成纤维化结节即为鼻赘。此类型就是传统概念的酒糟鼻，最常见的误解是此病由过度饮酒引起。

4. Ⅳ型——眼型

玫瑰痤疮的眼型很少单独存在，一般与上述三种类型合并存在，多见于绝经后的女性和鼻赘期的男性。其主要表现特征为结膜炎、角膜炎、眼缘炎等。常伴有眼部异物感、视物模糊、怕光、流泪、眼干、瘙痒、刺痛、发红等现象。

三、玫瑰痤疮的形成原因

玫瑰痤疮的形成原因复杂，目前尚未清楚，主要与遗传、神经血管功能紊乱、免疫炎症反应、毛囊蠕形螨感染、皮肤屏障功能受损等因素有关，它们可能共同参与了玫瑰痤疮的发生和发展。玫瑰痤疮难以治疗、不可治愈且容易复发，平时应避免诱发或加重因素。

1. 遗传因素

通常认为遗传因素可能是玫瑰痤疮发病的原因之一，如先天免疫异常激活。部分玫瑰痤疮患者存在家族聚集性，GSTMl 和 GSTTl 基因被发现与玫瑰痤疮的风险增加相关。

2. 诱发因素

（1）神经血管功能紊乱。精神压力可导致中枢神经炎症及皮肤交感神经反应，进而导致局部炎症及神经血管功能失调。长期的炎症刺激及激素水平的变化可引起血管和淋巴管的通透性增高，血流增加和炎症细胞的浸润，会导致毛细血管扩张、增生。

（2）免疫炎症反应。外界多种刺激因素，如刺激性饮食、紫外线、过冷过热、酒精等，均可刺激和激活表皮神经末梢，导致皮肤炎症反应，加重炎症过程。过度的炎症会激活皮肤中的角质形成细胞、成纤维细胞、血管内皮细胞增生和扩张，参与玫瑰痤疮炎症反应。

（3）皮肤屏障功能受损。各种原因导致的皮肤屏障功能受损都可能诱发玫瑰痤疮的加重。受损的皮肤屏障对微生物的抵御能力下降，加重毛囊蠕形螨的感染，引发丘疹、脓疱等现象。玫瑰痤疮类皮肤角质层含水量下降，皮脂含量减少，皮肤屏障功能受损，皮肤会出现干燥、脱屑、刺痛和烧灼感。正是由于这些因皮肤屏障功能受损而引起相同于皮肤敏感的症状，在护理过程中容易和敏感性皮肤及激素依赖性皮炎混淆。

（4）毛囊蠕形螨感染。有研究发现，玫瑰痤疮患者的面部毛囊皮脂腺中出现高密度蠕形螨，可导致炎症反应，可能与丘疹脓疱型密切相关。蠕形螨存在于所有成人毛囊中，主要位于面部，以人体细胞为食，蠕形螨的数量会随着年龄增长而增加，玫瑰痤疮可能有利于蠕形螨繁殖。

（5）外用类固醇皮质激素药剂。糖皮质激素外用药常用于炎症性皮肤病治疗。由于很多早期玫瑰痤疮被误判或误诊，有些患者从第一期开始就使用激素类药物来治疗皮肤发红等症状。不规则长期外用糖皮质激素就会诱发类固醇玫瑰痤疮，也称激素诱导性玫瑰痤疮。一旦停用就会导致病情复发或加重，迫使患者继续使用而对药物产生依赖性。在临床上，通常会不准确地将红斑、丘疹、脓疱、毛细血管扩张的玫瑰痤疮症状归于激素依赖性皮炎。

（6）环境因素。突然的高温或温度差的变化、环境污染、紫外线的照射或长期的慢性日晒，均可加重玫瑰痤疮。

（7）光电治疗。不恰当的光电治疗的热损伤会对玫瑰痤疮患者的皮肤屏障产生影响，导致玫瑰痤疮的加重。所以，玫瑰痤疮在实施光电治疗时的时机和参数选择很重要。

（8）生活方式。酒类、咖啡、辛辣、高热量、高脂肪食物均可能诱发玫瑰痤疮，压力过大、情绪紧张、失眠等会明显加重玫瑰痤疮。剧烈运动可以使玫瑰痤疮暂时加重，但运动结束后可自然恢复。适量的运动对人体的健康是有益的，所以不反对玫瑰痤疮的人群进行运动，但运动时需避开阳光照射。

第九节　激素依赖性皮炎

这些年来，在国内特别是有些经济发达地区，美容观念建立比较早的人群激素依赖性皮炎的患者相对较多，这和护肤品、化妆品、面膜中违规添加糖皮质激素有关。当然，也有些顾客或患者是早期皮肤患有皮炎、湿疹等皮肤病，在治疗的过程中，外用激素长期反复使用不当而导致激素依赖性皮炎。有部分专家认为，由于医生对此病认识不足等原因，造成有被过度诊断的倾向，常将常规敏感性皮肤、玫瑰痤疮或其他类型的皮炎误诊为激素依赖性皮炎。所以，俗称的"激素脸"普遍存在的说法并不完全正确。

因此，加强对激素依赖性皮炎的正确认识对美容师来讲显得很重要。激素依赖性皮炎必须由医生来诊断和治疗，美容师可以做一些辅助性治疗或护理。

一、激素依赖性皮炎的定义

激素依赖性皮炎也称为类固醇皮质激素依赖性皮炎，是指面部肌肤长期使用糖皮质激素（以下简称激素）或含有激素的护肤品，一旦停用后导致原有皮肤病复发、加重或出现新的皮损状况，使患者不得不长期使用，形成依赖。

二、激素依赖性皮炎的成因

1. 激素使用不当

激素分为弱效、中效和强效激素，在患者皮肤出现皮肤病等症状时没有根据症状选择合适的用药。

2. 激素使用时间过长

专业的皮肤科医生通常建议面部多选择弱效激素，剂型上多选用霜膏剂。使用时间：一般急性皮疹不超过 3 天，慢性皮疹不超过 10 天，如连续使用强效激素 2～3 周即可引发激素依赖性皮炎。

3. 使用了含激素的化妆品

一些治疗痤疮、敏感和色斑的不良产品，因追求快速见效、使用后皮肤很快会呈现又白又嫩的效果而违禁添加激素，导致消费者在不知情的状况下患上激素依赖性皮炎。

三、激素依赖性皮炎的表现

激素依赖性皮炎大多发生在面部，发病期间常伴有面部灼热、瘙痒、刺痛、紧绷等症状。发病时间长，易反复发作，不易修复。早期的激素依赖症状并不明显，常表现为皮肤脆弱、敏感、外在因素的刺激容易诱发过敏。激素依赖性皮炎的诸多临床表现都和皮肤屏障功能的受损有密切关系。

激素依赖性皮炎根据其皮损特点主要分为以下五种类型。

1. 面部皮炎型

局部长期外用激素，可导致皮肤屏障受损，面部出现红斑、丘疹，伴有皮肤潮红、毛细血管扩张等症状。

2. 色素沉着型

面部肤色暗沉，伴有片状或弥散分布的淡褐色至深褐色的色斑。

3. 皮肤老化型

皮肤角质层薄、伴有皮肤炎症，面部皮肤干燥、脱屑、皱纹增多。

4. 痤疮样皮炎型

激素能使毛囊上皮退化变性，导致毛囊口被堵塞，出现痤疮样皮疹或使原有的痤疮加重。面部皮肤密集分布着粉刺、丘疹、脓疱。

5. 面部激素毳毛

使用激素后,在50倍皮肤镜下观察可见毳毛增粗变长,常伴有毛孔异常细小甚至看不到毛孔,或者伴有毛囊发炎的症状。

四、激素依赖性皮炎分析

1. 长期反复外用糖皮质激素,用时可好,停药后又复发的现象。
2. 原发性皮肤病已治愈,又反复出现明显的红斑、丘疹、脓疱、皮纹消失、脱屑等皮炎表现。
3. 多发于双面颊部。
4. 长期用药后留下色素沉着、萎缩纹、毛细血管扩张、多毛、脓疱等症状,伴有刺痛、烧灼感。

五、激素依赖性皮炎护理原则

1. 一般护理

长期使用激素会导致皮肤屏障受损,皮肤对外界的刺激反应增高。因此,应避免日晒、热刺激,避免吃辛辣味、海鲜、羊肉、香菜等易引发皮肤过敏的食物。

2. 激素递减

因在戒断的过程中皮炎容易反复发作,故要对患者进行心理疏导和鼓励,帮助患者戒掉对激素的依赖心理。

3. 保湿护理

使用不含香精、色素、酒精等安全的、成分简单的、具有保湿功能的膏霜进行皮肤屏障的修复,敏感性皮肤及激素依赖性皮炎护肤品的使用一定以简单、单一为原则,切忌过度护肤,皮肤高敏期可进行冷湿敷处理。

4. 配合强脉冲光和红光治疗

使用低能量、较强波长的强脉冲光(波长 590～1 200 nm)及红光(波长 635 nm)

治疗激素依赖性皮炎，逐渐减轻红斑、血管扩张和炎症。

六、激素依赖性皮炎的预防

1. 在医生指导下合理使用糖皮质激素类药物，尤其是对于面部，应避免滥用、长期不规范使用药物。

2. 不要使用含糖皮质激素的化妆品，在选择美白、祛痘、抗敏类的护肤品时尤其要谨慎，了解其治疗原理、核心成分、品牌背景，选择正规品牌的护肤品。

3. 激素依赖性皮炎患者在季节或环境变化时往往容易出现过敏，因此要注意冬天的保暖、夏天的防晒，平时尽量使用成分简单、不含香精香料的护肤品。

第十节　日晒伤皮肤

一、日晒伤皮肤的定义

日晒伤又称为日光性皮炎，是由于强烈日光照射局部出现的急性光毒性皮炎，表现为日晒部位边界清楚的红斑、水肿，甚至出现水疱、大疱及糜烂，伴有瘙痒、灼痛等主观症状，皮肤红肿消退后出现色素沉着等改变。

二、日晒伤皮肤的形成原因

日晒伤皮肤通常是由于超过耐受量的中波紫外线照射，引起皮肤组织的损伤。日晒后的皮肤会引发表皮角质层细胞的坏死，释放炎症介质，导致真皮血管扩张、组织水肿，进而导致黑素细胞合成黑色素加速。大致分为以下两种情况。

第一，反复照射后导致皮肤屏障受损，皮肤对日光的敏感性也会增强，即使春冬季节的日光也可能引发日晒伤。

第二，反复照射后的皮肤可能出现皮肤增生肥厚、苔藓样变，表现为慢性病程，又称为慢性光化性皮炎。

三、日晒伤皮肤的表现

1. 日晒伤皮肤于夏季多发，当然在夏秋和春夏交替的时候也时有发生，一般女性多于男性，白皮肤人群多于黑皮肤人群，干性皮肤多于油性皮肤。

2. 表现为在日晒数小时后曝光部位的皮肤发生弥漫性红肿，颜色鲜红，伴灼热及刺痛感，严重者可发生水疱、大疱，水疱破裂后呈糜烂面。如日晒面积广泛时，可引起全身症状，如发热畏寒、恶心呕吐、头晕头痛，甚至休克等症状。一般 1~2 天红肿现象逐步消退，后遗留色素沉着或色素减退。

3. 反复的日光照射会加速皮肤的老化，表现为皱纹增多、皮肤增厚、干燥、粗糙、色素沉着、毛细血管扩张等现象。

日晒伤皮肤预防的关键还是合理的防晒，可通过物理性的遮蔽或者涂抹合适防晒系数的防晒霜进行保护，具体的防护及晒后修复的细节在高级美容师教材中有详细阐述。

第十一节　常见皮肤失调与疾病的认知

在美容院，常会遇见一些患皮肤病的顾客，虽然皮肤病不是美容师的治疗和护理范畴，但是美容师要能识别，并建议顾客及时去医院就诊。本节中对常见的皮肤病做一些基本介绍，有助于美容师了解和识别。

一、皮肤炎症类

在美容护理的过程中，美容师经常会遇到各种皮肤过敏、炎症及湿疹的皮肤问题，这类的皮肤问题很难诊断。下面将简要介绍常见的炎症类皮肤问题。

1. 特应性皮炎

特应性皮炎是一种慢性、复发性炎症，又称异位性皮炎、遗传过敏性皮炎，是一种与遗传过敏体质有关的慢性炎症性皮肤病。主要表现症状有：瘙痒、多形性皮肤损害，常有渗出倾向，患者同时常患有哮喘、过敏性鼻炎等症状。使用加温器和外搽滋润霜有助于让皮肤更湿润。症状较重时，应在医生的指导下使用外用药物或系统治疗药物。

2. 接触性皮炎

接触性皮炎是指人体因接触某些物质或化学品造成过敏反应而引起的皮肤炎症，主要症状为接触部位出现水肿性红斑、瘙痒，严重者会有水疱、糜烂、渗出等现象。一般过敏常发生在直接接触部位，也可导致全身其他部位的过敏症状，接触性皮炎不具有传染性，如图9-17a所示。

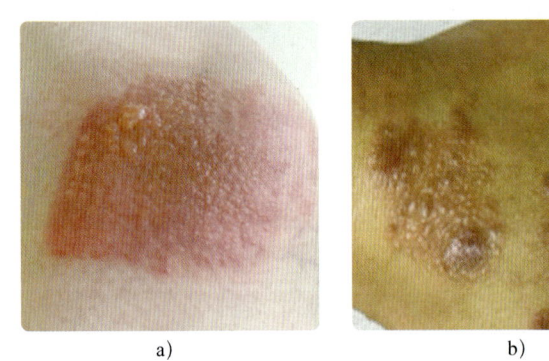
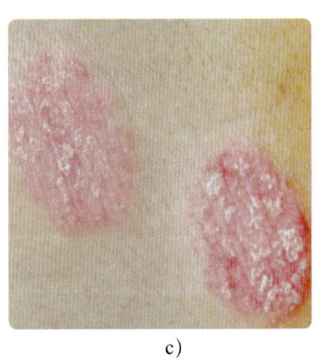

图9-17　皮肤炎症类型（图片提供：邓军）
a）接触性皮炎　b）湿疹　c）银屑病

接触性皮炎的诱发因素很多，但主要分三大类：动物性、植物性和化学性。动物性因素如动物的毒素、昆虫的毒毛，如斑蝥、毛虫等；植物性因素如漆树、荨麻、银杏等；化学性因素如化妆品、皮肤护理产品、清洁剂、头发染膏、金属等都可能引发接触性皮炎。

3. 脂溢性皮炎

脂溢性皮炎是一种好发于皮脂溢出部位的慢性皮肤炎症，常见于头部、面部、前胸、后背、会阴部等皮脂溢出部位。主要表现特征是上述部位出现红斑、丘疹，表面附有油腻性的鳞屑或结痂，常伴有皮肤瘙痒。在面部的脂溢性皮炎通常会出现在眉毛、头皮和发际线、额头中间以及鼻侧皮脂分泌比较旺盛的部位。脂溢性皮炎常伴有马拉色菌感染，在治疗过程中常需要配合抗真菌治疗的药物。辅助治疗中保持居家的环境卫生，衣物被褥应常晒常消毒，形成合理的饮食作息，都是重要手段。当然，患者还是需要去正规医院皮肤科进行专业治疗。

4. 湿疹

湿疹是一种常见的由多种内外因素结合引起的表皮及真皮浅层的皮肤炎症反应。湿疹的皮损具有多形性，有红斑、丘疹、丘疱疹、水疱、糜烂、渗出、抓痕、结痂等表现，还具有渗出倾向，边界不清，常对称分布，反复发作，病程较长，瘙痒剧烈等特点，如图 9-17b 所示。

湿疹病因复杂，常为内外因相互作用的结果。

内因：如精神紧张、失眠、过度疲劳、慢性消化系统疾病、情绪变化、内分泌失调等。

外因：如生活环境、食物、气候干燥、炎热、寒冷、热水烫洗以及各种动物皮毛、化妆品、肥皂、植物、人造纤维等。

5. 毛囊炎

毛囊炎为整个毛囊细菌感染而引发的化脓性炎症。早期表现为红色毛囊性丘疹，加重后演变成丘疹性脓疱，周围可见红晕，常孤立散在，轻度压痛。成人主要发生于多毛的部位，如胡须、头发、腋窝；小儿则好发于头部。

6. 银屑病

银屑病是一种常见的具有特征性皮损的慢性、易复发的炎症性皮肤病。该病初起为炎性红色丘疹，约粟粒至绿豆大小，以后逐渐扩大成为棕红色斑块，边界清楚，表面覆盖有多层干燥的灰白色或银白色鳞屑，轻轻刮除表面鳞屑，逐渐露出一层淡红色发亮的半透明薄膜，再刮除薄膜，则出现小出血点。白色鳞屑、发亮薄膜和点状出血是诊断本病的重要特征（见图 9-17c）。在其发展过程中，皮损可形成鳞屑性肥厚性的斑块。另外，患者可出现"束状发"和指（趾）甲顶针样改变。

银屑病皮损可发生于全身各处，但以头皮和四肢伸侧为多见。本病有遗传倾向，但不传染。

二、色素脱失类的皮肤病

1. 白癜风

白癜风是一种比较常见的后天色素脱失性皮肤病，其特点是皮肤上色素完全脱失，形成不规则的白斑。白癜风发病与自身免疫等有关，强烈日晒后病情常加重，全身各部位均可发生，常见于手背、前臂、面部、颈部及生殖器周围等，如图9-18所示。

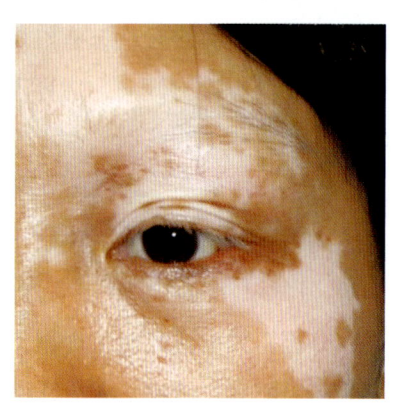

图9-18 白癜风（图片提供：邓军）

2. 花斑癣

花斑癣又名"汗斑"，是一种皮肤浅表角质层慢性的轻度炎症，由感染马拉色菌引起。好发于颈部、上肢、躯干部位，可见圆形或椭圆形色素减退斑，表面多有糠秕状脱屑。本病是真菌感染性皮肤病，湿度过大和暑热会刺激此病加重，通常在寒冷冬天消失，温暖季节再次出现。

3. 白色糠疹

白色糠疹又名单纯糠疹，是一种好发于面部的色素减退性皮肤病。皮疹主要为色素减退性圆形或椭圆形的淡红色或浅白色斑片，直径约1~4 cm，边缘清楚，上覆少量细小鳞屑，逐渐扩大或增多。无自觉症状，偶有轻微痒感。多发于儿童，青年也可发生。春季多见，夏秋后消退。

4. 白化病

白化病是由于酪氨酸酶缺乏或功能减退引起的一种遗传性白斑病。患者表现皮肤及附属器官黑色素形成障碍，视网膜无色素，虹膜和瞳孔呈现淡粉色，怕光。皮肤、头发、眉毛及其他体毛都呈白色或黄白色。白化病属于家族遗传性疾病，常发生于近亲结婚的人群中。这类患者有患皮肤癌的风险，没有正常黑色素保护皮肤会很早衰老。

三、皮脂腺失调

皮脂腺失调包括以下症状。

1. 皮脂缺乏

皮脂缺乏是因为皮脂分泌变少而导致的皮肤干燥的症状,轻症表现为皮肤干燥、粗糙,重症可波及全身,皮肤呈鳞状脱屑,伴有瘙痒症状。其发生与干燥寒冷的气候,经常使用碱性清洁品,年龄衰老导致的皮脂腺分泌功能减退等因素有关。此外,一些身体的内在疾病或者皮脂腺功能的先天缺失也会导致此症发生。先天不足或者后天皮脂腺分泌量的减少,导致皮肤表面的皮脂膜形成障碍,不能润滑皮肤和防止皮肤水分的丢失,进而引发皮肤干燥的现象。

2. 皮脂腺增生

皮脂腺增生(见图9-19)是皮脂腺细胞变大增生的良性肿瘤,是一种老化现象,多见于中老年人。它们通常呈白色、黄色或肉色小节,无自觉症状。皮脂腺增生部位的中央呈现肚脐样凹陷是本病的特征性症状。由于皮脂腺增生和粉刺初看有些相似,因此不要错误判断。该病一般不需要治疗,如明显影响外貌,可用电灼、冷冻、激光或手术的方式进行清除。

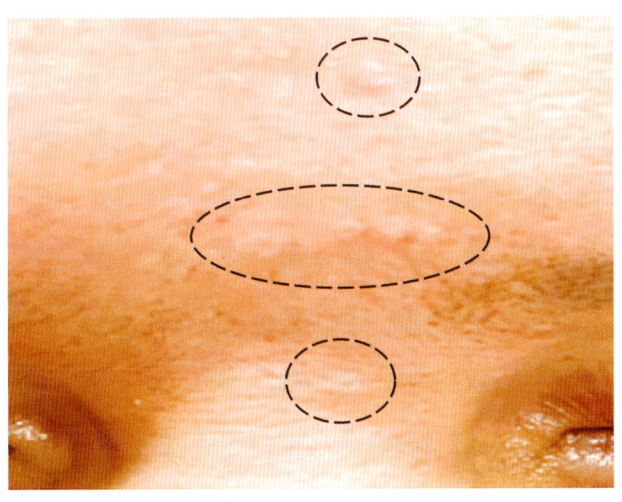

图 9-19　皮脂腺增生

3. 皮脂溢出

皮脂溢出是指皮脂腺分泌功能亢进，主要表现为皮肤严重泛油，头皮也通常多油，头发油腻发亮，脱屑较多，可引起脂溢性脱发。

4. 皮脂腺囊肿

皮脂腺囊肿俗称粉瘤，主要是因皮脂腺导管阻塞后，腺体内分泌物聚积，腺体膨大而形成的囊肿。多数生长缓慢，是良性的皮肤病变，可发生于任何年龄，以皮脂分泌比较旺盛者和青壮年居多，且好发于头皮、面部和胸背等皮脂腺丰富的部位。这种小型体表囊肿一般在感染得到控制以后，可通过手术切除。

四、汗腺失调

汗腺失调包括以下几种。

1. 无汗症

因汗腺功能失调、神经损伤等原因造成少汗或无汗。无汗症群体常感到全身不适，极度疲劳，在运动时最明显。夏季体温升高，心率加快，全身皮肤潮红，甚至易出现虚脱、中暑等症状。某些皮肤病引起的无汗症会出现局部皮肤干燥、粗糙，夏季满脸通红、灼热等现象。

2. 腋臭

腋臭又名"狐臭"，是臭汗症的一种，青春期后由于腋窝大汗腺（顶泌汗腺）分泌的汗液与细菌发生作用产生不饱和脂肪酸，从而产生特殊臭味。除了腋窝，乳晕、外阴、肛周等部位也可散发出这种特殊的臭味。

3. 多汗症

因为热、基因、药物或身体状况等原因造成皮肤排汗过多。

4. 红色粟粒疹

红色粟粒疹又名"痱子"，常见于夏季或炎热的环境。因在高温闷热的环境下，大量的汗液不易蒸发，表皮的角质层被浸渍，致使汗腺导管口变窄或阻塞，汗腺导管内汗液潴留后因内压增高而发生破裂，汗液渗入周围组织引起刺激，于汗孔处形成丘疹、丘疱疹，伴轻微烧灼及刺痒。痱子好发于皮肤褶皱处。

五、传染性疾病

传染性疾病在皮肤护理中也是常见的一些皮肤问题，由于具有一定的自体或异体传染性，所以在护理的过程中要能明确辨别。一旦确认顾客出现具有传染性的皮肤问题，在美容护理中应拒绝接收，建议顾客去医院找皮肤科医生进行专业的治疗。

1. 结膜炎

结膜炎又名"红眼病"，是眼周黏膜因化学物质、细菌或病毒引起的眼部发炎。结膜炎分为传染性和非传染性，非专业人士很难辨别。按规定不应对结膜炎进行护理，以免传染给自己和其他顾客。注意结膜炎与玫瑰痤疮眼型的鉴别。

2. 单纯疱疹病毒Ⅰ型

单纯疱疹病毒Ⅰ型是由单纯疱疹病毒所致，皮疹为限局性簇集性小水疱，多侵犯皮肤黏膜交界处，Ⅰ型单纯疱疹多发生在口腔、眼部、呼吸道，机体免疫力下降常为诱因。在同一部位反复发生丘疱疹是重要临床现象。

3. 单纯疱疹病毒Ⅱ型

单纯疱疹病毒Ⅱ型多发生在生殖器部位，发病期具有传染性，主要通过性接触传染。不管是患Ⅰ型还是Ⅱ型单纯疱疹的顾客，在护理的过程中都要婉拒接受。即使情况并不严重，去角质、脱毛或其他刺激也可能造成疱疹爆发，病毒可能在其自身扩散或者传染他人。

4. 带状疱疹

带状疱疹是由水痘－带状疱疹病毒感染所致，常发生于免疫力低下的人群。好发于春秋季节，成人多见。好发部位为胸背、腰腹、颈部和头面部。水痘－带状疱疹病毒具有嗜皮肤和嗜神经的特性，患者一般先有轻度发热、疲倦乏力、全身不适、食欲不振等症状，皮损主要为沿神经分布的簇集状红斑、丘疱疹、水疱，其后逐渐干燥结痂。神经痛是本病的特征之一，疼痛性质主要为阵发性针刺样、抽搐样，甚至刀割样疼痛，可在皮疹发生前发生或伴随皮疹出现，部分患者在皮疹消退后，疼痛可持续数月或更久。

5. 脓疱疮

脓疱疮是一种由细菌感染引起的具有传染性的皮肤病，多见于2~7岁儿童，好发于面部（尤其口鼻周围）、四肢等露出部位，初起为红斑基础上的壁薄水疱，迅速变为脓疱，周围可见红晕，疱壁破后露出红色糜烂面，脓液干燥后形成黄色厚痂。该病可通过皮肤接触或共用被子、毛巾、衣服及其他物品传染。

6. 足癣

足癣又名"脚气"，是由真菌感染引起的一种具有传染性的皮肤病，常发于足部。症状表现为趾间皮肤浸渍、发白、水疱、糜烂、脱屑，足跟、足跖部出现皮肤增厚、粗糙、皲裂，可伴有瘙痒现象。

7. 体癣

体癣也叫"圆癣"或"铜钱癣"，因其形如钱币状，边缘突起，类似中国古代的铜钱而得名。该病属于真菌感染性皮肤病，初起为针头至绿豆大小的丘疹、水疱，从中心向外发展，中央炎症减轻，边缘由丘疹、水疱、鳞屑形成环状隆起，瘙痒明显。如治疗不当，皮损可逐渐扩大、泛发。

8. 疣

疣是由人类乳头瘤病毒感染引起的一种皮肤表面赘生物，具有感染性和传染性。病毒细胞存在于棘层上部，逐渐形成疣状损害。根据疣生长的部位和临床表现特征，分为寻常疣、扁平疣（见图9-20）、跖疣、生殖器疣（尖锐湿疣）。

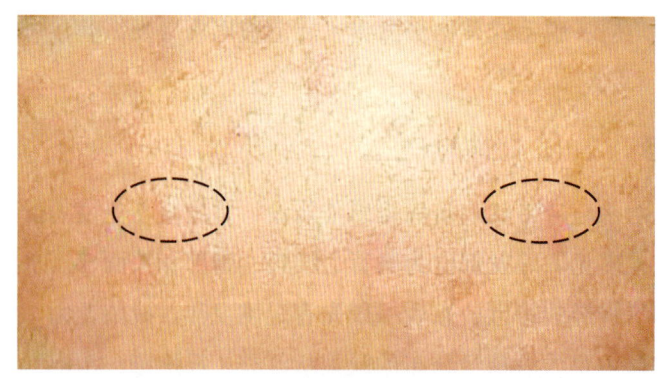

图9-20 扁平疣（图片提供：王普蜀）

六、皮肤肿瘤

皮肤肿瘤类型很多，此处对常见血管瘤、良性肿瘤和恶性肿瘤做简单介绍。

1. 樱桃样血管瘤

皮损表现为鲜红色或樱桃色丘疹，一般大小为 1~5 mm，逐渐增大，为隆起性半球形损害，主要是由扩张的小静脉增生所致。常见于老年人，故又称老年性血管瘤。一般采用物理剥脱或者激光进行治疗。

2. 蜘蛛痣毛细血管扩张症

蜘蛛痣毛细血管扩张症又名"蜘蛛痣"，其形如蜘蛛，皮疹由中央的小动脉和向四周分布的细小血管组成，当压迫中心点时，可使整个血管扩张消失，去除压力后恢复原有颜色。此症在健康人和儿童群体中发病率为 10%~15%，患有肝脏疾病者蜘蛛痣会明显增多。

3. 色素痣

色素痣又名"痣细胞痣"，是黑素细胞增生形成的良性肿瘤。

4. 汗管瘤

汗管瘤（见图 9-21）是表皮内小汗腺导管中的一种良性汗腺瘤，常被一般人误认为脂肪粒。汗管瘤时常出现在眼睛四周，通常女性比男性更容易出现汗管瘤。汗管瘤在青春期就可能发生，而且随着年纪增加其数量也可能逐渐增多。汗管瘤可通过激光、电离子等方法进行治疗。

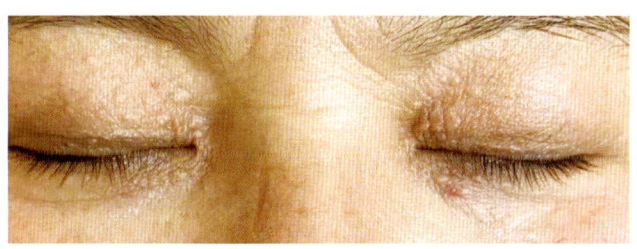

图 9-21　汗管瘤

5. 粟丘疹

粟丘疹为由未发育的皮脂腺或毳毛漏斗部下端的上皮所形成的良性皮肤肿瘤。常发于面部，尤其是眼部。粟丘疹是位于真皮层的囊肿，为白色或淡黄色圆形小丘疹，直径 1～2 mm，可用针清、激光等方法进行治疗，如图 9-22a 所示。

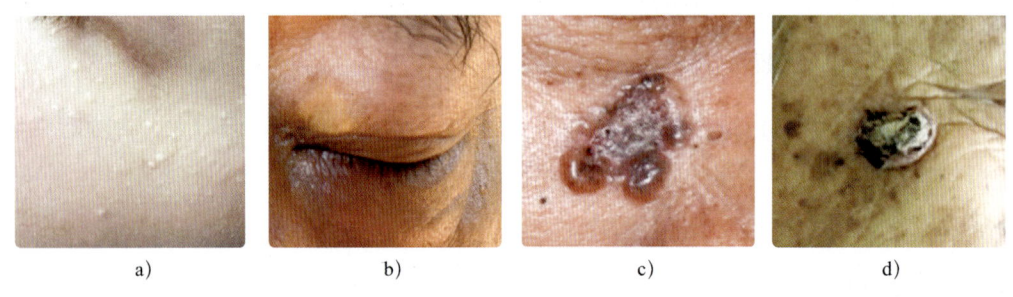

图 9-22　皮肤肿瘤
a）粟丘疹　b）睑黄瘤　c）基底细胞癌（图片提供：邓军）　d）鳞状细胞癌（图片提供：邓军）

6. 睑黄瘤

睑黄瘤属于代谢障碍性皮肤病，好发于眼睑内眦部，症状为黄色或橙色的斑块、结节或丘疹，大小为 2～3 mm，如图 9-22b 所示。部分睑黄瘤患者可伴有脂代谢异常，可能出现血脂增高等。

7. 基底细胞癌

基底细胞癌是一种生长缓慢，有局部破坏性但极少转移的低度恶性肿瘤。基底细胞癌发病与曝晒有关。常发生于面部皮脂腺丰富部位，如鼻部、眼周等处，如图 9-22c 所示。该病主要发生于 50 岁以上的老年人，发展缓慢，边缘呈珍珠状或堤状隆起，一般没有炎症反应，后期常形成溃疡。色素型基底细胞癌的早期容易与色素痣混淆，应注意鉴别。护理的过程中如遇类似的皮肤问题，一定让顾客提高警惕，去医院做专业检查，早诊断早治疗。本病治疗可以采取手术切除、放射治疗等方法。

8. 鳞状细胞癌

鳞状细胞癌起源于表皮或附属器角质形成细胞的恶性肿瘤，多发生于老年人，50～60 岁为发病高峰。常发生于受长期慢性不良刺激的皮肤，好发部位表面可有鳞屑，中央易发生溃疡，溃疡边缘较宽，高起呈菜花状，性质坚硬，伴恶臭，如图 9-22d 所示。治疗该病建议彻底手术治疗，以免发生转移。

9. 恶性黑素瘤

恶性黑素瘤简称"恶黑"或"黑素瘤",是来源于黑素细胞的恶性肿瘤,是一种恶性程度较高的皮肤恶性肿瘤,与日光照射、种族遗传和外伤刺激等有关。该病有四种类型:浅表扩散性黑素瘤、结节性黑素瘤、肢端雀斑痣样黑素瘤、恶性雀斑痣样黑素瘤。黑素瘤在发病初期很难诊断,因往往和常规的黑痣及黑斑容易混淆,医学上关于黑素瘤的诊断一般会采用"ABCDE 标准":A(asymmetry)代表形状分布不对称;B(border)代表边缘不规则;C(color)代表颜色不均匀,深浅不一;D(diameter)代表直径大于 6 mm;E(evolution)代表病灶的颜色变化或短时间内快速变大,甚至溃疡等。

恶性黑素瘤表面可能有结痂或渗血的现象,许多出现在已有的色素痣上。虽说该病的发病和日光照射密切相关,但它并不总是出现在容易晒到的部位,也常见于掌跖、甲周、躯干、下肢。

恶性黑素瘤常发生早期淋巴转移,且多种肿瘤药对其作用有限。组织病理是诊断恶性黑色素瘤的主要依据,因此,该病的早发现、早诊断和早治疗非常重要,尤其是身上有明显的黑色斑块或色素痣时要去专业的医疗机构进行诊断和定期检查。

第十章
营养学基础

健康的皮肤和体型是每一个人的梦想，而皮肤与体型好坏与人体健康是表里关系。皮肤和体型就像一面镜子，人体内脏功能的健康与否以及生活状况都会反映在皮肤和体型上。人的心理及身体健康，皮肤与体型自然会靓丽和健康；当皮肤出现暗沉、苍白，皮肤干枯、弹性差、毛孔粗大、斑点等问题，体型出现肥胖或消瘦时，传达的都是身体不健康的信号。皮肤护理与健康体型的维持内因起主导作用，必须从身体健康、生活方式、情绪、睡眠、饮食等全身调养开始，再辅以局部皮肤护理和身材保养手段，才会让面部肤色红润、光泽和细腻，身材协调健康。不注重身体健康及保养的外部保养治标不治本，甚至无济于事。此外，拥有良好、亲密的关系有利于身体健康。

均衡的饮食是通过提供给人体各种营养素，从机体内部维持人的身体健康，科学合理的营养有助于促进健康、延缓衰老。营养不良人体会失去健康，不仅会导致疾病的发生，同时也会带来皮肤和体型失衡等问题。所以，当今的美容美体整体观念已经发生改变，不再局限于外在的美容美体技术，更加注重通过合理营养的调理实现从内而外的美感。

美容师应了解营养学在美容美体护理中的重要作用，学习掌握基本的营养学知识，为顾客提供基本的膳食营养建议，并身体力行通过合理饮食保持身体和皮肤健康，以自身的健康榜样作用影响顾客的态度和行为。本章将着重介绍与皮肤和身材保养有关的营养学基础知识。

第一节 营养素

一、营养素的概述及分类

1. 营养素的定义

人体摄取、消化和吸收食物中的各种物质以提供能量、参与组织细胞构成、调节生理功能的生物学过程称为"营养"过程。必需营养素是指食物中能为机体提供能量、参与组织细胞构成、调节生理功能而必须通过食物得到满足的物质，摄取不足可能导致缺乏病。

2. 营养素的种类

必需营养素包括蛋白质、脂类、碳水化合物、维生素、矿物质和水。其中蛋白质、脂类和碳水化合物的需求量较大，且都能为身体提供能量，因此称为宏量营养素或三大能量营养素。维生素和矿物质需要量相对少，统称为微量营养素。此外，食物中还有一些成分虽然不是人体必需营养素，但具有多种生物学效应，统称为生物活性成分。营养素分类如图 10-1 所示。

图 10-1 营养素分类

3. 膳食营养素参考摄入量

膳食营养素参考摄入量包括平均需要量、推荐摄入量、适宜摄入量、可耐受最高摄入量、宏量营养素可接受范围、特定建议值和预防慢性病建议摄入量。摄入水平在推荐摄入量或适宜摄入量与可耐受最高摄入量之间时,能保证预防营养缺乏,又不会过量中毒。例如,健康成年女性推荐摄入维生素 C 的量为每日 100 mg,可耐受最高摄入量为 2 000 mg。也就是说,一名健康成年女性每天维生素 C 摄入量在 100～2 000 mg 内都是合适的,低于 100 mg 可能摄入量不足,超过 2 000 mg 则面临摄入过量风险。

二、宏量营养素

1. 蛋白质

蛋白质是所有细胞的重要结构原料,是人体成分构成中仅次于水分占比最多的物质,如图 10-2 所示。蛋白质的生理功能包括:(1)构成细胞骨架;(2)参与肌肉收缩;(3)胶原蛋白和弹性蛋白是构成皮肤和头发重要的原料;(4)构成各种酶类调节生物化学反应;(5)血浆中运输营养物质、激素、代谢产物的载体蛋白;(6)血浆白蛋白调节渗透压,蛋白质营养不良导致低蛋白血症时,组织液不能有效回流入静脉系统,可导致组织水肿甚至腹水;(7)维持正常免疫功能,蛋白质不足则会增加感染和患癌症风险。

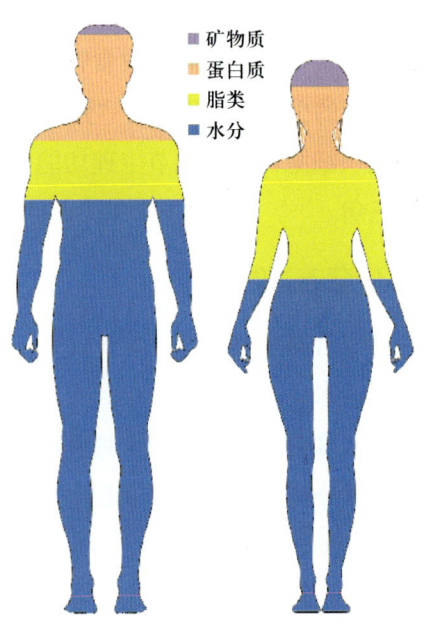

图 10-2 人体成分组成

蛋白质由 20 种不同氨基酸组成，其中亮氨酸、异亮氨酸、赖氨酸、蛋氨酸、苯丙氨酸、苏氨酸、缬氨酸、色氨酸等 8 种氨基酸是人体不能自身合成，而必须通过摄入食物中的蛋白质来满足，称作必需氨基酸。必需氨基酸含量丰富、比例恰当的蛋白质称作完全蛋白质或优质蛋白质，如肉类、水产类、禽蛋、奶类和大豆类食品。

成年人推荐摄入蛋白质量为女性每天 55 g，男性每天 65 g。动物性食物蛋白质含量更丰富，植物性食物蛋白质含量低。但也有例外，大豆中的蛋白质含量超过了大多数动物性食物，而且属于营养价值较高的完全蛋白质，对于经常吃素食的人群是不错的选择。

2. 脂类

食物中的脂类绝大部分是甘油三酯，即脂肪。另有少量的脂溶性成分称为类脂，包括磷脂和胆固醇。脂肪酸是构成脂类的基本单元，分为饱和脂肪酸、单不饱和脂肪酸和多不饱和脂肪酸。其中有两类多不饱和脂肪酸人体不能合成，称为必需脂肪酸，包括 ω-3 多不饱和脂肪酸和 ω-6 多不饱和脂肪酸。人体缺乏必需脂肪酸时，可出现皮肤干燥、炎症、脱屑。

食物中的脂肪具有多种营养功能，具体如下。

（1）提供能量，每 1 g 脂肪能提供 9 kcal（约合 37.67 kJ）热量。

（2）提供两类必需脂肪酸。

（3）帮助脂溶性维生素吸收。

（4）为食物增添美味。

在体内，脂肪储存在于皮下脂肪和内脏周围的脂肪组织中，具有一定的生理功能，具体如下。

（1）脂肪组织是人体能量储存仓库。

（2）起隔热和保暖作用，并维持体温。

（3）保护和固定内脏器官。

（4）内分泌功能，脂肪组织能分泌一些细胞因子调节炎症、食欲和免疫功能。但须注意的是，高脂、高能量饮食可导致过多脂肪蓄积，引起肥胖、2 型糖尿病、脂肪肝和心血管疾病等问题。因此，应科学选择膳食脂肪种类并控制总摄入量。优质的脂肪应该是含两类必需脂肪酸的油脂或食物，其良好食物来源如图 10-3 所示。摄入量以脂肪供能比例不超过总能量 30% 为宜。

磷脂分子是包括细胞膜为主的生物膜的构成成分，在肝脏中参与脂质代谢，防止出现脂肪肝，在血浆中参与构成脂蛋白颗粒，在神经系统中参与合成髓鞘。胆固醇是细胞膜的构成成分，也是合成固醇类激素、胆汁酸和内源性维生素 D_3 的原料，在神经系统中含量尤其丰富。高脂、高胆固醇饮食加上遗传因素可导致高胆固醇血症，因此应适量控制膳食胆固醇的摄入量，建议每天不超过 300 mg。

图 10-3 两类必需脂肪酸的食物来源

3. 碳水化合物

碳水化合物也称为糖类，可根据糖单元聚合度分为单糖、双糖、低聚糖和多糖。单糖、双糖和低聚糖一般具有甜味，称为简单糖类；多糖包括可消化多糖和不可消化多糖，不具有甜味。碳水化合物的种类见表 10-1。

表 10-1 碳水化合物的种类

分类	种类	食物来源
单糖	葡萄糖、果糖	水果、蜂蜜
双糖	蔗糖、麦芽糖、乳糖	白砂糖、饴糖、糖果、糕点、含糖饮料、乳制品
低聚糖	水苏糖、棉籽糖、菊粉	大豆、洋葱、大蒜、菊芋、菊苣、牛蒡
可消化多糖	淀粉	大米、面粉、薯类
不可消化多糖	纤维素、半纤维素、果胶、树胶	蔬菜、水果、全谷物、坚果、杂豆

人体内碳水化合物的生理功能包括：（1）食物中碳水化合物经消化吸收进入人体后，以血糖形式为全身组织细胞提供能量。低血糖可影响大脑功能引起恶心、头晕甚至休克；（2）在肝脏和肌肉中转化为糖原储存；（3）葡萄糖可减少蛋白质和氨基酸分解，避免肌肉蛋白质流失，有节约蛋白质的作用，葡萄糖也有利于脂肪彻底氧化供能，减少酮体生成，有抗生酮作用；（4）转变为贮存脂肪，过多碳水化合物摄入可刺激胰岛素大量分泌，葡萄糖在肝脏中被转变为甘油三酯并在脂肪组织中储存起来。

不同食物中的碳水化合物具有不同生理效应。糖果糕点、甜饮料中的简单糖类，精细加工的粮谷类食物和薯类食品中的淀粉，在小肠中消化吸收非常迅速，食用后血糖会迅速升高，这类食物称为高血糖指数食物（GI 值在 70 以上）。富含膳食纤维的全谷物、蔬菜、杂豆中的淀粉消化吸收十分缓慢，食用后血糖升高的速度和幅度都很低，这些食物被称为低血糖生成指数食物（GI 值在 55 以下）。GI 值介于 55~70 的食物为中等血糖指数食物。从健康角度考虑，摄取碳水化合物应选择血糖生成指数较低的食物，如全谷物类、蔬菜。对高血糖生成指数的食物应限制食用量，如精白米面、甜食、含糖饮料等。总碳水化合物摄入量应占总能量的 55%~65%。

4. 能量平衡

能量来自食物中的碳水化合物、脂肪和蛋白质，也称作热能、热量、热卡。用于描述能量大小的标准单位是千焦耳（kJ），营养学上则常使用千卡（kcal）作为衡量单位。每 1 g 蛋白质（或氨基酸）和碳水化合物在体内能提供 4 kcal 能量，每 1 g 脂肪则能提供 9 kcal 能量。酒精不是人体能量主要来源，摄入后主要以热能方式散发，每 1 g 酒精能提供 7 kcal 热能。

人体利用三大能量营养素释放的能量用于机体各种生命活动，包括：（1）维持基础代谢，如维持体温、呼吸、心跳、血压、内分泌等基本生命活动；（2）身体活动，活动强度越大、活动时间越长，消耗的能量也越多；（3）食物热效应伴随进食而出现的能量消耗，约占摄入能量的 10%，当摄入的能量与消耗的能量相等时，人的体重维持不变，如果能量摄入超过能量消耗，多余的能量则会以脂肪的形式储存在脂肪组织中，最终导致肥胖和各类慢性疾病。

成年健康男性每天推荐摄入总能量 2 250 kcal，成年健康女性摄入总能量 1 800 kcal。膳食总能量还应合理分配，其中碳水化合物提供的能量占总能量的 55%~65%，脂肪占 20%~30%，蛋白质占 10%~15%。

三、维生素

1. 维生素的定义和种类

维生素是食物中含有的一大类低分子有机化合物，它们既不参与组织细胞构成，也不直接提供能量，但各自都具特殊生理功能，因为机体不能自身合成维生素或合成量太少而必须通过摄入食物来满足身体需求。维生素可按溶解性分为脂溶性维生素和水溶性维生素两个大类，见表 10-2。

表10-2 维生素分类及名称

维生素分类	种类	其他名称
脂溶性维生素	维生素A	抗干眼病因子、视黄醇、视黄醛
	维生素D	抗佝偻病因子、胆钙化醇、麦角钙化醇
	维生素E	生育酚
	维生素K	叶绿醌
水溶性维生素	维生素B_1	硫胺素、抗脚气病因子
	维生素B_2	核黄素
	维生素B_6	吡哆醇、吡哆醛、吡哆胺
	维生素B_{12}	氰钴胺素
	烟酸	尼克酸、抗癞皮病因子
	泛酸	遍多酸、抗皮炎因子、维生素B_5
	叶酸	蝶酰谷氨酸、维生素B_9
	生物素	维生素H、维生素B_7、辅酶R
	维生素C	抗坏血酸

2. 脂溶性维生素

（1）维生素A。维生素A的生理功能包括：1）维持正常的暗视觉功能，缺乏时可导致夜盲症；2）维持上皮组织形态完整性，缺乏时可引起皮肤过度角化而出现皮肤干燥、鱼鳞化、痤疮；眼结膜和角膜干燥软化甚至穿孔，导致干眼病；3）维持正常免疫功能和骨骼生长发育、生殖功能。

维生素A有两种食物来源，一种是动物性食物，如动物肝脏、鱼肝油、牛奶、蛋黄，含有较丰富的维生素A；另一种来源是深色蔬菜水果，含有维生素A的前体物，即类胡萝卜素，可在体内转变为维生素A。含类胡萝卜素较丰富的有胡萝卜、西蓝花、菠菜、南瓜、杧果、柿子、哈密瓜、杏子等。成年女性维生素A推荐摄入量为每日700 μg，成年男性为每日800 μg。

（2）维生素D。维生素D的生理功能包括：1）促进食物钙在小肠中的吸收；2）增加肾脏对钙磷的重吸收，升高血液中钙和磷的水平；3）促进骨骼和牙齿的矿化。婴幼儿在生长发育阶段缺乏维生素D可导致佝偻病，骨骼发育畸形，如"O"形腿（俗称罗圈腿）、"X"形腿（俗称剪刀腿）、肋骨串珠、方颅、鸡胸、漏斗胸，严重影响人体形态，成年人缺乏维生素D可引起骨骼矿物质流失，导致骨软化、骨质疏松症，使人体身高变矮、驼背、发生骨折。

含维生素 D 丰富的食物有动物肝脏、蛋黄、奶油、鱼肝油、蘑菇。皮肤中 7-脱氢胆固醇在紫外线照射下可转变为内源性维生素 D，但在冬季日照不足或缺少充足户外活动情况下，内源性合成不能满足机体所需，仍建议通过食物或补充剂摄取。成年人维生素 D 的推荐摄入量为每日 10 μg。

（3）维生素 E。维生素 E 是机体重要的非酶抗氧化剂，主要分布在细胞膜、血脂蛋白颗粒中，发挥清除自由基的功能。自由基是活性氧中最重要的一种，是人体在细胞呼吸氧化或遭受紫外线照射时产生的一种含有不配对电子的化学物质，性质非常活泼，容易在抢夺电子的过程中使细胞的脂质、蛋白质和核酸等生物大分子遭受氧化破坏，引起细胞功能异常甚至凋亡，是导致衰老、慢性疾病、癌症的致病机制之一，自由基的形成及危害如图 10-4 所示。维生素 E 具有抗动脉粥样硬化、保护红细胞、增强免疫力、抗衰老、保护神经系统和骨骼肌等作用。

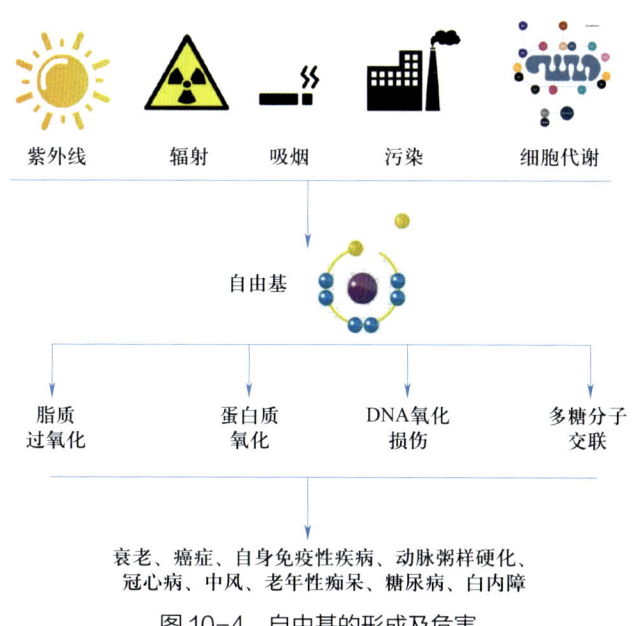

图 10-4　自由基的形成及危害

维生素 E 是高等植物进行光合作用时合成的，在深绿色蔬菜、种子、植物油、全谷物中含量丰富。成年人维生素 E 适宜摄入量为每日 14 mg。

（4）维生素 K。维生素 K 的生理功能包括：调节凝血蛋白合成，维持正常凝血功能；调节骨钙素合成，维持骨骼组织钙化，预防骨折。

维生素 K 来自豆类、绿色蔬菜、动物肝脏、鱼类。人体肠道菌群也可合成一部分维生素 K 供机体吸收利用。成年人适宜摄入水平为每日 80 μg。

3. 水溶性维生素

（1）B族维生素。以各种辅助因子形式参与酶促生化反应，调节细胞物质和能量代谢。B族维生素的生理功能、推荐摄入量和食物来源见表10-3。

表10-3　B族维生素的生理功能、推荐摄入量和食物来源

维生素	生理功能	缺乏症状	推荐摄入量	食物来源
维生素B_1	帮助细胞将葡萄糖转变为能量，维持神经系统功能	脚气；神经炎导致手指麻木刺痛、腿脚无力；右心衰引起下肢水肿	成年女性每日1.2 mg，成年男性每日1.4 mg	全谷物、豆类、动物内脏、瘦肉、鸡蛋
维生素B_2	帮助细胞进行正常的生物氧化和能量代谢，维持皮肤黏膜完整性	口腔生殖系统综合征；眼结膜充血、口角炎、面部和外生殖器部位脂溢性皮炎	成年女性每日1.2 mg，成年男性每日1.4 mg	动物内脏、牛奶、鸡蛋、蔬菜、豆类
维生素B_6	调节氨基酸代谢，参与造血、维护大脑和神经系统功能，维持免疫功能	神经炎、脂溢性皮炎、贫血	成年人每日1.4 mg，每日最高不超过60 mg	禽肉、鱼肉、肝脏、全谷物、坚果、蛋黄
维生素B_{12}	调节氨基酸代谢，促进红细胞发育成熟，保护神经系统功能	恶性贫血；神经脱髓鞘；高同型半胱氨酸血症；出生缺陷	成年人每日2.4 μg	肉类、动物肝脏、鱼类、贝类、鸡蛋、发酵制品
烟酸	调节能量代谢过程中的氧化还原反应，增强胰岛素的功能，保护心血管	癞皮病：皮肤暴露部位色素沉着性皮炎；慢性腹泻；抑郁、神经性痴呆	成年女性每日12 mg，成年男性每日14 mg	动物内脏、瘦肉、鱼类、坚果、全谷物、牛奶、鸡蛋
叶酸	调节核酸合成，促进血液细胞发育成熟，参与神经递质合成，预防心血管疾病	巨幼红细胞贫血；舌炎；高血压；先天性神经管畸形	成年人每日400 μg	动物肝脏、鸡蛋、豆类、发酵制品、坚果、全谷物、绿色蔬菜
泛酸	参与三大能量营养素代谢，参与神经递质合成	罕见	成年人每日5 mg	动物肝脏、蛋黄、坚果、大豆、全谷物
生物素	调节氨基酸代谢、脂肪酸合成，维护头发和指甲健康	缺乏时出现头发变细；皮肤干燥；红色皮疹；神经系统症状	成年人每日40 μg	谷类、坚果、蛋黄、动物内脏、豆类

（2）维生素C。生理功能包括：1）抗氧化功能，维生素C是一种很强的水溶性抗氧化剂，与维生素E一起构成了机体内重要的非酶促抗氧化防御体系；2）参与胶原蛋白合成，胶原蛋白遍布全身各个组织细胞，皮肤、肌腱和韧带、牙龈、血管等，维

生素C缺乏可引起牙龈炎、牙龈出血，伤口愈合不良，毛细血管脆性增大容易破裂出血，即坏血病；3）参与神经递质合成、胆汁酸形成、促进毒物转化排出、促进铁在肠道的吸收、促进抗体形成维持正常免疫机能、预防心血管疾病。

成年人每天维生素C的推荐摄入量为100 mg。主要的食物来源为新鲜蔬菜水果，蔬菜含量较突出的有芥蓝、甜椒、油菜薹、辣椒、西蓝花，水果中含量较突出的有刺梨、鲜枣、沙棘、猕猴桃、草莓、木瓜、桂圆、荔枝、金橘等。

四、矿物质

1. 矿物质的定义和种类

人体内除了碳、氢、氧、氮是构成有机化合物的主要元素外，其余元素统称为矿物质。这些矿物质元素在体内含量的差距很大。其中含量达到人体体重0.01%以上的称为常量元素，包括钾、钙、钠、镁、磷、硫、氯；含量低于体重0.01%的称为微量元素，人体必需的微量元素包括铁、铜、锌、硒、碘、铬、钴、钼。

2. 常量元素

（1）钙的生理功能如下。

1）构成骨骼和牙齿的材料。骨钙含量用骨密度表示，人在20岁以前骨密度随着年龄增长不断增加，在30～40岁达到顶峰，40岁后逐渐下降。男性骨量水平普遍高于女性，人体骨量随年龄的变化特点如图10-5所示。当骨密度降低到一定水平即出现骨质疏松症，表现为牙齿松动脱落、容易发生骨折、身高变矮、驼背，不仅有损人体外观形象，还严重影响健康。

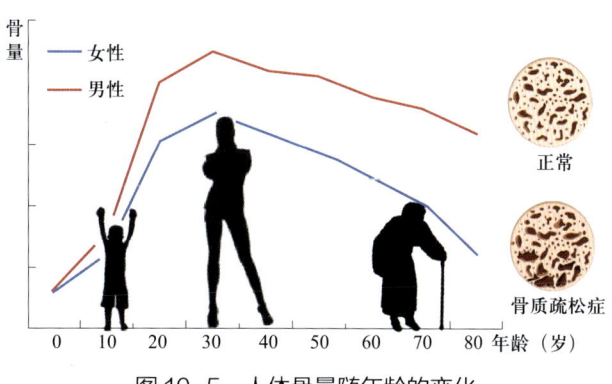

图10-5 人体骨量随年龄的变化

2）血液和组织液中的离子钙参与调节神经肌肉兴奋性、凝血、稳定毛细血管通透性、激活钙依赖的酶。

成年人钙的推荐摄入量为 800 mg，50 岁以后应提高到每天 1 000 mg。钙的食物来源包括牛奶和乳制品、大豆及制品、深色蔬菜、鱼虾、坚果等。

（2）其他常量元素生理功能、推荐摄入量和食物来源见表 10-4。

表 10-4 其他常量元素生理功能、推荐摄入量和食物来源

常量元素	生理功能	缺乏症状	推荐摄入量	食物来源
钾	细胞内的主要阳离子，保持细胞完整性，维持神经肌肉兴奋性	缺钾可引起肌肉无力、肠麻痹、心动过缓	成年人每日 2 000 mg	豆类、蔬菜、水果
钠	细胞外液中的主要阳离子，调节体内水分和渗透压，维持神经肌肉兴奋性	低钠血症可引起恶心、血压降低、肌肉痉挛	成年人每日 1 500 mg	许多食物都含有钠，食盐、酱油、味精中含钠量高
镁	构成骨骼、酶激活剂，调节血压，降低神经肌肉兴奋性	镁缺乏可导致低钙血症、骨量丢失、肌肉震颤	成年人每日 330 mg	绿色蔬菜、全谷物、坚果
磷	骨骼牙齿成分，构成细胞膜，参与核酸合成	低磷血症导致肌无力、骨骼疼痛、骨折	成年人每日 720 mg	瘦肉、鸡蛋、牛奶、动物内脏、芝麻、花生、豆类、粗粮
硫	参与构成蛋白质、酶类，参与合成含硫化合物（谷胱甘肽、牛磺酸、金属硫蛋白、α-硫辛酸、SAMe）	未发现缺乏症	未制定	动物蛋白和植物蛋白中均含硫
氯	维持细胞外液容量和渗透压，调节机体酸碱平衡，合成胃酸	大量呕吐腹泻未补充时引起氯缺乏、代谢性碱中毒	成年人每日 2 300 mg	食盐、酱油、咸菜等腌制食品

3. 微量元素

（1）铁。铁是合成红细胞中血红蛋白的重要原料，缺铁可导致缺铁性贫血，表现为头晕乏力、皮肤黏膜苍白、学习工作效率降低。铁参与含铁酶类合成，调节氧化还

原反应、胶原蛋白合成、抗体生成，促进巨噬细胞吞噬功能。长期缺铁，可因胶原蛋白合成障碍引起头发变细、指甲变薄变脆、匙状甲（见图10-6）。成年女性由于存在月经失血的生理特点，铁的推荐摄入量为每日 20 mg，成年男性为每日 12 mg。铁含量和吸收率较高的食物来源是动物肝脏、全血、动物瘦肉、海产品，植物性食物铁的吸收率不高，含量较多的有蒜薹、芥菜、菠菜。

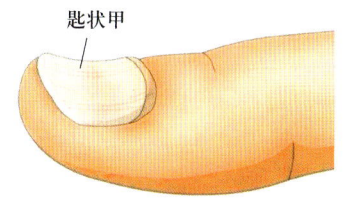

图 10-6　缺铁性贫血患者的匙状甲

（2）锌。机体有 200 多种酶与锌有关，锌广泛参与蛋白质合成、细胞生长分裂和分化，与免疫功能、体格发育、大脑发育、伤口愈合、味觉维持都有关系。缺锌可导致味觉障碍、食欲减退、生长发育不良、伤口愈合不良、口腔溃疡、免疫功能减退。成年女性锌推荐摄入量范围为每日 7.5 mg，成年男性为每日 12.5 mg。含锌量高的食物来源是贝类海产品、动物瘦肉、动物肝脏、坚果。

（3）碘。参与合成甲状腺激素，调节人体基础代谢、维持体温、促进细胞生长分化、促进神经系统发育。胎儿期或儿童青少年缺碘可导致体格发育落后、身材矮小、智力受损，称为"克汀病"。成年期缺碘可导致甲状腺肿大（俗称大脖子病）、甲状腺功能减退、黏液性水肿。成年人碘推荐摄入量为每日 120 μg，女性在怀孕期间增加到每日 230 μg，哺乳期间增加到每日 240 μg。碘的来源是碘盐，孕妇和乳母还应增加含碘丰富的食物，每周安排摄入一次海产品类的食物，如海带、紫菜、海鱼、海贝、海参、海虾等食物。

（4）硒。机体内有很多蛋白质含硒，称为硒蛋白，如谷胱甘肽过氧化物酶有抗氧化、提高免疫力、调节甲状腺素合成的生理功能。成年人硒推荐摄入量为每日 60 μg。食物中硒含量随地理位置不同有所差别，富硒地区生产的食物含硒量普遍更高，成为这些地区人群健康长寿的原因之一。

（5）铜。参与铜蛋白和酶的合成，生理功能包括：1）铜蓝蛋白参与铁的氧化与转运，维持正常造血功能；2）赖氨酰氧化酶促进头发、皮肤、骨骼、血管结缔组织中胶原蛋白和弹性蛋白的交联；3）维护中枢神经系统功能；4）酪氨酸酶促进皮肤、毛发、眼睛中色素形成；5）参与超氧化物歧化酶（SOD）合成，分解超氧化物。一般情况下人体不容易发生铜缺乏，先天性铜代谢遗传疾病可出现头发卷曲、颜色变浅的现象。成年人铜的推荐摄入量为每日 0.8 mg。海贝类、坚果是铜良好的食物来源，动物肝脏、全谷物、豆类也是较好来源。

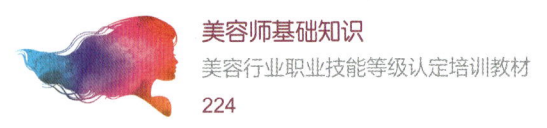

五、水和膳食纤维

1. 水

水占人体体重的 60%～70%，分布在细胞内的水占细胞总重的 2/3，分布于细胞外血液、组织液中的水占 1/3。水是生命之源，其作用如下。

（1）水是人体重要组成部分。

（2）各种生化反应都需要在水的环境中进行。

（3）通过汗液的蒸发调节体温。

（4）形成润滑液，减少摩擦。人体的水分主要通过尿液、呼吸、皮肤汗液蒸发、粪便等途径排出。在大量出汗、服用利尿剂或者腹泻时，水分流失增多，必须额外饮水加以补充，否则容易出现脱水。表现为口渴、口舌干裂，皮肤干燥、弹性差，出汗少、体温增高，心跳加快，尿量减少。一般条件下，成年女性水的适宜摄入量为每日 2.7 L，其中通过饮水方式的摄入量为 1.5 L；成年男性每日适宜摄入量为 3 L，其中通过饮水方式的摄入量为 1.7 L。

2. 膳食纤维

膳食纤维是指植物性食物中不被人体消化吸收的碳水化合物和其他细胞壁成分，可根据其溶解性分为可溶性膳食纤维和不可溶性膳食纤维。前者包括果胶、树胶、低聚糖类、葡聚糖和真菌多糖；后者包括纤维素、半纤维素、木质素、壳聚糖和植物蜡。

膳食纤维的生理功能如下。

（1）维护肠道健康，膳食纤维能有效防治便秘。可溶性膳食纤维溶解于水形成凝胶，持水性好，能防止粪便干结；不可溶性膳食纤维可增加粪便体积，促进结肠蠕动缓解便秘。膳食纤维还有助于保持肠道正常菌群结构，增强肠道屏障功能和免疫功能。

（2）降低食物血糖指数，控制餐后血糖水平。

（3）控制能量摄入，有助于防治肥胖。

（4）预防结肠癌。膳食纤维可减少致癌物质的形成和吸收，膳食纤维在肠道菌群分解下可产生短链脂肪酸（如丁酸），有利于预防结肠癌。

成年人膳食纤维适宜摄入量为每日 25～30 g，膳食纤维的来源包括蔬菜、水果、豆类、坚果、全谷物等植物性食物。

六、食物中生物活性成分

1. 生物活性成分定义和种类

食物中除了几大类必需营养素外,还包括许多复杂成分。它们既不提供能量,也不参与人体组织构成,但能调节机体生理功能,预防慢性疾病,统称为生物活性成分,包括植物化学物和其他人体及动植物食物均含有的活性成分。

2. 植物化学物

植物化学物是指除了必需营养素外来自植物性食物的生物活性成分,生理功能体现在以下几个方面。

(1) 抗氧化功能。多酚类化合物含有较多酚羟基,能大量提供电子从而清除自由基,如图10-7所示。类胡萝卜素分子含多个双键能够淬灭单线态氧、自由基和过氧化物。

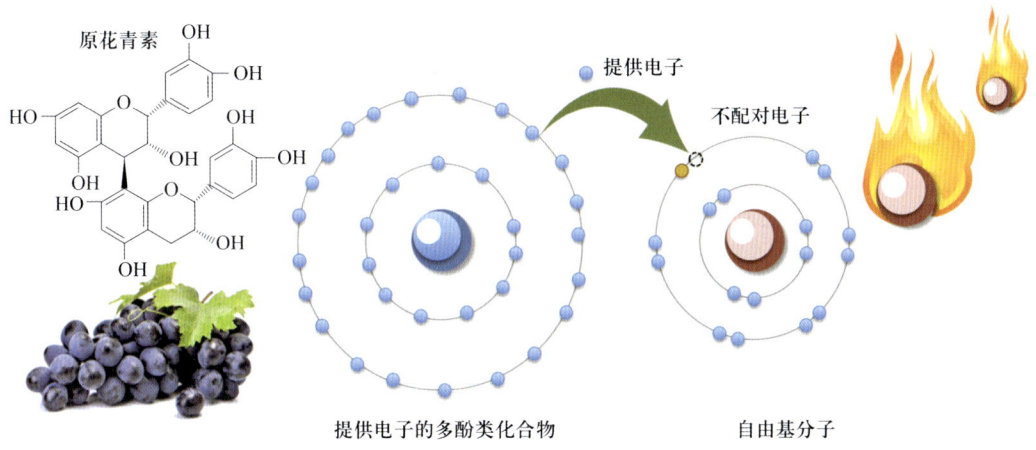

图10-7 多酚类化合物清除自由基示意图

(2) 抑制肿瘤作用。十字花科植物中的有机硫化物能减少致癌物的形成;大豆异黄酮可对抗雌激素促肿瘤细胞生长的作用;多酚类化合物可防止自由基对核酸的氧化破坏,减少致突变和致癌作用。

(3) 免疫调节作用。皂苷、有机硫化物、植酸等植物化学物有增强免疫的作用,类胡萝卜素保护免疫细胞免受氧化损伤。

（4）抑菌杀菌作用。大蒜素有很强的杀菌抑菌作用，十字花科植物中的异硫氰酸盐也有抗菌杀虫效应。

（5）调节血脂预防心血管疾病。多酚、皂苷、植物固醇、有机硫化物均具有降低血胆固醇水平的作用，有助于降低动脉粥样硬化和冠心病风险。

常见植物化学物的种类及食物来源见表10-5。

表10-5 常见植物化学物的种类及食物来源

类别	常见种类	生物活性	食物来源
酚酸类	咖啡酸、姜黄素、白藜芦醇、绿原酸	抗氧化、抑制肿瘤	咖啡、绿茶、咖喱、葡萄酒、金银花
黄酮类	槲皮素、儿茶素、杨梅素、花色素	抗氧化、抑制肿瘤、调节血脂、调节毛细血管功能	苦荞茶、绿茶、黑巧克力、葡萄、黑米
类胡萝卜素	胡萝卜素、番茄红素、叶黄素、玉米黄素	抗氧化、保护视网膜、增强免疫功能、预防动脉粥样硬化、预防肿瘤	深色蔬菜水果如胡萝卜、番茄、菠菜、西蓝花、哈密瓜
单萜类	柠檬烯、薄荷醇、樟脑	杀菌、防腐、镇静、抑制肿瘤	柑橘皮、菊花茶、薄荷、迷迭香
有机硫化物	大蒜素、异硫氰酸盐	杀菌、降低胆固醇、抑制肿瘤	大蒜、洋葱、韭菜、西蓝花、甘蓝叶、花椰菜
皂苷	大豆皂苷、人参皂苷、绞股蓝皂苷	降低胆固醇、抑菌、抑制肿瘤、抗血栓、刺激免疫、抗氧化	大豆、人参、绞股蓝茶、三七、薯蓣①
植物雌激素	异黄酮、木酚素、香豆素、芪类	预防骨质疏松、改善围绝经期综合征、抗氧化、保护心血管、抑制肿瘤	大豆、葛根、芝麻、亚麻籽、车轴草

3. 其他生物活性成分

有的生物活性成分在动植物性食物中都存在，人体也能自身合成，它们也具有非常多样的健康效应。

（1）辅酶Q。也称为辅酶Q_{10}，是细胞呼吸链上重要的电子传递者，参与能量的释放，具有抗氧化、保护心肌、抗炎症、调节免疫力等作用。食物来源包括动物内脏、酵母、坚果种子。

---

① 薯蓣也称山药。（编辑注）

（2）α-硫辛酸。是细胞能量代谢过程中的电子传递者，具有清除自由基抗氧化作用，保护心血管、神经系统。抗炎症，改善糖尿病患者并发症。α-硫辛酸主要来自动物肉类和内脏。

（3）褪黑素。是大脑中松果体利用色氨酸合成的一种胺类激素，分泌量随昼夜节律波动。白天光线充足时分泌量减少，夜间黑暗环境下分泌增多，与睡眠周期协调。褪黑素具有改善睡眠质量和抗氧化作用，褪黑素随年龄增长分泌量逐渐减少，保持充足的褪黑素具有延缓衰老的作用。褪黑素的良好来源为各种动物性食物，植物性食物中褪黑素或其前体物质色氨酸含量较丰富的有玉米、百合、小米、苹果等。

（4）左旋肉碱。是细胞氧化脂肪酸必不可少的运载体，被认为有助于"燃烧脂肪"。其实人体在正常条件下可合成充足左旋肉碱，额外补充左旋肉碱并不能达到减肥的目的。但长期素食、接受透析治疗的慢性肾脏疾病患者可能存在左旋肉碱缺乏的情况，应额外补充。含左旋肉碱较丰富的食物包括畜肉、禽肉、鱼类和牛奶等动物性食品。

第二节 营养与美容

一、食物营养与皮肤健康

1. 保持皮肤充足水分的饮食营养措施

皮肤中水约占70%，蛋白质占25%，脂质占2%。要保持皮肤水分充足，除了通过使用外用保湿霜、注意环境保湿外，饮食营养上可采用以下措施。

（1）饮用足量的水。在普通的气温条件下，成年人每天需要摄入3 L水。部分水分可通过一日三餐中的食物提供，余下1.5 L则通过饮水满足。提倡饮用白开水、矿泉水、纯净水、绿茶，限制含糖饮料、酒精饮料的饮用。若处于高温天气，出汗增多或因疾病发热、腹泻流失水分，可额外增加饮水量。

（2）避免高蛋白、低碳水化合物饮食。高蛋白饮食会增加尿素生成，经肾脏排出时可增加水分的流失引起脱水。低碳水化合物高脂肪的"生酮饮食"会引起大量酮体生成，也可增加尿量导致脱水。

（3）摄入充足ω-3必需脂肪酸。机体缺乏ω-3和ω-6必需脂肪酸都会导致皮

肤细胞膜结构异常、通透性改变,引起干燥、皮炎或湿疹,水分流失。其中,ω-6必需脂肪酸相对容易满足,而 ω-3 必需脂肪酸来源有限,可通过亚麻籽、核桃、亚麻籽油、紫苏籽油、三文鱼、鱼油加以补充。

(4)多吃含水量高的新鲜蔬菜和水果有助于身体补充水分。

(5)少喝含酒精和咖啡因的饮料,酒精和咖啡因进入体内代谢后均有利尿的作用,会增加水分流失。

2. 营养与皮肤抗衰老

活性氧类可引起氧化应激损伤,是导致衰老最主要的机制,包括自由基和非自由基两大类。前者包括氧自由基、超氧阴离子、羟自由基、氮氧自由基、烷过氧自由基等;后者包括单线态氧、过氧化氢(双氧水)、过氧化物等。活性氧类可损伤皮肤组织中的胶原蛋白,激活基质金属蛋白酶分解结缔组织,引起皮肤皱纹和松弛。机体抗氧化防御体系包括非酶抗氧化体系成员,如维生素 C、维生素 E、还原性谷胱甘肽、α-硫辛酸、类胡萝卜素、多酚类植物化学物;也包括由微量元素铁、铜、锌、硒、锰参与合成的抗氧化酶类,如过氧化物酶、过氧化氢酶、超氧化物歧化酶(SOD)、谷胱甘肽过氧化物酶。通过补充以下食物营养成分增强机体抗氧化能力,有助于延缓皮肤衰老。

(1)摄入充足的抗氧化维生素。维生素 C 和维生素 E 均为清除自由基的基础抗氧化成分,前者为水溶性,后者为脂溶性,分别在机体不同的场所发挥抗氧化作用。

(2)多吃深色蔬菜水果补充类胡萝卜素。类胡萝卜素包括 β-胡萝卜素、番茄红素、叶黄素、玉米黄素等。不建议服用类胡萝卜素补充剂,而应多吃深色蔬菜水果加以补充。

(3)摄入充足的微量元素锌和硒。锌参与合成超氧化物歧化酶,硒参与谷胱甘肽过氧化物酶合成,对清除过氧化物必不可少。锌的良好食物来源是海贝类,如牡蛎、海螺等。硒在食物的含量波动较大,与土壤环境中硒含量相关。

(4)选择富含多酚类植物化学物的食物。黄酮类化合物如槲皮素、黄烷醇、杨梅素、花色素,酚酸类化合物如白藜芦醇、姜黄素等均具有较强抗氧化作用,多酚类植物化学物在新鲜蔬菜、水果中含量较多,如葡萄、蓝莓、树莓、洋葱、绿茶、可可、石榴、樱桃。

(5)少吃高血糖指数食物。食用精制粮谷类、含糖饮料、糖果糕点后可引起血糖快速升高。高血糖通过糖基化反应改变蛋白质分子结构,形成终末糖基化产物(AGEs)。AGEs 是导致细胞功能异常和衰老的机制之一,少吃高血糖指数食物,减少

AGEs 形成，有利于延缓组织细胞衰老。

3. 营养与皮肤防晒

皮肤暴露于太阳紫外线能引起皮肤自由基大量形成，引起氧化应激损伤、皮肤红斑、光老化、免疫力降低，增加患皮肤癌的风险。日晒对美容的影响主要在皮肤外观上，短期内包括日晒性红斑等急性反应；后期还可导致基底层细胞增殖分裂活跃，引起皮肤变厚；黑色素增多，导致皮肤颜色变深或引起色斑；自由基对胶原蛋白的氧化损伤、基质金属蛋白酶分解结缔组织，引起皮肤皱纹和松弛。有助于防晒和促进修复的营养成分有类胡萝卜素、黄烷醇类植物化学物和 ω–3 必需脂肪酸。

（1）类胡萝卜素。防晒效果突出的类胡萝卜素有番茄红素和 β–胡萝卜素。番茄红素是最有效的单线态氧淬灭剂，可有效减少紫外线引起的皮肤晒伤。食物来源为番茄、红瓤西瓜、葡萄柚、番茄酱。β–胡萝卜素能减轻红细胞生成原卟啉病患者的光敏性皮炎症状。

（2）黄烷醇类植物化学物。存在于绿茶、可可脂中的黄酮类化合物具有很强的抗氧化效应，能预防皮肤的光老化。所以，经常饮用绿茶或偶尔以黑巧克力作为零食都是获取黄烷醇不错的选择。

（3）硒元素。通过合成谷胱甘肽过氧化物酶、硒蛋白发挥抗氧化作用，富硒地区的食物中，全谷物、大蒜、茶叶、鸡蛋、金枪鱼、螃蟹都是硒的良好来源。

（4）富含 ω–3 必需脂肪酸的食物。有研究显示补充富含 ω–3 必需脂肪酸的鱼油后，日晒红斑更小。获得 ω–3 必需脂肪酸的食物来源包括三文鱼、鱼油、藻油、亚麻籽油、紫苏油、火麻油、核桃等。

（5）抗氧化维生素。护肤品中添加维生素 C 和维生素 E 能提高 1~4 个 SPF 值。通过食物摄取充足的维生素 C 和维生素 E 也有利于减少自由基对细胞 DNA 造成的氧化应激损伤，从而降低皮肤癌的风险。

4. 为皮肤更新提供养料

（1）保证良好的皮肤血液循环。皮下组织的血管网为皮肤持续提供充足的氧、水分和营养成分，良好的循环系统是保证皮肤健康的基础。运动对改善血液循环十分有效。建议保持有规律的身体活动，每日应保证相当于步行 6 000 步的运动量。ω–3 必需脂肪酸和抗氧化剂是维持血管健康较重要的营养素。ω–3 必需脂肪酸能降低血脂水平、降低动脉粥样硬化和血栓性疾病的风险，保证皮肤良好的血液循环。

（2）保证胶原蛋白合成。胶原蛋白是皮肤中最重要的蛋白质，对维持皮肤弹性、保持水分均有重要作用。但是胶原蛋白分子量大，通过食物提供的胶原蛋白将在消化酶作用下将被分解为短肽和游离氨基酸，并不能直接转变为皮肤胶原蛋白。要保证皮肤胶原蛋白的合成，应采取以下措施：第一，应保证充足蛋白质摄入，食物蛋白质被消化后以氨基酸形式作为皮肤合成胶原蛋白的原料，高质量的完全蛋白质更容易被机体利用，所以不应仅仅关注富含胶原蛋白的食物，含完全蛋白的食物来源更为重要，如肉类、禽蛋、鱼类水产、乳制品或大豆制品。第二，注意摄入充足的维生素C，维生素C是胶原蛋白合成过程中维持羟化酶活性的关键营养素，摄入不足会导致胶原蛋白合成障碍，不仅影响皮肤，而且将导致牙龈组织萎缩、血管脆性增加易破裂出血。

（3）维生素A充足，可保证皮肤结构的完整性。维生素A可调节上皮细胞正常增殖、分化和角蛋白分泌，从而维持上皮组织结构完整性。维生素A还可调节皮脂腺分泌。维生素A缺乏会导致皮肤干燥、鱼鳞化改变、粗糙，毛孔因皮肤过度角化阻塞会增加痤疮发生的可能性。

（4）锌元素。锌参与调节胶原蛋白、弹性纤维的合成，促进皮肤伤口愈合，改善痤疮症状。锌可通过摄入海贝类、动物肉类食物获得。

（5）复合B族维生素。B族维生素对皮肤细胞的增殖必不可少。核黄素、烟酸缺乏可引起皮肤炎症，维生素B_6缺乏会导致脂溢性皮炎、神经炎。

（6）硅元素。在皮肤、头发、指甲、肌腱、软骨和动脉血管壁中含量高。硅作为胶原蛋白的成分影响着皮肤的完整性，随着年龄增长，皮肤、头发中的硅元素含量有所下降。高膳食纤维食物是硅的良好来源，如全谷物、香蕉、菜豆、水果。

5. 痤疮的饮食营养措施

痤疮的发生是因为毛孔堵塞、皮脂分泌旺盛或痤疮丙酸杆菌感染，导致毛囊和皮脂腺发炎，表现为丘疹、脓疱、结节甚至形成瘢痕，好发于面部、背部皮肤，是较为常见的皮肤损美问题。其中皮脂腺分泌受雄激素水平和雄激素受体活性的影响，是最主要的致病因素。

（1）精神因素。精神压力过大会刺激下丘脑分泌促皮质激素释放激素（CRH），CRH既可促进雄激素合成，也可直接促进皮脂腺分泌、上皮角化，从而引发痤疮。

（2）避孕药物。服用避孕药物也是促痤疮激素的外源性途径，在成年女性人群中使用较为广泛。

（3）维生素A。维生素A缺乏会导致皮肤过度角化，容易引起毛孔阻塞。补充维生素 A 或局部外用异维甲酸制剂已作为治疗痤疮的方法。

（4）高血糖指数食物和乳制品。胰岛素和胰岛素样生长因子（IGF-1）能激活雄激素受体，从而增强了雄激素的作用。能刺激胰岛素分泌和增加 IGF-1 分泌的食物也有增加痤疮发生的风险，主要包括以下两类：一类是高血糖指数食物，这类食物富含精制的淀粉或简单糖类物质，容易被消化和快速吸收，高血糖水平刺激胰岛素大量分泌，GI 值大于 70 的食物被称为高 GI 食物，如糖果、糕点、甜饮料、精制米面食品；另一类是牛奶和乳制品，乳制品促进痤疮发生的原因与增加胰岛素和 IGF-1 水平有关，牛奶和乳制品中的乳清蛋白有增加胰岛素分泌的作用，称为促胰岛素多肽类物质，而牛奶和乳制品中的酪蛋白则会增加 IGF-1 合成。

二、营养与头发健康

人体全身各个部位皮肤均有毛囊，而头部皮肤毛囊密度最高。头皮中毛囊数量在出生后就不再增加了，平均约有 12 万个。毛囊需要持续不断地从毛乳头血管获得氧、水分和营养物质，才能支持头发良好生长。保持头发健康取决于两个方面：一是保证头皮和毛囊的健康；二是为头发的生长提供充足的合成原料。

（1）充足优质蛋白质。毛干从内向外分为毛髓质、毛皮质、毛小皮几个部分。毛髓质能反射光线，为头发带来了明亮的外观。毛皮质中富含角质蛋白和色素，决定了头发的颜色及深浅。毛小皮发挥保护毛干内芯的功能。毛干中蛋白质为最主要的构成物质，富含半胱氨酸。当蛋白质摄入不足（占总能量比例低于 7%）时，头发角蛋白和黑色素合成减少，颜色变浅。这是蛋白质营养不良患者头发出现浅色条带的主要原因。

（2）补充 ω-3 必需脂肪酸。ω-3 必需脂肪酸相对于 ω-6 必需脂肪酸更易缺乏。缺乏时可导致皮肤干燥和皮屑、皮炎。

（3）充足饮水。毛囊中毛基质细胞在增殖、毛发生长过程中均需充足水分，每日应保证 1.5 L 以上饮水量。

（4）保证高膳食纤维食物。头发、骨骼是重金属毒物容易蓄积的组织，而膳食纤维对金属阳离子的吸附作用有助于减少重金属毒物在肠道的吸收，减少头发中重金属蓄积。

（5）多种维生素。维生素 C 影响胶原蛋白合成，维持毛细血管健康，保证了对毛囊的滋养。维生素 E 通过抗脂质过氧化，维持血液循环、保护头皮健康。B 族维生素对头发质量更为重要。维生素 B_6 参与色素合成，生物素缺乏时可引起脱发，维生素 B_6、叶酸和维生素 B_{12} 可预防营养性贫血，保证对毛发的营养供应。

（6）各类矿物质。充足摄取铁，预防缺铁性贫血，保证对毛囊的正常血液供应。铜元素参与色素合成。硒元素通过抗氧化作用维持健康头皮。须注意的是应防止硒过量，硒中毒会导致头发和指甲脱落。硅元素在皮肤、头发、指甲、软骨中含量丰富，可通过高膳食纤维食物（如全谷物、蔬菜）加以满足。锌元素是保证细胞增殖分化必需微量元素，缺锌会导致皮肤干燥、鳞屑，头发和眉毛脱落等症状。

（7）白发问题。随着年龄增长出现头发变白的情况，是机体衰老过程的正常现象。头发开始变白的年龄很大程度取决于遗传因素，过早出现白发与以下因素有关：甲状腺功能异常，大量吸烟，精神压力过大，胃肠道疾病导致吸收不良或因长期严格素食导致维生素 B_{12} 的缺乏。

三、营养与眼健康

人的双眼被誉为"心灵的窗户"，人人都希望拥有一双健康明亮的眼睛和良好的视力。有助于保持眼健康的基本饮食营养措施如下。

1. 保证摄入充足的维生素 A

维生素 A 能保持角膜和结膜上皮细胞的正常结构和功能，缺乏时可引起角膜、结膜上皮破坏，导致干眼病甚至失明。维生素 A 也是参与合成视网膜中感光物质的原料，缺乏时人的暗环境视力降低，即夜盲症。动物肝脏、蛋黄、奶酪、肉类、深色蔬菜水果是维生素 A 的良好食物来源。

2. 摄入充足的抗氧化维生素

维生素 C 和维生素 E 是基本的抗氧化维生素，可减少晶状体蛋白的氧化损伤，有助于预防白内障的发生。

3. 充足的叶黄素和玉米黄素

黄斑区是视网膜上视觉最敏锐的特殊区域，此处含丰富叶黄素和玉米黄素，能过滤蓝色光，减少氧化应激损伤。黄斑变性是中老年人群常见的视网膜疾病，应通过深色蔬菜或叶黄素类补充剂摄取叶黄素和玉米黄素，食物有如菠菜、西蓝花。

4. 补充 ω-3 必需脂肪酸

视网膜细胞膜上含丰富的 ω-3 必需脂肪酸（DHA），与视网膜细胞正常的视觉信号传导功能有关，研究证实孕妇在怀孕期间或婴幼儿期补充鱼油有助于提高视觉敏锐度。DHA 的良好来源包括三文鱼、金枪鱼、海藻油、鱼油。

四、营养与健康体重的维持

体重过低和过高都是有损身体健康的危险因素。肥胖是因能量摄入超过机体能量消耗，多余的能量以脂肪形式储存在全身脂肪组织中，导致体脂异常增高的代谢性疾病。绝大多数肥胖没有明确的病因，单纯是因为遗传因素和生活方式引起的肥胖，称为单纯性肥胖；因疾病原因或不当的减肥措施也可导致消瘦，不仅影响身形，还会引起机体免疫力降低、易患各类感染性疾病。肥胖不仅影响人的外形，导致自卑等心理问题，还会增加慢性疾病风险。因此，健康体型的维持不仅仅是一个简单的美容话题。

1. 身体成分的定义

构成人体的物质的比例关系称为体成分。从组织水平来看，占人体总体重最多的是骨骼肌组织，脂肪组织居第二位。正常情况下，脂肪组织占总体重约 20%。但在肥胖者体内，脂肪组织的比例可超过 40%。

2. 肥胖度评价方法

判定肥胖的标准是直接测定体脂比例，如双能 X 线吸收法、气体置换法、双标水法，但这些方法较为复杂、成本较高。肥胖一般都伴有体重过大的情况，故可以根据相对体重和腰围进行诊断。其中广泛使用的测算指标是身体质量指数（body mass index，BMI），其计算公式为：BMI= 体重（kg）/［身高（m）］^{2}。此外，不同部位的脂肪蓄积对健康和体型也可产生不同的影响，其中腰围和腰臀的比值可反映两类不同的肥胖体型：腰围或腰臀比越大，表明大量的脂肪蓄积在内脏周围和腹部皮下，呈现出苹果形，称为中心性肥胖；腰臀比更小的呈现出梨形，称为周围性肥胖，如图 10-8 所示。苹果形肥胖者大腹便便，不仅体型不佳，发生各种代谢性疾病的风险也更高，如血脂异常、高血压、2 型糖尿病等，应重点防治。我国成年人正常体质指数和腰围判定标准见表 10-6。

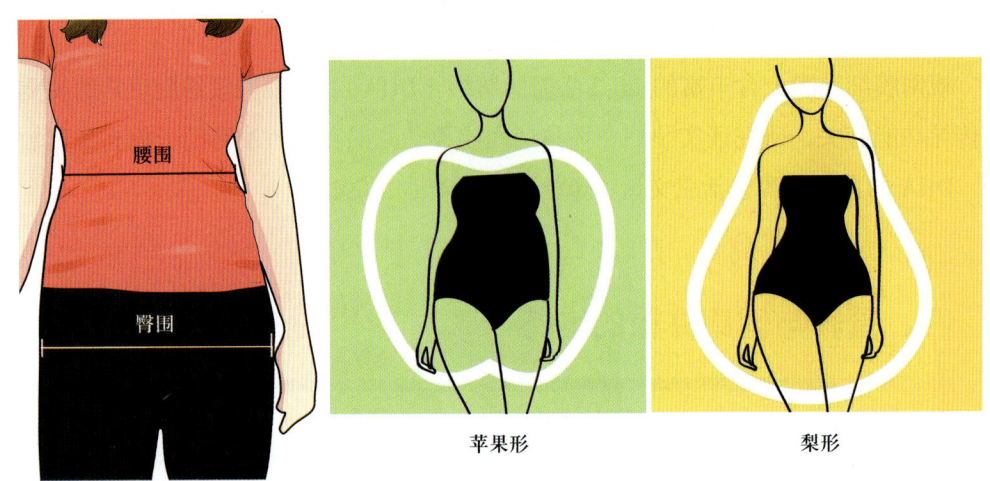

图 10-8 苹果形肥胖和梨形肥胖

表 10-6 中国成年人消瘦、超重和肥胖及中心性肥胖的判定界限值

分类	体质指数/(kg·m^{-2})	腰围及腰臀比
消瘦	<18.5	中心性肥胖 男性腰围 >90 cm；腰臀比 >0.9 女性腰围 >85 cm；腰臀比 >0.8
正常	18.5~23.9	
超重	24~27.9	
肥胖	>28	

3. 肥胖的营养防治

对超重和肥胖者应采取综合性的防治措施。多数人可通过平衡饮食、积极运动就能达到减轻体重的目标，仅少数肥胖者才需要借助药物治疗（BMI 超过 35 时）或手术治疗（BMI 超过 40 时）。营养治疗是减肥方法中最有效但也是最难长期保持的一种手段。目前有很多不同的饮食模式被应用于肥胖者的减肥治疗，但都各有其优缺点。一些流行的减肥饮食模式，虽然短期有效，但并不能帮助肥胖者形成可以长期坚持的饮食习惯，一旦停止减肥饮食，体重就会出现明显反弹，这种"溜溜球"式减肥不但无效，还会给身体健康带来潜在危害。

（1）限制能量平衡膳食。这种减肥饮食模式是在平衡膳食的基础上减少一部分能量摄入，能有效减轻体重、降低体脂比例，又能防止其他微量营养素缺乏，而且可以帮助减肥者形成健康的饮食习惯，便于长期坚持，是首选的减肥饮食模式。

能量限制是指在原有摄入总能量基础上每日减少 500~750 kcal（相当于普通人

一餐的量),男性每日摄入1 000~1 800 kcal,女性每日摄入1 200~1 500 kcal。"平衡"是指三大能量营养素中碳水化合物占总能量的50%~60%,脂肪占总能量的20%~30%,蛋白质占总能量的15%~20%。表10-7为全天摄入1 500 kcal的平衡膳食食谱示例。

表 10-7　全天 1 500 kcal 平衡膳食食谱

餐次	食物种类	食谱内容
早餐	主食	全麦面包2片,100 g
	高蛋白食物	煮鸡蛋1个,60 g
	奶类	牛奶1盒,150 mL
	蔬菜	黄瓜半根,150 g
中餐	主食	粗粮米饭,200 g
	高蛋白食物	去皮鸡肉,100 g
	蔬菜	青椒(与鸡肉同炒),200 g 油菜薹,200 g
加餐	奶类	酸奶1盒,125 g
	水果	苹果1个,350 g
晚餐	主食	黑米饭,150 g
	高蛋白食物	豆腐干,100 g
	蔬菜	芹菜(与豆腐干同炒),200 g
其他	油脂	全天用油20 g
	水	全天1.5 L,每餐前半小时喝水1杯

(2)轻断食。全天摄入总能量低于800 kcal称为极低能量膳食,长期采用极低能量饮食易导致营养不良,需要在医生或营养师监护下进行。最近出现了一种间歇性使用极低能量膳食的方法,证明能有效控制体重和改善机体代谢。这种方法称为轻断食或间歇性断食。一般采用"5+2"模式,即一周5天采取正常膳食,其余不连续的两天采用极低能量膳食(男性每日摄入总能量600 kcal,女性每日摄入总能量500 kcal)。

（3）高蛋白膳食。在限制总能量基础上（如前所述，全天摄入量减少500～750 kcal），将蛋白质供能比例提高至20%以上，但不能超过30%，或按体重计算，蛋白质摄入量为每千克体重1.5 g，最高不超过每千克体重2 g，这种饮食模式称为高蛋白膳食。高蛋白膳食有助于减少体脂，保留瘦体重（主要是指骨骼肌和骨骼），但使用时间不宜超过半年，孕妇、儿童青少年、老年人和肾功能降低的特殊人群也不能采用高蛋白膳食。

（4）代餐。代餐是一种商业化减肥产品，可在一餐或多餐使用来替代正常的一餐。代餐能量较低，但可以满足机体对蛋白质、多种维生素和矿物质的需要。这种减肥方式较为方便，能有效减轻体重和体脂，改善胰岛素敏感性。代餐仍不建议推荐给孕妇、儿童减肥使用。

（5）生酮饮食。生酮饮食最初作为癫痫病的饮食疗法，由于具有快速减轻体重的效果被作为减肥手段。生酮饮食也称低碳水化合物、高脂肪饮食，其中碳水化合物供能比例低于40%，而脂肪供能占30%～70%。因脂肪不完全氧化分解产生较多酮体（乙酰乙酸、β-羟基丁酸和丙酮），会引起食欲降低，同时导致尿量增多而脱水，故能快速降低体重。但是生酮饮食也具有一些健康风险，如在降低体重同时，也会出现瘦体重（骨骼肌和骨矿物质）丢失、便秘、口臭、脱发和维生素矿物质营养缺乏等问题。因此建议在营养师和医生指导下短期使用，通常不能超过1个月，不能用于儿童、青少年和老年人。

4. 过度减肥和消瘦对健康与皮肤的危害

过快或过度减肥不仅容易出现快速反弹，更严重的结果是对健康造成损害。快速减肥减掉的并非全都是脂肪，还伴随着水分、骨骼矿物质和内脏、肌肉中蛋白质的流失。快速减肥和过度减肥导致的健康问题包括机体免疫功能下降、骨质疏松、女性月经周期紊乱和消瘦。全身各部位的肌肉对保持优美的体姿十分重要，当机体出现消瘦时，核心肌群力量不足，容易出现弓背探颈、弯腰驼背等不良身姿。此外，消瘦伴随发生的营养不良对皮肤健康也将造成影响。例如，皮下脂肪层的快速减少，使皮肤失去支撑而出现皱纹和下垂。蛋白质营养不良将影响皮肤胶原蛋白和弹性纤维的合成，皮肤弹性变差。维生素C、铁、锌等营养素的缺乏影响皮肤、毛囊中细胞的更新和胶原蛋白的合成，从而出现皮肤暗沉、发质枯黄等损美问题。

第三节 美容健康饮食指导

一、饮食结构与膳食指南

1. 食物种类与营养价值特点

人们的饮食结构中包括多种多样的食物,根据其营养价值特点可大致分为谷薯杂豆类、蔬菜水果类、肉鱼蛋奶类、大豆坚果类、油脂调味品类。各类食物的营养价值及建议食用频率见表 10-8。

表 10-8 各类食物营养价值特点及建议食用频率

类别	营养价值	建议食用频率
谷薯杂豆类	可作为主食,是主要能量来源,提供碳水化合物、蛋白质、B 族维生素、矿物质、膳食纤维	每日 3 种,每周 5 种
蔬菜水果类	低能量,提供矿物质、维生素 E、维生素 K、维生素 C、类胡萝卜素、植物化学物、膳食纤维	每日 4 种,每周 10 种
肉鱼蛋奶类	提供优质蛋白质、脂肪、钙、微量元素、维生素 A、维生素 D 和 B 族维生素	每日 3 种,每周 5 种
大豆坚果类	提供优质植物蛋白质、不饱和脂肪酸、钙、微量元素、异黄酮、膳食纤维	每日 2 种,每周 5 种
油脂调味品	油脂为高能量食物,提供必需脂肪酸;调味品为高钠食品	限制用量

2. 饮食结构种类与特点

世界各地的饮食结构千差万别,大体上可分为以下四个大类。

(1)动物性食物为主型。以多数欧美国家为代表,动物性食物在饮食结构中占主要地位,呈现典型的高能量、高脂肪、高蛋白和低膳食纤维特点。食物以牛肉、鸡肉、奶类和禽蛋类居多,粮谷类、蔬菜水果摄入量少。这种饮食结构优点在于蛋白质充足,矿物质和维生素丰富,但缺点是容易诱发肥胖、血脂异常、脂肪肝、2 型糖尿病和心脑血管疾病。

(2)植物性食物为主型。以亚洲、非洲国家为代表,以粮谷类为主,蔬菜摄入量大,缺少肉、蛋、奶类。这种饮食结构的优点是较少引起肥胖和慢性疾病,缺点是容易产生微量元素和维生素缺乏症,如蛋白质营养不良、缺铁性贫血、佝偻病、干眼病等。

(3)动植物性食物平衡型。以亚洲国家为代表,既保持亚洲国家以粮谷类食物为主食的饮食习惯,又有丰富动物性食物,尤其是海产品摄入量较高。这种饮食结构既减少营养缺乏病的发生,又可预防慢性疾病。

(4)地中海膳食模式。以地中海沿岸国家为代表,含有丰富蔬菜、水果、海产品、全谷物、坚果、橄榄油及牛肉、奶类和葡萄酒。具有高膳食纤维、高维生素和微量元素、低饱和脂肪酸的特点。这种饮食结构的优点是营养缺乏病、心脑血管疾病发病率低。

我国膳食结构正在经历从以前的植物性食物为主向动物性食物为主转变。谷薯类主食吃得越来越少,肉鱼禽类、奶类和油脂消费量逐渐增高。这种饮食结构的转型使肥胖和慢性疾病发病率逐年增高,需要进行健康饮食结构的引导。中国营养学会根据这种趋势,提出了中国居民平衡膳食宝塔,明确了各类食物的摄入量和比例,如图10-9所示。

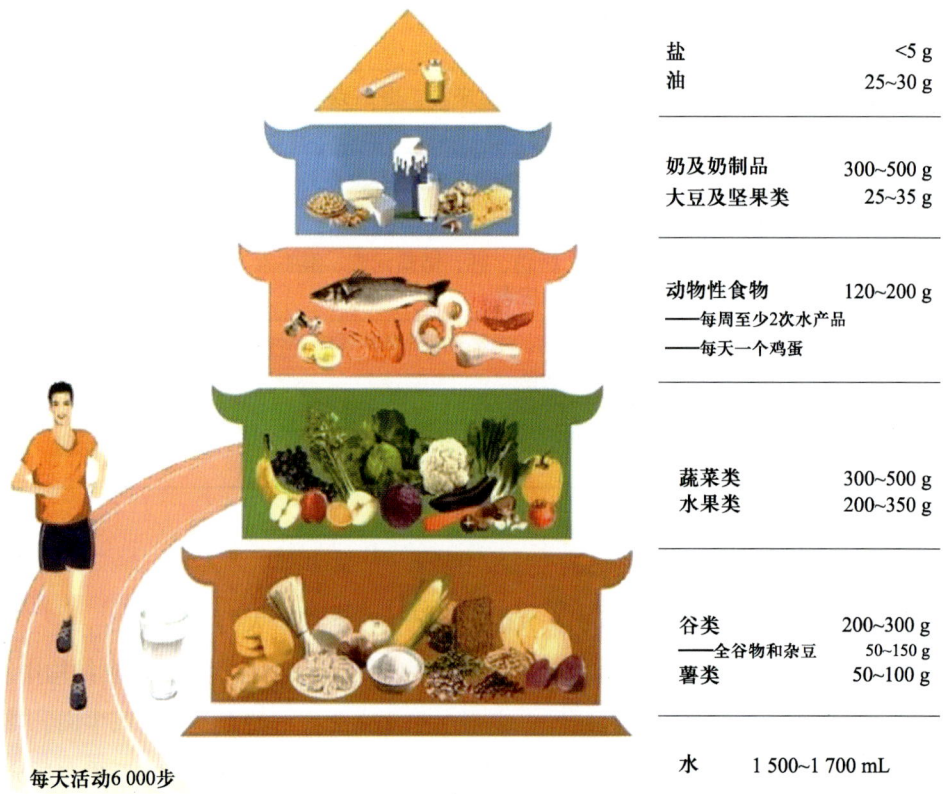

图10-9 中国居民平衡膳食宝塔(2022)

3. 中国居民膳食指南

膳食指南是根据人群存在的饮食营养问题，在营养科学基础上提出的食物选择指导意见。中国营养学会发布的《中国居民膳食指南（2022）》中一共有8条平衡膳食准则。

（1）食物多样，合理搭配。争取每天摄入食物种类超过12种，每周食物种类加起来超过25种，达到食物多样化要求。每日摄入粮谷类食物200～300 g，其中全谷物和杂豆类50～150 g，薯类50～100 g。

（2）吃动平衡，健康体重。每餐进食不要过量，控制总能量摄入。养成有规律的身体活动习惯，每周至少进行5天中等强度的身体活动，累计150 min以上。

（3）多吃蔬果、奶类、全谷、大豆。推荐餐餐有蔬菜，每日摄入不少于300 g蔬菜，深色蔬菜应占一半。推荐天天吃水果，每天摄入200～350 g新鲜水果。吃各种各样的奶制品，摄入量相当于每日300 mL以上液态奶。经常吃全谷物、豆制品，适量吃坚果。

（4）适量吃鱼、禽、蛋、瘦肉。动物性食物优选鱼和禽类，鱼和禽类脂肪含量相对较低，鱼类含有较多的不饱和脂肪酸，蛋类各种营养成分齐全，瘦肉脂肪含量较低。过多食用烟熏和腌制肉类会增加部分肿瘤的发生风险，应当少吃。推荐成年人平均每日摄入动物性食物总量120～200 g，相当于每周摄入鱼类2次或300～500 g、畜禽肉300～500 g、蛋类300～350 g。

（5）少盐少油，控糖限酒。过量摄入油、盐、糖、酒是肥胖、心血管疾病等慢性病的重要危险因素。应培养清淡饮食习惯，推荐成年人每日摄入食盐不超过5 g，烹调油25～30 g，避免过多动物性油脂和饱和脂肪酸的摄入。过多摄入添加糖可增加龋齿和超重的发生风险，建议不喝或少喝含糖饮料，推荐每天摄入糖不超过50 g，最好控制在25 g以下。儿童青少年、孕妇、乳母不应饮酒，成年人如饮酒，一日饮酒的酒精量不超过15 g。

（6）规律进餐，足量饮水。应合理安排一日三餐，定时定量、饮食有度，不暴饮暴食。早餐提供的能量应占全天总能量的25%～30%，午餐占30%～40%，晚餐占30%～35%。水摄入和排出的平衡可以维持机体适宜水合状态和健康。建议低身体活动水平的成年人每日饮7～8杯水，相当于男性每日饮水1 700 mL，女性每日饮水1 500 mL。

（7）会烹会选，会看标签。了解各类食物营养特点，挑选新鲜的、营养素密度高的食物，学会通过食品营养标签的比较，选择购买较健康的包装食品。烹饪是合理膳食的重要组成部分，学习烹饪和掌握新工具，传承当地美味佳肴，做好一日三餐，实践平衡膳食，享受营养与美味。如在外就餐或选择外卖食品，按需购买，注意适宜分量和荤素搭配。

（8）公筷分餐，杜绝浪费。加工烹调注意选择当地的、新鲜卫生的食物，不食用野生动物。食物制备生熟分开，储存得当。多人同桌时，应使用公筷公勺、采用分餐或份餐等卫生措施。人人都应尊重和珍惜食物，在家在外按需备餐，不铺张浪费。

4. 美容健康饮食指导

美容师应在膳食指南提出的基本饮食建议的基础上，熟悉一些具有突出营养价值的食物，以便在执业过程中提供给顾客更有效的建议和操作指导。

（1）薯类。主食粗细搭配的好选择。红薯、紫薯等薯类食品不仅含有淀粉可替代部分主食，还含有类胡萝卜素。类胡萝卜素在体内可转变为维生素 A，发挥维持皮肤健康的作用，它还是一种强抗氧化剂，保护皮肤免受自由基、单线态氧、过氧化物的损伤。红薯和紫薯还含丰富的钾，钾离子是细胞内重要的阳离子。作为植物性食物，薯类也是膳食纤维的良好来源，有助于改善肠道健康、预防便秘。

（2）蔬菜水果。

1）番茄。是典型的低能量食物，不会增加体重控制的负担。番茄作为一种营养密度高的食物，除了含钾、镁、果胶、维生素 C 等营养素外，尤其突出的是含有丰富的番茄红素。在用油炒熟或制作成番茄酱后，番茄红素更容易被机体吸收利用。番茄红素是目前发现的最强的单线态氧淬灭剂，其抗氧化活性有助于减少脂蛋白颗粒的氧化修饰，预防动脉粥样硬化，保护皮肤免受紫外线引起的氧化损伤。

2）菠菜。同样属于低能量食物，含丰富的钾、镁、膳食纤维、维生素 C 和类胡萝卜素。菠菜较为突出的功效成分为叶黄素和 α-硫辛酸。叶黄素是视网膜黄斑处含量丰富的色素，具有过滤蓝色光线、减少氧化应激损伤、预防黄斑变性的重要功能。人体不能合成叶黄素，必须通过富含类胡萝卜素的植物性食物摄取。α-硫辛酸具有抗氧化、延缓衰老、抗炎的功能，与其他抗氧化剂如维生素 E、维生素 C 联合组成非酶促抗氧化防御体系。

3）猕猴桃。含丰富维生素 C 和其他抗氧化剂，如类胡萝卜素、维生素 E。猕猴桃中叶黄素和玉米黄素含量也较为丰富，可保护视网膜黄斑免于氧化损伤。猕猴桃含丰富膳食纤维，两个猕猴桃就能提供约 5 g 膳食纤维。其他富含的营养素还包括钾、镁。

4）蓝莓。除了含有较为常见的膳食纤维、钾、维生素 C、维生素 E 外，较为突出的是丰富的抗氧化植物化学物，包括花青素、叶黄素和玉米黄素、鞣花酸。

（3）肉类。动物性食品必不可少，然而红肉普遍存在饱和脂肪多、胆固醇高的缺点。既能提供优质蛋白和丰富微量元素，又具有低饱和脂肪的肉类有哪些选择呢？

1）三文鱼。又称鲑鱼。首先，三文鱼是高蛋白质食物，而且其蛋白质属于完全蛋白质，是提供皮肤、头发、指甲蛋白合成所需必需氨基酸的良好来源。其次，三文鱼含丰富 ω-3 多不饱和脂肪酸 EPA 和 DHA，是降血脂、抑制炎症反应、保护神经细胞的重要物质。再次，三文鱼含有丰富的钾、锌、硒、B 族维生素及维生素 D。最后，三文鱼还含一些特殊活性成分，如虾青素和二甲氨基乙醇，虾青素是一种活性比维生素 E 还强的抗氧化剂；二甲氨基乙醇又被俗称为"补脑素"，是合成神经递质乙酰胆碱的原料，被认为具有改善记忆、延缓大脑功能衰退的功效。

2）牡蛎。富含优质蛋白质、脂肪含量低。牡蛎含锌量尤其突出，是维持味觉、促进伤口愈合、促进生长发育的必需营养素。牡蛎中还含较丰富的维生素 A 和维生素 B_{12}。

（4）低脂酸奶。低脂酸奶与牛奶一样具有相似的营养价值特点，所含蛋白质营养价值高，是钙的理想来源。不同的是经过发酵制成酸奶后，牛奶中原有的乳糖被分解，避免乳糖不耐受人群饮用后导致的肠胀气、腹痛和腹泻等症状。低温酸奶还含有多种益生菌，有助于改善肠道微生态，促进肠道健康。酸奶发酵过程中还新增加了维生素 B_{12}。

（5）核桃。经济实惠的健康坚果。膳食指南建议每日食用坚果 10 g 左右，相当于 2~3 个核桃。核桃含 ω-3 多不饱和脂肪酸 α-亚麻酸，是合成 EPA 和 DHA 的前体物质，具有抗炎、降血脂、维护神经系统健康的作用。核桃中维生素 E 丰富，是重要的抗氧化剂。核桃含较多铜元素，是保持头发健康的必需微量元素，其他功效成分还包括 L-精氨酸、鞣花酸、褪黑素。

（6）黑巧克力。膳食指南建议要限制油、盐、糖、酒的摄入，但是一些健康零食也不必完全排除在外，如黑巧克力。黑巧克力虽然属于糖果类食品，但其糖分含量低于白巧克力和其他糖果糕点。而且黑巧克含有益于健康的生物活性成分黄烷醇类，具有明显的苦涩口味，这也是茶多酚中的主要成分，有助于抗氧化、抗炎、降血脂。

二、特殊食品的合理选用

美容师在执业过程中除了应传播科学的营养健康知识、提供合理的膳食建议之外，也应了解一些美容相关特殊食品的种类、健康功能、管理规定和使用建议。

1. 特殊食品的种类

特殊食品包括三类：保健食品、特殊医学用途配方食品、婴幼儿配方食品。美容业使用较多的特殊食品主要是保健食品，保健食品首要定位是食品而非药品，因此不具有治疗作用，任何宣称保健食品具有某种治疗效果的做法都是违反相关规定的。保健食品又不同于普通食品，从注册备案到生产、销售、广告宣传，都有不同于普通食品的法规加以制约，美容师必须在执业过程中熟知并严格遵守这些管理规定。

2. 保健食品的定义和种类

保健食品是指声称具有保健功能或者以补充维生素、矿物质等营养物质为目的的食品。即适宜特定人群食用，具有调节机体功能，不以治疗疾病为目的，并且对人体不产生任何急性、亚急性或慢性危害的食品。

我国对保健食品实行了严格的备案或审批注册制度，所有营养素补充剂和保健食品均须在国家食品评审中心进行备案或审批注册，通过安全性评价和功能评价后获得批准文号，并获准在产品外包装使用保健食品"小蓝帽"标志，如图10-10所示。所以，判断一种产品是否为合法生产的保健食品，可以查看外包装是否有"小蓝帽"标志，标志下方应有批准文号，批准文号相当于产品的"身份证号码"，如"国食健字G×××××××"，或"国食健字J×××××××"，G表示国产，J表示进口保健食品。

图10-10　保健食品标志和批准文号

不同国家实行的保健食品管理制度不同。以美国为例，膳食补充剂（类似于我国的保健食品）未实行食品药品监督管理局（food and druy administration，FDA）审批注册制，因而市场上产品种类繁多。海外代购或出国自行购买的膳食补充剂未经我国行政部门审批，安全性得不到支持和保障，提示消费者不应盲目消费。我国目前允许申报的保健功能仅限于以下27种：（1）增强免疫力；（2）辅助降血脂；（3）辅助降血糖；（4）抗氧化；（5）辅助改善记忆；（6）缓解视疲劳；（7）促进排铅；（8）清咽；（9）辅助降血压；（10）改善睡眠；（11）促进泌乳；（12）缓解体力疲劳；（13）提高缺氧耐受力；（14）对辐射危害有辅助保护功能；（15）减肥；（16）改善生长发育；（17）增加骨密度；（18）改善营养性贫血；（19）对化学性肝损伤的辅助保护作用；（20）祛痤疮；（21）祛黄褐斑；（22）改善皮肤水分；（23）改善皮肤油分；（24）调节肠道菌群；（25）促进消化；（26）通便；（27）对胃黏膜损伤有辅助保护功能。另外，专门用于补充维生素和矿物质的营养素补充剂类产品也须进行备案，获得批准文号后方可使用"小蓝帽"标志。

3. 保健食品的合理选用

保健食品不同于普通食品，以下几点可作为选择依据。

（1）注意保健食品"小蓝帽"标志，并查阅批准文号，确认保健食品的合法性。

（2）阅读食品标签上标注的"适宜人群"和"不适宜人群"，确认这款保健食品是否适合顾客。

（3）看标签上的"保健功能"，一般一款保健食品只申报一项保健功能，也有同时申报 2 种保健功能的产品。确认产品声称的保健功能是否在上述允许申报的 27 项之内。

（4）查阅标签上的配料表信息，确认产品的功效成分或原料配方是否科学合理。

4. 美容业相关保健食品

一般而言，美容院顾客对肌肤健康、抗衰老、体重控制、肠道健康等需求较高。在 27 项保健功能及营养素补充剂中，可深入了解以下功能的保健食品，为顾客提供恰当的建议。

（1）抗氧化保健食品。衰老是生命过程中不能回避的事实，然而可以根据衰老发生的各种机制加以调整以实现延缓衰老的效果。衰老发生机制有很多，其中氧化应激导致的损伤是最主要的原因。机体在能量代谢过程中会产生一些性质活泼的氧化物质，称为活性氧，包括自由基、单线态氧、过氧化物等。机体同时发展出了完善的抗氧化防御体系，包括非酶促抗氧化体系和酶抗氧化防御体系。前者成员包括维生素 C、维生素 E、多酚类、类胡萝卜素、α–硫辛酸、谷胱甘肽等，后者包括谷胱甘肽过氧化物酶、过氧化氢酶、超氧化物歧化酶。

另外，我国保健食品研发过程中也会根据传统中医理论，利用辨证施食的手段选择一些中药原料。这些中药原料已列入职能部门批准允许用于保健食品的原料名单。根据中医理论，衰老原因包括肾虚、脾胃虚弱、阴阳衰老、瘀血致衰。因此，有的抗氧化保健食品也使用了以下中药原料，如具有补肾固本作用的枸杞子、淫羊藿、女贞子、熟地、刺五加、马鹿茸、杜仲等；能健运脾胃的人参、黄芪、白术、党参、茯苓、薏苡仁、山药、扁豆等；调补阴阳的巴戟天、厚朴、姜黄、绞股蓝、黄芪、蜂胶等；具有化痰祛瘀功能的当归、三七、山楂、川芎、阿胶等。

（2）祛黄褐斑保健食品。黄褐斑是一种皮肤色素增多的表现，与体内雌激素、孕激素、糖皮质激素分泌过多导致黑色素产生增多有关。怀孕、精神压力大、氧化应激都可能会促进黄褐斑的产生。

祛黄褐斑的保健食品一般含有抗氧化剂和中药原料,包括疏肝解郁的柴胡、香附、白芍、青皮、佛手、香橼、川芎等;补气健脾的人参、党参、山药、黄芪、茯苓等;补血的当归、白芍、熟地、阿胶、龙眼肉、大枣、沙棘等;活血化瘀的当归、川芎、红花、桃仁、丹参、益母草、泽兰、赤芍、丹皮等;补益肝肾的山茱萸、山药、熟地、女贞子、菟丝子、黄精、马鹿胎、肉苁蓉等。

（3）祛痤疮保健食品。痤疮是多因素综合作用造成的毛囊和皮脂腺的慢性炎症,与雄激素刺激皮脂腺分泌过多、毛囊角化、毛孔阻塞、丙酸杆菌增殖有关。除了饮食上注意避免高血糖生成指数的食物、高脂饮食、酒精、牛奶等食物外,可选择以中药原料为主的祛痤疮保健食品。中医认为痤疮属于"肺风粉刺"和"肺风酒刺",保健食品原料包括宣肺清热、散风解毒的甘草、蜂蜜、栀子、薄荷、牛蒡子、桑叶、淡豆豉,配伍野菊花、马齿苋、蒲公英、金银花等;健脾祛湿、清热解毒的白术、茯苓、山药、薏苡仁、苍术、木瓜、佛手等;活血化瘀、化痰解毒的丹参、山楂、桃仁、当归、赤芍、杏仁、丁香等;疏肝理气、调经消痤的玫瑰花、香附、益母草、当归、泽兰、川芎、木香等。

（4）减肥保健食品。现代医学认为肥胖是在遗传背景基础上,生活方式导致的能量摄入超过能量消耗引起的脂肪蓄积过多。减肥保健食品使用的原料中有的可促进脂肪的分解利用,有的则是以代餐粉形式,提供低能量原料以达到降低能量摄入的目的。

中医认为肥胖属于"瘀胀",与脾虚、肾虚、肝郁气滞、胃热有关。这类保健食品原料包括化痰利湿的荷叶、桔梗、苍术、泽泻、薏苡仁;清热的芦荟、葛根、决明子、番泻叶、菊花;温阳化气利水的肉桂、茯苓、白术;活血化瘀的山楂、丹参、三七、赤芍、益母草等;滋阴养血的枸杞子、生何首乌、生地黄、女贞子、山茱萸、灵芝等。

减肥保健食品也是假冒伪劣产品最泛滥的品种,最容易发生的是违法添加药物,有的药物甚至属于国家已明令禁止生产使用的减肥药物。

（5）改善营养性贫血保健食品。营养性贫血是因为参与造血过程的营养素缺乏引起的一种贫血,如铁、维生素 B_2、叶酸、维生素 B_{12}。铁、维生素 B_2 的缺乏可导致小细胞低色素性贫血,而叶酸和维生素 B_{12} 缺乏可导致巨幼红细胞性贫血。改善营养性贫血保健食品以补充铁、维生素 C、维生素 B_2、叶酸、维生素 B_{12} 等营养素为主。

中医认为贫血属于"虚劳""血虚",与气血虚、脾胃虚、心脾虚、脾肾虚、肝肾虚有关,故也常使用具有补益类的中药原料。如益气养血的黄芪、当归、白芍、熟地、川芎、大枣、阿胶、三七、益母草等;健脾益气的人参、红景天、党参、西洋参、白术、茯苓、山药、绞股蓝等；养心安神的丹参、珍珠、龙眼肉、大枣、酸枣仁；补肾填精的淫羊藿、马鹿茸、马鹿胎、菟丝子、黄精和益智仁；养肝滋阴的枸杞子、桑葚、龟甲、墨旱莲、女贞子、玉竹、麦冬。

（6）营养素补充剂。营养素补充剂是以补充维生素和矿物质而不以补充能量和能量营养素为目的的特殊食品，纳入保健食品管理。因此，用于增强免疫功能的蛋白质粉类保健食品并不属于营养素补充剂范畴。市场上有单独补充一种营养素的产品，如维生素 C 片剂、维生素 E 胶囊、叶酸片、钙片、铁剂。更多产品是同时补充多种营养素，达到 3 种以上称为多维营养素补充剂。由于人体对微量营养素的需求相对较低，过量反而会有中毒风险。因此，是否需要使用营养素补充剂还应根据个体情况加以判断。一般地，可为顾客提供以下三点建议。

第一，食物优先原则。保持良好营养状况的基本条件是食物多样、膳食合理。对于健康的成年人，按照《中国居民膳食指南（2022）》平衡膳食原则，就能够满足充足营养需要，维持良好身体健康状况，不推荐以任何形式额外补充营养素。

第二，多样、充足、不过量原则。不同营养素在机体代谢过程中作用不同，不能互相替代，因此营养素的种类应该齐全、数量充足、满足机体的需要，但过量也会对机体造成健康危害。

第三，特殊人群合理补充原则。由于各种原因引起的膳食营养素摄入不足人群，营养素补充剂的使用具有预防相应的营养素缺乏的作用。对于已经出现营养素缺乏临床表现的个体，营养素补充是最快速有效的治疗措施，建议在专业人员指导下进行营养治疗，补充剂量应遵照《中国居民膳食营养素参考摄入量》。

第四部分
美容化妆品基础知识

化妆品种类繁多,包括护肤、彩妆、美发及美甲等类别的产品,可起到保养皮肤和修饰美化人体外表的作用,已经成为人们生活中不可缺少的日常用品。正如医生必须掌握药品知识一样,美容师也必须了解、掌握与化妆品有关的基础知识,才能为正确选用、销售和指导顾客正确选择与使用化妆品打下良好的基础。

本部分主要介绍与美容院及美容师工作息息相关的护肤品,美容师应该了解化妆品基础原料知识,美容院常用护肤品分类、主要成分及功效、使用的安全常识等适用性知识。为了不与彩妆及其他类别的"化妆品"一词相混淆,本部分除在"第十一章 化妆品的定义及原料基础知识""第十二章 常用基础化妆品化学知识"以及国家相关化妆品的法律法规中需要使用"化妆品"一词外,主要内容都使用国际美容界皮肤护理用的"护肤品(skin care products)"一词。

要点提示

1. 掌握化妆品原料基础知识。
2. 掌握常用化妆品化学基础知识。
3. 掌握美容院常用护肤品分类知识。
4. 掌握常用护肤品的主要成分及功效。
5. 掌握护肤品使用的安全常识。

关键术语

护肤品　基质原料　辅助原料　功效原料
化妆品的透皮吸收　有效成分

第十一章
化妆品的定义及原料基础知识

第一节　化妆品的定义

目前国际上尚未有统一的化妆品定义。我国对化妆品的定义是指以涂抹、喷洒或其他类似方法施用于人体表面如皮肤、毛发、指甲、口唇、牙齿、口腔黏膜等部位，以达到清洁、消除不良气味、护肤、美容、修饰和改变外观等目的的日用化学品。

我国《化妆品监督管理条例》第四条规定：国家按照风险程度对化妆品实行分类管理。化妆品分为特殊化妆品和普通化妆品。用于染发、烫发、祛斑美白、防晒、防脱发的化妆品以及宣称新功效

的化妆品为特殊化妆品。特殊化妆品以外的化妆品为普通化妆品。

一、普通化妆品

普通化妆品是指用于人体表面以清洁、保护、美化、修饰为目的的化妆品。从成分、原料和品质来看，化妆品是不同化学物质或原料，通过不同配方、工艺、加工制成的一种混合物。原料成分和工艺决定了产品的功效，其品质的优劣除了受配方、工艺、设备影响之外，原料本身的质量及功能也起着重要作用。

二、特殊药妆化妆品

美容市场常有"药妆产品"或"医美产品"等说法，在我国有"功效性化妆品"，但目前官方并没有"药妆"的界定。世界范围内对药妆产品、功效化妆品的分类定义和法规略有不同，美国将"药妆产品"这类产品多按非处方药（OTC）管理，日本的这类产品属医药部外品，韩国将这类产品称为机能性化妆品。欧洲各国对这类产品名称使用没有统一规定，如在德国，以医学博士个人命名的化妆品品牌必须满足其创始人和后续传承人均拥有医学博士学位的条件，"药妆"是针对一部分有药用功效的化妆品的特殊分类，如果通过药监局认证的"药妆产品"在产品上有PZN码认证，可在药店合规出售。

"药妆产品"或"医美产品"由于效果显著，在美容机构、医美机构、皮肤科诊所等使用相当普遍，特别是在欧美等国家。药妆产品不是药，其有效成分与普通的化妆品差不多，两者的主要差别是产品的活性成分浓度和pH值不同。"药妆"是介于药品与化妆品之间的产品，有关药妆产品的详细介绍请见本系列《美容师（高级）》中皮肤护理的相关内容。

第二节　化妆品的原料基础知识

我国对化妆品原料的分类，依据原料来源不同，可分为人工合成原料和天然原料；从应用的角度，可将化妆品原料分为基质原料、辅助原料和功效原料，下面将主要介绍这三类；从风险的角度，可将化妆品原料分为新原料和已使用的原料。

一、化妆品基质原料

化妆品中的基质原料是构成化妆品剂型的主体原料，体现化妆品的性质和功用。主要包括油质原料、粉质原料、溶剂原料、胶质原料等，在配方中的用量较大。

1. 油质原料

油质原料是广泛应用于化妆品的油溶性原料，也是形成膏、霜、乳液、口红等的基体原料，既能提高产品性能和稳定性，还具有抑制皮肤水分蒸发，起到滋润、保湿、改善肤感等非常重要的护肤作用。

根据室温下的状态不同，油质原料可以分为液态的油、半固体的脂和固状的蜡；根据来源不同，油质原料可以分为天然油质原料、矿物油质原料、半合成油质原料以及合成油质原料等。各种油、脂、蜡的黏着性、润滑性、溶解性、触变性、成膜性以及硬度、熔点等都不相同，化妆品中常用油质原料及其应用见表11-1、表11-2。

表11-1　化妆品中常用油质原料

油质原料分类	常用原料
植物油	椰子油、橄榄油、棕榈油、鳄梨油、花生油、蓖麻油、霍霍巴油、山茶油、杏仁油、茶籽油、乳木果油、月见草油、澳洲胡桃油、可可脂、巴西棕榈蜡、霍霍巴蜡等
动物油	天然角鲨烯、蜂蜡、鲸蜡、羊毛脂、抹香鲸油等
矿物油	白矿油、凡士林、地蜡、固体石蜡等

续表

油质原料分类		常用原料
半合成油		羊毛脂衍生物、鲸蜡醇、硬脂醇、硬化大豆油、硬化牛脂等
合成油	酯类	豆蔻酸异丙酯、棕榈酸异丙酯、辛酸/癸酸甘油三酯等
	硅油类	二甲基硅油、聚二甲基硅氧烷、环聚二甲基硅氧烷等
	烃类	合成角鲨烷、异构二十烷等

表11-2　化妆品中常用油质原料的应用

油质原料	主要应用	油质原料	主要应用
椰子油	化妆品、香波等	蜂蜡	唇膏、发蜡、膏霜类
橄榄油	按摩油、发油、防晒油、唇膏、香脂	胆固醇	营养霜、发用化妆品等
山茶油	膏霜类、发油等	巴西棕榈蜡	口红类、睫毛膏、膏霜等
棕榈油	膏霜类、化妆皂等	鲸蜡醇	乳液、膏霜类
蓖麻油	口红、香波、发油等	硬脂醇	乳液、膏霜类
羊毛脂	膏霜类、口红、浴油等	固体石蜡	发蜡、胭脂膏等
凡士林	膏霜类、粉底霜、胭脂膏、口红等	地蜡	膏霜类、口红等

2. 粉质原料

粉质原料是形成粉剂型、固体状或悬浊液状化妆品（如爽身粉、香粉、粉饼、胭脂、眼影等）的基体原料，添加在化妆品中可起到遮盖、黏附、调色、修饰、吸收和填充等作用。粉质原料可能来源于矿物，常用粉质原料的性能和应用见表11-3。

3. 溶剂原料

溶剂原料是一类用途广泛的化妆品原料，主要起溶解作用，使产品具有一定的物理性状和性能。溶剂在化妆品制品中还有其他一些特性，如挥发、润滑、湿润、增塑、保香、防冻、收敛等作用。化妆品中最常用的溶剂原料有水、醇类和酮类、酯类、醚类及芳香族有机化合物等，见表11-4。

表 11-3　常用粉质原料的性能和应用

粉质原料	性能特点	主要应用
滑石粉	洁白、滑爽、柔软，不溶于水及各种溶剂，其滑爽性、延展性为粉体类中最佳，但吸油性及吸附性稍差，一般用于各种化妆粉，起遮盖和修饰作用	香粉、爽身粉、胭脂、眼影粉等
高岭土	白色或淡黄色细粉，不溶于水、散于水和其他液体中，对皮肤的黏附性好，具有抑制皮脂及吸收汗液的性能	香粉、粉饼、水粉、胭脂、粉条及眼影
钛白粉	无臭、无味的白色无定形微细粉末，粒度极微时对紫外线透过率最小；其遮盖力是粉末中最强的，且着色力也是白色颜料中最强的	香粉、粉饼、水粉饼、粉条、粉乳
锌白粉	无臭、无味的白色粉末，外观略似钛白粉，不溶于水，溶于酸、碱溶液；具有较强的遮盖力和附着力，且对皮肤具有收敛性和杀菌作用	香粉类、增白粉蜜

表 11-4　化妆品中常用溶剂原料的特性及应用

类别	常用原料	性质特点	主要应用
水	去离子水	无色、无味，溶解性好，是化妆品中常用的溶剂	膏霜、乳液、水剂类化妆品
低碳醇	乙醇	为无色挥发性液体，有防冻、灭菌、收敛、消泡、黏度调节等特性，能溶解部分油脂、着色剂、香精和防腐剂等多种原料，可与水混溶	香水、花露水、生发水及香水类化妆品的主要溶剂
低碳醇	异丙醇、正丁醇、戊醇	具有清凉感且有杀菌作用，常用作替代乙醇的溶剂	指甲油的原料、偶联剂
多元醇	乙二醇、聚乙二醇、丙二醇、甘油、山梨糖醇等	无色、无臭、黏稠液体，溶于水及有机溶剂	香料的溶剂、定香剂、黏度调节剂、凝固点降低剂，还可作保湿剂、滋润剂

4. 胶质原料

胶质原料是面膜和凝胶型化妆品中的基体原料，具有成膜、胶凝、黏合、触变、增稠、悬浮及助乳化等特点，常用胶质原料的性能与应用见表 11-5。

表 11-5　常用胶质原料的性能与应用

原料	性质特点	主要应用
阿拉伯胶	是阿拉伯树胶的分泌物；白色粉末或颗粒状淡黄色块状物；不溶乙醇，其水溶液是酸性，黏稠状液体，黏度随时间延长而降低	在护肤乳液膏霜中作为助乳化剂和增稠剂；在指甲油中可作为成膜剂型，在发用制品中作为固发剂，在面膜、扑面粉中作为胶黏剂
海藻酸钠	存在于海带和裙菜等褐藻类植物中。白色或淡黄色无味、无臭粉末，其水溶液为无色、无味、无臭、透明黏稠液体，干燥时会形成透明的薄膜	在发用类、护肤乳液和面膜等化妆品中作增稠剂、稳泡剂、乳化稳定剂、胶凝剂和成膜剂
羧甲基纤维素钠（CMC-Na）	无臭、无味、白色粉末或颗粒状物，易溶于水及碱性溶液形成透明黏胶体	胶合剂、增稠剂、乳化稳定剂、分散剂等

二、化妆品辅助原料

化妆品中的辅助原料一般用量较少，但很重要甚至不可或缺，如芳香剂、着色剂、防腐剂、抗氧化剂、络合剂、推进剂、酸度调节剂和表面活性剂等，可赋予化妆品香气、色调等特性，并能保证产品的质量安全。

1. 常用辅助原料及作用（见表 11-6）

表 11-6　化妆品中常用辅助原料及作用

类型	主要作用
防腐剂	防止或延缓微生物生长，从而保护化妆品，延长产品的货架寿命，避免人体被污染变质的产品感染
芳香剂	为化妆品增加愉快气味，掩盖基质不良气味，增加产品吸引力
酸度调节剂	调节、控制产品 pH 值，降低产品刺激性，还可避免原料释放不良气味，控制黏度，提高耐腐蚀性，增加透明度和稳定性等
抗氧化剂	以保护产品为目的的抗氧化剂，能阻止易酸败的物质吸收氧或自身被氧化而防止油脂氧化
金属离子螯合剂	能够与钙、镁、铁、铜金属离子形成络合物以消除微量金属离子对产品稳定性或外观的不良影响
着色剂	起溶解或分散的作用，使化妆品基质及其他原料着色
喷射剂（推进剂）	能使存于加压密封容器中的产品释放出来
促渗透剂	促进化妆品的功效性成分透过皮肤吸收，增强护肤效果
填充剂	也称为增量剂，可以增加化妆品的体积，也可用于稀释颜料

2. 表面活性剂

表面活性剂在化妆品中应用非常广泛，是一种能使油脂、蜡与水制成乳化体的原料，能使油溶性与水溶性成分密切地结合在一起。一个表面活性剂分子含有两端，分别是亲水端和亲油端。亲水端在水中溶解，亲油端在油中溶解，从而将油水非常均匀地混合形成溶液，即油性成分以微小液滴的形式分散于水中（水包油，亲水性），或水以微小液滴的形式分散于油中（油包水，亲油性）。表面活性剂在化妆品中以不同运用形式发挥着润湿、分散、乳化、增溶、起泡、去污、柔软、抗静电、杀菌等多种性能，虽用量少但作用较大，主要用途如下。

（1）清洁剂。表面活性剂可去除油脂污垢，具有较好的洗涤和发泡作用，常添加在洗涤清洁品中及卸妆洁面产品中，如卸妆类产品、洁面乳、肥皂、沐浴露等。

（2）乳化剂。表面活性剂中亲水和亲油基团把化妆品中的水和油紧密结合在一起，形成一个相对稳定的分散体系（如乳液或膏霜）。表面活性剂的这个作用称为乳化作用。

（3）增溶剂。表面活性剂可使难溶或不溶于水的有机物（如油性成分）的溶解度大大增加，使其完全溶于水中，形成透明或半透明状态（如化妆水）。表面活性剂的这个作用称为增溶作用。

三、化妆品功效原料

化妆品功效原料也称功能性原料，是赋予化妆品某种特殊功能或强化化妆品对皮肤生理作用的一类活性成分，特殊用途化妆品和普通化妆品都可能含有功效原料。这些具有特殊功效的化妆品原料对皮肤尤其是问题皮肤具有特别的护理作用，如抗皱、淡斑、祛痘、修复、舒缓等方面的特效。功效原料通常分为如下两类。

1. 生物技术原料

生物技术原料其来源可由生物体提取或基因工程表达获得，这些原料具有与人体组织同源或相似的结构，或者为人体生命生理活动所需要，将其添加到化妆品中可起到改善皮肤状态的作用。

常见的生物工程制剂包括以动物为原料的提取物，如蚕丝提取物、蜂胶、珍珠粉、动物水解蛋白、胶原蛋白、生物酶、透明质酸等，还包括一些合成或半合成化合物，如利用基因工程技术合成的神经酰胺、多肽、细胞因子、维生素 E、氨基酸、维生素 A 及其衍生物等，这些原料可以借助缓释、载体等制剂技术（如胶囊、微胶囊、脂质体、聚合物微球载体和纳米微球载体等）更好地透过皮肤，被皮肤吸收，发挥其抗皱、美白、修复、祛痘等功能。

随着科技的发展，化妆品中使用生物技术（包括基因工程、细胞工程、发酵工程、酶工程和蛋白质工程）来源的原料越来越多。

2. 天然植物原料

天然植物原料是从植物的根、茎、叶、花和果实中提取出来的天然植物精华，主要包括植物单体、植物总成分和植物提取物三大类，其中化妆品中主要的使用形式是将萃取液或浓缩物进行调配而获得的天然植物提取物。化妆品中常见的天然植物原料包括藻类、芦荟、山金车、金盏花、金缕梅、葡萄籽提取物、薄荷叶、绿茶、乳木果油、霍霍巴油、玫瑰、薰衣草、柠檬草、木瓜以及中药提取物等，这些植物来源有清洁、收敛、补水、保湿、抗炎、消毒、镇静、舒缓、修复等特性，但注意使用时不能错误地把天然与安全等同起来。

植物的油脂大多来源于植物的种子，含有人体所必需的不饱和脂肪酸，如亚油酸、亚麻酸、油酸等，功能性中药或植物提取物来源于葡萄籽油、橄榄油、核桃油、月见草油等，这些都是常见的植物油脂，可以作为基础油来调和或稀释精油。

第十二章
常用基础化妆品化学知识

第一节　pH 值（酸碱度）

一、pH 值的概念

pH 值是相对酸度或碱度，pH 值的范围是 0～14：7 代表中性；小于 7 代表酸性，pH 数值越小，酸性越强；大于 7 代表碱性，pH 数值越大，碱性越强。

二、pH 值与皮肤的关系

由于皮肤表面的皮脂膜含有各种酸性物质，所以皮肤的自然 pH 值呈弱酸性，正常 pH 值是 4.5～6.5，平均值为 5.8（皮肤的酸碱度可用皮肤 pH 检测试纸来测试）。肤质越油，pH 值越小，越偏向酸性；相反，肤质越干燥，pH 值越大，越偏向碱性。当皮肤的 pH 值超过了正常范围时，皮肤的屏障功能会受损，皮肤就会出现干燥、刺激、红肿、发炎等敏感现象。皮肤表面的 pH 值会受到遗传、基因、环境、年龄、皮肤含水量、汗水量和化妆品等因素的影响。

美容师在选择化妆品时，应考虑顾客皮肤的酸碱性，如干性皮肤容易失水，如果使用酸性较强的产品会使皮肤更加干燥，并刺激皮肤。相反，油性皮肤使用弱碱性产品会加重油性皮脂累积，可能引起粉刺。当皮肤处于不适合的 pH 值时，会出现干燥、脱水、发炎等情况，长期使用不适合皮肤类型的产品时会导致皮肤酸性屏障的失衡，进而可能导致微生物的滋生。

三、pH 值与化妆品的关系

pH 值是化妆品一项重要的指标，但大多数产品标签通常不标明 pH 值。为了满足不同肤质和专业护理的需要，各种化妆品的 pH 值有所不同。一般化妆品的 pH 值为 5.5 左右为佳，最为温和，适合皮肤弱酸性的特征。产品的 pH 值越小，酸性越强，去角质力越强。pH 值越大，碱性越强，清洁力越强。强酸（pH ≤ 2）和强碱（pH ≥ 11.5）可以直接作为腐蚀物。化妆品中某些极端酸性或碱性物质单独使用时会损害皮肤的屏障功能，产生刺激，所以在配方时需要使用缓冲剂，以保护产品的 pH 值在正常范围，使产品在安全无刺激的情况下产生理想效果。

第二节 常见化学反应

皮肤中两大最重要的反应是酸碱中和反应和氧化还原反应,它们的反应机理在美容学中至关重要。

一、酸碱中和反应

酸碱中和反应是指酸与碱交换氢离子后生成盐和水的反应。如碱性的氢氧化钠和酸性的盐酸中和反应,即 NaOH(碱)+ HCl(酸)= NaCl(盐)+ H_2O(水)。皮肤的弱酸性 pH 值具有缓冲能力,即酸中和能力和碱中和能力。当皮肤的酸碱中和能力减弱时,皮肤的 pH 值会超过正常范围,容易引起皮肤刺激等问题。要增强皮肤的 pH 值的缓冲能力,平时应选择中性或者弱酸性的化妆品,避免使用皂类碱性产品。

二、氧化还原反应

氧化还原反应指一个反应体系中氧化剂(如氧气)被还原,而还原剂被氧化的反应。如常见的铁生锈,即 Fe(铁,还原剂)+ O_2(氧气,氧化剂)= Fe_2O_3(铁锈)。如果使用含有抗氧化剂的化妆品,可以通过还原超氧离子等自由基起到清除自由基来防止氧化的作用,从而达到抗氧化的效果。具有抗氧化作用的成分包括具有还原能力的化合物,如维生素 C、维生素 E、谷胱甘肽,也包括具有催化还原反应的酶,如超氧化物歧化酶(SOD)等,还有一些多酚类或黄酮类的植物成分。

第三节 化妆品的物质形态

化妆品的物质形态主要与化妆品中液态溶剂（水、乙醇等）的多少有关。一般来讲，化妆品的物质形态分为三类：液态（包括溶液、悬浮液和乳液）、膏霜和固态。液态的溶液、悬浮液和乳液是指由两种或两种以上不同物质混合而成的物质，颗粒的大小和混合的物质是否相互可溶是区分溶液、悬浮液及乳液的关键。

一、溶液

溶液是指两种或两种以上物质发生互溶而形成的均匀混合物。溶解物是可以被溶剂溶解形成溶液的物质，溶剂是指任何能将溶解物溶解并和溶解物形成溶液的物质。

有些液体是可以发生互溶的，如水和酒精；而有些液体则无法发生互溶，如水和油，水和油相遇会产生明显分层现象。事实上，溶液是含有小分子颗粒的，但并不可见。有些溶液有颜色，通常透明且澄清，静置并无法使它们分离。水、乙醇、甘油是常用的溶剂，如爽肤水、卸妆水中会常用到。

二、悬浮液

悬浮液指的是两种或两种以上不互溶的物质混合而成的不稳定混合物。悬浮液与溶液的根本区别是颗粒大小的不同，悬浮液比溶液的颗粒更大，肉眼可见并且通常不透明，静置一段时间后溶剂与溶液可能会发生分离。

三、乳液

乳液是指两种或两种以上不互溶的物质通过乳化剂而形成的混合物，如洗发液、沐浴液等都属于乳液。"乳化"的意思是指"形成乳液",即一种液体扩散进另一种液体。尽管乳液在一段时间后有分离的可能,但通常可以以浮液的形态稳定存放3年以上。如果乳液分散不充分,则可能在一段时间后因为不稳定而分离成不溶解的两层。

四、膏霜

膏霜分为两种类型:"水包油"型和"油包水"型。保湿类产品的目的是把产品的油相均匀铺在皮肤上,当其与皮肤接触后,油相在皮肤表面分散开,油相能起到滋润和保护皮肤表面的作用,水相可以锁住皮肤水分,两者各司其职,起到使皮肤柔软光滑的作用。润肤乳液和洁面乳一般为"水包油"型膏霜。

"水包油"型是指细小油滴在水中均匀分散的膏霜类型。"水包油"乳液通常含有少量的油及大量的水,其优点是用水可将其洗净,如"水包油"型洁面乳能用湿绵片或海绵轻松洗除。"水包油"型化妆品通常呈乳状,形态为可自由流动的液体,有时会加增稠剂调成其他形状,如啫喱状或较厚的膏霜状。

"油包水"型保湿品则是指微水滴的形态均匀分散于油中的膏霜类型。"油包水"型与"水包油"型相反,通常含有少量的水及大量的油,其质地比"水包油"型更厚、更稠,二者相比,"油包水"型的耐水性更强。这类产品可以起到去除污垢、保持皮肤湿润等作用,产品通常是一些质地较厚的润肤霜和润肤膏。

五、固态

固态的化妆品主要是在产品制作工艺中去除了部分易挥发的液态物质,液体成分偏少,产品以固态的形式呈现,固态化妆品可制备成精致小巧的形式,有方便携带、操作简便等优点,如棒状或管状口红、固体洗发露、氨基酸皂、固体腮红粉质等。

第十三章
美容院常用护肤品分类

目前国际上并没有针对化妆品领域统一的分类方法。根据我国《化妆品监督管理条例》及有关法律法规的规定，化妆品可以按照其功效宣称、作用部位、产品剂型、使用人群、使用方法进行分类。

美容院常用护肤品通常按照实际用途进行分类，包括清洁、去角质、爽肤、保湿、防晒、精华、面膜和按摩介质八大类。其中去角质和面膜类产品在有关章节中单独介绍。

第一节　常用护肤品的分类

一、清洁类

清洁类护肤品是指用于去除皮肤表面的污垢、化妆品、多余油脂和角质碎屑的产品，它能使皮肤保持洁净、清爽和舒适，为下一步皮肤护理做好准备。清洁类护肤品的 pH 值一般呈中性或弱酸性，通过表面活性剂而发挥清洁作用。

为了满足不同皮肤的需求，品质优良的清洁类产品通常添加了保湿、抗氧化、抗炎、舒缓等附加成分，清洁皮肤的同时能轻微软化角质、润滑、滋润和保护皮肤。根据产品的配方不同，通常不含香料、色素、酒精、乳化剂、增溶剂等的产品，清洁后皮肤不会出现紧绷感，适合干性和敏感性皮肤。不同产品所用表面活性剂种类和配方技术不同，卸妆清洁力及效果也有所不同，针对的肤质也不尽相同，应根据化妆的浓淡、部位、皮肤类型及状况来选择合适的品牌和品种。美容院常见清洁类产品及其用途如下。

1. 卸妆类

卸妆类产品用于卸除眼妆、粉底、口红等彩妆。含油成分越高的产品卸妆清洁力越强，有的产品是卸妆、清洁二合一的类型。美容院常用卸妆产品如下。

（1）卸妆水（cleansing water/makeup removing micellar water/solution）。外观呈水状或略稠状液体，大部分产品含油性成分，具有轻度的卸妆和保湿作用，适合淡妆和面部清洁，用棉片直接擦拭即可，可达到快速卸妆的目的。有的采用"水包油"的微胶粒技术，利用亲油性成分吸附油脂污垢，亲水性成分净肤爽肤，同时达到卸妆、洁面、爽肤的功效，用后不需要再次清洁，最大限度地减少卸妆、洁面过程中对皮肤的刺激。

（2）卸妆凝胶（makeup remover gel）。外观呈透明或半透明凝胶状，产品有不含油的水性凝胶和含油凝胶等，凝胶有一定的吸附包覆污垢的作用。此类产品的卸妆力一般，不如卸妆乳、卸妆油，适合淡妆，水性凝胶特别适合嫁接睫毛前的皮肤清洁。

（3）卸妆乳、卸妆膏（霜）（makeup cleansing cream/balm）。外观呈乳液、膏状、霜状，由油性成分及水性成分混合形成，可分为油包水和水包油两种类型，亲油性产品对彩妆的溶解作用更好，在清洁皮肤的同时能给予皮肤适当滋润。卸妆乳的质地比卸妆水滋润，比卸妆膏（霜）和卸妆油轻薄清爽，卸妆效果优于卸妆水，适合卸除淡妆、非防水性彩妆。卸妆膏（霜）的质地比卸妆乳厚，含油成分相对高，滋润度更高，卸妆效果优于卸妆乳。

（4）卸妆油（洁面油）（makeup cleaning oil）。外观呈透明油状液体，主要成分以天然植物油、合成油脂等油性原料和表面活性剂为主，利用"以油溶油"的原理先溶解彩妆污垢，再以加水乳化的方式起到卸妆清洁的作用。卸妆油的卸妆力比卸妆乳强，适用于卸除大面积及较浓厚的彩妆。市面上的洁面油和卸妆油基本上是同一概念的产品，各种产品在浓厚清爽和卸妆清洁强度上有所差异。优质卸妆油一般不含致粉刺成分的油脂，不会堵塞毛孔，皮肤不会有油腻感。

（5）卸妆湿巾（makeup remover wipes）。卸妆湿巾是在无纺布载体上加入卸妆水或卸妆油而制成的一种一次性卸妆用品。它通过表面活性剂的乳化作用和无纺布的物理擦拭作用来产生卸妆效果，具有清洁和保湿皮肤的基本功能。高端品牌采用高品质的无纺布，添加了保湿剂，亲肤性较好，擦拭没有明显摩擦感及刺激感。卸妆湿巾具有携带方便的特点，一般适用于旅游、应急和一些特殊场所的卸妆，也可作为辅助卸妆品。

（6）眼（唇）部卸妆液（eye/lip makeup remover）。眼（唇）部卸妆液可分为全油性、半油（油水分离）性和全水性。全油性更能溶解防水化妆品（防水眼线产品、睫毛膏、唇膏等）和浓厚的彩妆；油水分离性比全油性清爽，比全水性滋润，用前需要摇匀；全水性产品以水为基本成分，不含油脂类，卸妆效果相对较差。因眼部与唇部的皮肤较薄弱和细嫩，且经常画较重的彩妆，故眼、唇部专用卸妆液的配方一般较温和、不刺激，通常采用天然或有机草本植物原料。眼、唇部卸妆垫是使用起来简单快捷的洁面产品，一般美容院使用较少。

2. 洁面类

洁面类产品用于卸妆后第二次清洁或无彩妆皮肤的清洁。脂质较多的洁面膏霜具有卸除淡妆和洁肤二合一作用。添加了表面活性剂的产品清洁力强，容易产生刺激和皮肤脱脂，适合油性皮肤和中性皮肤，不适合干性和敏感性皮肤。美容院常用洁面产品如下。

（1）洁面乳/洗面奶（cleansing milk）。外观呈乳液状，流动性好，性质温和，刺激小，一般无泡沫，易清洗。基本上为"水包油"型，可去除水溶性污垢，清洁力较弱，不会破坏皮肤的自然油质或酸碱度，清洁后的皮肤清爽、柔润，适合干性、中性、老化皮肤。黏土类洁面乳有较好的吸油和净化作用，能清除表面多余油脂及污垢，同时能净化毛孔，适合油性、中性皮肤进行皮肤深层清洁。

（2）洁面霜、洁面膏（cleansing cream/balm）。外观呈霜或膏状，是"油包水"型，难溶于水，清洁时需要用温水融化或做第二次清洁。膏霜状产品含油量较多，利用油才能溶解油的原理，对油性的彩妆清洁力比洁面乳强，可用作卸妆和清洁，适合卸除一般的彩妆和清洁干性皮肤。此类产品洁面时需要用纸巾、棉片、海绵、软布等，否则皮肤上容易有产品残留。使用洁面霜后可使用爽肤水或温水去除残留彩妆。

（3）洁面啫喱（cleaning gel）。外观呈透明或半透明状，配方一般不含油性成分，有一定的控油作用，比洁面乳和洁面霜清爽，加水后会揉搓出较多泡沫，洗洁力较好。有些产品会添加抗菌因子、磨砂等成分来预防痤疮，通常洁面后有一点紧绷和干燥感，更适合油性皮肤（除缺水性油性皮肤）或混合性皮肤。洁面啫喱也可归类于洁面泡沫类。

（4）洁面泡沫（foaming cleanser）。洁面摩丝是典型的洁面泡沫，其洁面泡沫可从泵口挤出，泡沫绵密，使用便利，目前市面上洁面泡沫通常添加了保湿剂等护肤成分，洁面效果柔和不刺激，清爽无残留，肤感滋润光滑，不紧绷，适合各类皮肤和各种季节。洁面乳、洁面凝胶、洁面粉等需要加水揉搓至泡沫产生的洁面产品都可以归类于洁面泡沫。

（5）洁面粉（cleaning powder）。外观呈粉末状，不含水，具有不易滋生细菌的优点，使用时需要加水揉搓至泡沫产生。有的产品添加具有去角质功能的酵素粉，清洁力较强，在清洁的同时可去除多余老化角化细胞，适合健康的中性和油性皮肤，不建议每天使用，每周使用2~3次即可。

3. 去角质类

去角质类产品属于深层清洁产品，常见的有磨砂膏、酵素和果酸等产品，具体内容详见本系列教材《美容师（初级 中级）》。

二、爽肤类

爽肤类产品属于补水类护肤品。化妆水也称为爽肤水，通常在清洁之后和润肤之前使用，主要作用是补充皮肤表面的水分和营养成分，使角质层保持一定的湿润度，有助于后续产品有效成分的经皮吸收。传统碱性洁面产品会破坏皮肤表面的pH值，爽肤水可帮助皮肤快速平衡pH值，使其恢复到正常的弱酸性。爽肤水配合棉片擦拭皮肤可以起到二次清洁的作用，可去除洁面后残留的彩妆、油脂和污垢，使皮肤感觉干净、清爽、柔滑。

爽肤水的主要成分包括水、醇类、保湿剂、润肤剂、柔软剂、香精、增溶剂等，各种爽肤水的侧重点和成分不同，适合的皮肤及作用也有所差别，如有些化妆水添加了柔和洁肤成分，具有清洁和保湿作用。爽肤水可分为透明型或半透明型、乳化型和多层型，其中透明型最为常见（也有透明黏稠型）。乳化型（微乳液）含油量较多，有良好的润肤效果。多层型是由油和水层或水和粉末层两层构成的，须摇匀后使用，即变成乳液状、粉末分散状。爽肤水按功效可分为平衡爽肤水和收敛爽肤水两大类。

1. 平衡爽肤水

平衡爽肤水也称柔肤水、保湿性化妆水，是最为常见的一种爽肤水。此类产品通常含有透明质酸、甘油、玫瑰水、维生素E、芦荟和藻类等保湿和舒缓成分，配方温和，酒精含量低或不含酒精，不刺激皮肤，适合所有类型的皮肤，特别适合干性、缺水和敏感皮肤。

2. 收敛爽肤水

收敛爽肤水也称为收敛水，现代的收敛爽肤水配方更加温和，通常含有水杨酸、果酸、硫黄、酒精等温和去角质、控油和抗炎等成分，能抑制皮肤分泌过多的油分，在皮肤和毛孔开口处有暂时性的紧致作用，同时有清洁、杀菌、温和去角质的作用，适合油性、易生痤疮皮肤和混合性皮肤。痤疮皮肤应避免选择含酒精的产品，以减少刺激和干燥。

三、精华类

精华类产品通常富含大量浓缩的活性或功效性成分，具有分子小、渗透力强、易吸收和功效强等特点。此类产品多数采用天然草本和瓜果提取物，添加了维生素、营养矿物质、抗氧化剂、保湿剂等。不同类型产品功效不同，产品中的多种高浓度活性成分能改善皮肤干燥、色素沉着、细纹和痤疮等皮肤问题。

精华类产品常见名称有精华液（essence）、精华素（serum, concentrate）和安瓿精华（ampoule）等，其中精华液和精华素实质上没有什么区别，各品牌根据自己的定位起名而已，都可以统称为精华液。从效果来讲，精华类产品之间的区别主要是其活性成分的浓度含量，在保证毒理学安全的情况下，通常认为浓度越高、效果越强。从字面上来讲，"液"的稠度比"素"稀薄，也可以按稠度来划分精华液和精华素。

1. 精华液

一般精华液产品多呈水状，质地比精华素稀薄、清爽，水分和保湿成分含量多，活性成分相对较少、浓度相对较低，容量相对较大，以补水保湿功效为主，在软化角质的同时在一定程度上能补充活性成分，为后续的护肤品吸收做好打底准备。精华液一般在爽肤水之后使用，适合各类皮肤，特别是敏感皮肤和油性皮肤。

2. 精华素

与精华液相比，一般精华素的质地更浓稠、含水量相对少，有效成分相对更多、浓度更高，效果更加显著。美容院常用超声波做精华素导入以加强护理效果。如果同时使用几种精华类产品，应根据质地从薄到厚、从淡到浓进行使用。精华素适合各种皮肤，但有的含多种高浓度活性成分的产品容易产生刺激，不适合敏感皮肤。市面上常见有小药瓶或针剂等包装。

3. 安瓿精华

安瓿精华是一种用密封小容量玻璃瓶独立包装的更浓缩的精华液。由于安瓿精华通常含有大量浓度高的活性或功效成分，为了保持产品性能的功效和稳定性，不被空气氧化，同时减少防腐剂的添加，需要采用全密封的无菌独立包装。安瓿精华分子很小，渗透力较强，常用于高档产品的专业护理中，针对的是特定皮肤问题或部位，适合紧急修复及改善皮肤状况，其功效与精华液大致相同，能更快见效。美容院也可做超声波导入。

四、保湿类

保湿类护肤品用于湿润及保护皮肤，可补充皮肤表面的保湿成分，减少经皮水分丢失量，保持皮肤水分的平衡，帮助皮肤屏障功能的维护和恢复。保湿产品可减轻皮肤干燥、脱屑、粗糙等状况，长期使用能使皮肤变得光滑柔软，防止、减缓皮肤衰老。大多数保湿产品添加了抗衰老成分，有的则添加美白、抗敏感、祛痘、防晒等成分和着色剂（适合不同肤色的粉底，可均匀肤色并掩盖小瑕疵），以适合不同肤质的需要。

保湿类护肤品的组分相当广泛，主要包括保湿剂、滋润剂、乳化剂、水、增稠剂、抗氧化剂、活性成分、维生素等。保湿产品包括润肤乳液（facial lotion，emulsion）、润肤霜（facial cream）、润肤膏（balm）、润肤油（skin care oil）、眼霜（eye cream）、润唇膏（lip balm）等，都属于乳化产品，其主要区别在于稠度和厚薄不同，即水和油含量的比例不同。

1. 润肤乳液

润肤乳液一般以"水包油"型为主，水分含量较多，稠度最低，流动性较好，能维持皮肤表面水分的平衡。由于油分含量少，锁水效果有限，通常只能在短时间内保湿，适合油性、痤疮皮肤，适合在身体部位和炎热气候中使用。

2. 润肤霜

润肤霜以"油包水"型为主，含油量介于润肤乳液和润肤膏之间，比乳液稠，锁水效果和滋润度更好，适合各种类型的皮肤，特别是干性皮肤。有的品牌分日霜和晚霜，稠度较低的适合日用，较高的适合晚上用。

3. 润肤膏

润肤膏一般以植物油、黄油、蜂蜡等为主要成分，含油量最高，一般不含水和酒精，比润肤霜更稠、厚重和油腻。涂抹后在皮肤表面形成一层油性薄膜，起到深层滋润和预防皮肤干燥、皲裂的作用。适合用于手、关节部位、脚后跟等特别干燥的部位，也可用于指甲和头发，一般不用于面部。

4. 润肤油

润肤油主要成分是甘油、霍霍巴油等植物油和其他润肤成分，能使皮肤表层形成一层薄的保护膜以减少或阻挡水分流失，具有一定的保湿、抗干燥和柔软皮肤的效果，可在涂抹润肤霜后或与润肤乳（霜）混合使用。适合秋冬季节里干燥或干性皮肤。

5. 眼霜

眼霜通常质地较厚，具有补水保湿、减少细纹等作用。眼霜的主要成分与面霜相似，但配方更加温和，可保护眼部薄弱皮肤，通常添加了维生素 K 等有助于淡化黑眼圈和浮肿的有效成分（但一般效果有限）。滋润型的眼霜也可用于唇部。

6. 润唇膏

润唇膏的基本成分是凡士林、植物油脂和蜡质等，具有保湿、滋润唇部皮肤的作用，可改善和防止干裂、脱皮和缺水而致的干纹。有的产品含使唇部短暂性丰润的成分，有的添加了软化去角质成分，使唇部皮肤更加柔软光滑。

五、防晒类

防晒品是指能阻隔或吸收紫外线，防护皮肤晒黑、晒红和晒伤的护肤品，是日常护理中最为重要的护肤品。防晒品分为物理防晒和化学防晒两类，也有物理防晒和化学防晒相混合的配方，常见有防晒霜、防晒凝胶、防晒乳、防晒油和防晒喷雾等种类。

使用时应根据皮肤类型及状况、季节、活动场所、个人需要来选择不同种类、不同 SPF 值的防晒品。物理防晒剂和化学防晒剂以两种不同的机制来抵抗紫外线。

1. 物理防晒剂

物理防晒剂也称遮蔽剂或物理阻隔剂，主要活性成分是二氧化钛、氧化锌等无机物质。其防晒原理是这些无机物颗粒成分在皮肤表面形成一层似反光镜的物理防护层，通过自身的折射、散射作用将太阳光阻挡反射回去。物理防晒剂通常来源于天然矿物质，经加工后呈细小白色粉末状，无味，不溶于水，不堵塞毛孔、不易被皮肤吸收，并且温和，安全性和稳定性高，但有的产品涂抹在皮肤上会发白。为增加防晒效果，物理防晒剂有时会精加工成尺度在 100 nm 范围的纳米颗粒，称为纳米防晒剂，使用时应评估其安全性。物理防晒剂适合所有的人（包括儿童和孕妇），也适合敏感、痤疮等有问题的皮肤。

涂抹物理防晒剂后会很快生效，不需等待时间，而且只要不脱落就能一直发挥作用，防护时间比化学防晒剂长。但物理防晒剂易被擦掉，出汗时也易脱掉，防晒效果会降低，游泳、出汗时需要每 2 h 补涂一次。

2. 化学防晒剂

化学防晒剂也称化学或紫外线吸收剂，主要化学物质有阿伏苯宗、辛氧酸盐、氧苯酮、水杨酸辛酯等。其防晒原理是利用化学物质的特定结构吸收紫外线，通过产生化学反应而获得防护作用。由于化学活性成分需要 15~20 min 才能与皮肤很好地黏附，所以最好在出门前 15~20 min 就涂抹防晒霜。

由于化学吸收剂吸收紫外线后会消耗分解，暴晒一段时间后防晒效果会降低，所以有效防护时间一般比物理防晒剂短，加上出汗后容易被稀释，需要每隔大约 2 h 补涂一次。

化学活性成分具有潜在的安全风险，如对皮肤产生刺激性、过敏性或光毒性等，因此应当使用监管机构批准使用的防晒剂，在允许的范围内使用。物理防晒和化学防晒各有利弊，多数品牌会选择两种成分都含有的配方，消费者应根据需要选择。化学防晒品不适合有皮肤问题者、儿童和孕妇，适合容易出汗的人或游泳时使用。

3. 防晒产品的 SPF、PA 防晒指数（系数）

紫外线 UV（ultra violet）根据波长的不同分为 UVA、UVB、UVC。其中波长最短的 UVC 基本上会被大气层吸收，不能到达地面，对皮肤产生影响的是 UVB、UVA。中波紫外线即 UVB，俗称"灼伤射线"，能到达表皮层，可在短时间导致皮肤晒红、晒伤，甚至出现水疱，后期修复以脱皮、发红等为主。长波紫外线即 UVA，俗称"老化射线"或"无声杀手"，不晒伤皮肤但穿透力强，能深入真皮层破坏胶原蛋白、弹性纤维组织，导致皮肤光老化和晒黑。而两者都有增加患皮肤癌的风险。

一般人的皮肤在没有涂抹防晒品的情况下阳光照射 10～20 min 就会晒红、晒伤，约一小时后就会晒黑。所以，应选用可同时防护 UVA、UVB 的广谱（broadspectrum）防晒产品，既能避免晒伤，也能防止晒黑、晒斑和皱纹。防晒品的防晒效果取决于它抵抗 UVA 和 UVB 的能力。SPF（sun protection factor）和 PA（protection grade of UVA）是衡量防晒品防护皮肤免受紫外线伤害能力的参考指数，其指数的高低决定了皮肤可以承受紫外线照射的时间长短。

（1）SPF。SPF 是针对 UVB 的防晒指数，即防护皮肤晒红、晒伤能力的参数指标。SPF 后面的数字代表的是涂抹防晒品后不被晒红、晒伤的有效时间范围，即在阳光下能停留多久而不被灼伤。一般来说，SPF 指数越高，提供的防晒时间越长。但是，许多人误以为指数越高防晒效果越好，所以往往会不补涂或可减少补涂次数，这会增加皮肤晒伤或患皮肤癌的概率。较高的 SPF 指数并不一定意味着更好的保护，防晒率不会随指数的增高成比例增加，而与皮肤类型、使用习惯、个体差异和紫外线环境等有关，具体如下。

1）如果使用正确，SPF15 的防晒霜能抵御大约为 93% 的 UVB、SPF30 约为 97%、SPF50 约为 98%、SPF70 约为 98.5%、SPF100 约为 99%。由此可见，SPF15 和 SPF30 之间的防晒差距较大，而 SPF30 与 SPF50 的防晒差距显著减少。任何防晒品都不能完全阻挡紫外线，所以高于 SPF50 的产品就显得意义不大。此外，SPF 超过 50 的产品添加的化学成分剂量更大，质地更浓厚，对皮肤造成的负担更重，而且刺激性、致敏性和对身体健康的潜在危险性，以及产生痤疮的概率也会增加。

2)为了避免使用SPF指数高的产品,同时能达到安全有效的防晒效果,皮肤科医生普遍建议至少使用广谱SPF30的防晒品,SPF50适合户外活动以及皮肤白嫩、皮肤癌风险较高和有皮肤癌史的人。由于受防护时间、游泳、出汗、擦拭等因素的影响,建议任何类型的防晒品,即使是SPF50或以上的防晒品都应依具体情况每隔2~4 h补涂一次。游泳、户外活动、易出汗的人应选择有防水性的防晒品,并加用卸妆产品,以防堵塞毛孔。

(2)PA。PA是针对UVA的防晒(防黑)指数,PA的防护强度用+表示,后面的+号越多,防护能力越强。如PA+(一般防护)、PA++(中度防护)、PA+++(高度防护)、PA++++(极高防护)。PA值是目前防晒产品的一项重要指标,坚持使用PA高度防护(PA+++及以上)的产品对于防止长波紫外线导致的色素沉着和延缓真皮层衰老具有重要意义。使用注意事项与SPF指数防晒品一样。

相关链接

据国际癌症研究机构IARC的报道,二氧化钛以喷雾的方式使用可能对健康造成威胁,因为它可以被吸入并通过肺部进入血液。所以,使用防晒喷雾时应避免直接喷脸,可喷在手掌中,再以轻轻按压的方式涂抹。

不必要去纠结SPF防晒时间的具体算法,它们是为了产品准确标识而在实验室标准环境下得出的统计数值,可以作为实际使用时的参考。使用者应依当日紫外线的强弱、自身皮肤(类型、状况、肤色)的防晒能力、游泳、户外活动等因素来科学、合理地选择防晒品。

六、按摩介质类

按摩介质类最为常用的是专业按摩膏,专业按摩膏是指可在面部按摩过程中起润滑作用的"油包水"型膏霜类护肤品,其主要成分为霍霍巴油、神经酰胺、橄榄油、乳木果油等。因含有丰富的油分,一般用后需将皮肤清洗干净。专业按摩膏不包含美容院常使用的护肤霜、精华素、护肤油等不需要清洁的按摩介质或产品。

第二节 专业线护肤品与日化线护肤品

美容师常常会被顾客问"美容院的产品与商场卖的有什么不同"或"我一直用的是国际知名品牌，没听说过你们的品牌，你们的产品有什么特别之处"之类的问题。因此，美容师有必要了解专业线护肤品的特点以及与日化线产品的主要区别，给予顾客专业化和个性化的建议与指导，帮助顾客找到更适合自己的产品，并让顾客感觉物有所值。此外，美容师还可以通过专业的推荐，提高产品销售业绩，增加公司和自己的销售收入。

一、专业线护肤品与日化线护肤品的概念

目前，对专业线护肤品的定义并没有一个统一说法。在国际美容界，专业线护肤品（professional skin care line）通常是指在美容院、SPA等美容机构使用的专业产品，在一些皮肤科诊所和医美诊所也同样使用某些专业线护肤品，此外，美容机构使用的医美类和中药类护肤品也可归类为专业线护肤品。在我国，专业线护肤品又称为美容院线产品，日化线护肤品是指专门在商场、超市、专卖店、便利店等销售的大众化的护肤品。

二、专业线护肤品与日化线护肤品的区别

日化线护肤品和专业线护肤品的品牌及产品种类繁多，各有自己的产品理念及独特之处，既有差别又具有一些共同点，目前没有清晰的划分界线。下面以某具有典型代表性的专业线品牌为例，介绍一些功效性专业线产品的典型特点及其与日化线产品的主要区别。需要注意的是，以下描述并不代表所有专业线产品的特点，以下对日化线的描述也不代表所有日化线产品的特点。

1. 市场定位不同

专业线产品主要针对需要改善皮肤问题的群体，针对的皮肤问题范围更加广泛和全面，特别是对敏感性皮肤、痤疮皮肤、色斑、皱纹等问题皮肤的改善，但需要在专业美容师的指导下使用。

日化线产品相对比较温和、安全，同质化现象比较普遍，在有效解决严重或复杂的皮肤问题方面效果相对欠佳，一般以基础的补水、保湿、美白、抗皱等为主，主要针对大众消费者。目前也有少数特别针对敏感和痤疮皮肤的日化线品牌。

2. 对使用人员要求不同

专业线产品主要针对问题皮肤，技术门槛相对较高，均在整形机构、皮肤科诊所、高档 SPA 和美容院等使用。产品公司要求所有使用人员必须经过规范的培训和考核，获取厂家合格证书后才能使用产品。而日化线产品则只需要对销售人员进行一般性美容知识、产品知识及销售技巧培训，对培训合格证书等方面没有特别要求。

3. 产品的分类不同

在国际美容界，专业线与日化线产品最大的不同是很多品牌特别是"医美类"产品都是由皮肤科医生主理，与不同领域的医生、科学家、化学家和皮肤健康美容专家等共同开发，他们有足够的皮肤医学临床经验和科学研究经验，了解患者的需求，产品开发侧重于研究皮肤问题的根本原因及更彻底、全面的解决办法，医学专业性强，而这些主要体现在产品中的分类上。

专业线产品包括医美产品一般分为"仅供专业使用（professional use only）"和"零售（retail）"两大类。前者只限于专业人员包括皮肤科医生、护士、美容师等在治疗或护理时使用，不可出售，此类产品通常含有高浓度的活性成分，pH 值比日化线产品低（特别是医美类），对痤疮等问题皮肤的改善效果更加快速高效，是一般产品不可代替的。此类产品还包括某些特定的安瓿精华液以及专业面膜等。

另外，专业线有专供美容院、SPA 用的"专业装/专业尺寸"（backbar/professional size）的大包装产品。此类产品与零售版本的产品及性能完全相同，只是容量更大。日化线产品主要满足家居护理使用，没有特殊产品或大包装产品。

4. 功效性要求不同

一般专业线产品更加注重护理结果，对产品的功能性要求更加严格，安全性和功效性较有保障，更适合解决各种特殊皮肤问题。这主要与产品中添加了更多数量和更高浓度的活性成分有关，如最大剂量 20% 纯维生素 C 精华液、不同类型的高含量多肽等。此类产品的渗透力更强，效果更加显著。

日化线产品使用人群广，且通常缺乏专业人士指导。为了降低对皮肤的刺激风险，产品研发一般以温和、安全和最大限度地减少负面反应为目标，活性成分的含量和浓度低，大部分产品仅能作用于皮肤表面，渗透浅，适合大众消费者。

5. 原料的来源、纯度等要求程度不同

专业线品牌普遍性的以"植物"为产品创新源头，使用诸如"纯天然""有机""草本""海洋"等宣传用语，体现天然和健康的产品开发理念，往往对成分的来源、等级、纯度、安全性和有效性、配方稳定性等方面的要求较高。为了有效和安全地在皮肤深层发挥作用，许多专业线品牌注重不含或尽量少含合成香料、染料、醇类、防腐剂、矿物油等对皮肤具有潜在敏感和刺激的物质，同时对原料的品质要求也更高。高质量的有机产品对有害成分（包括杂质）的要求更加严格。

相对而言，许多日化线产品为了达到提高感官体验、延长货架期和适合大众消费的目的，可能添加了合成香料、染料、限用性防腐剂等物质，而且对原料的纯度、等级等要求也与专业线产品不同。

6. 销售渠道及方式不同

日化线产品定位是大众消费者，根据品牌及目标人群的定位，多在百货商场专柜、超市或者是批发市场等零售或批发渠道售卖。消费者的购买行为主要取决于品牌与价格两大因素。日化线产品覆盖的人群比较广，知名度与市场占有率比较高，营业规模相对也比较大。

专业线产品在美容机构主要经过美容师的专业推荐或顾客体验后才产生购买行为，基本不靠广告推动，有些高品质产品的针对性与功能性会比日化线更强。同时，专业线产品会有美容师为顾客提供专业的咨询服务与售后使用指导，因此价格相对比一般的日化线产品高。另外，专业线产品不靠广告，只在美容机构里销售，覆盖的顾客会比较少，知名度与市场占有率比较低，市场规模也比较小。

近年来，由于互联网电商平台和短视频直播带货的兴起，无论是日化线产品还是一部分专业线产品，都会通过"爆品"策略来抢占流量，一方面能大大提高产品销售额，另一方面能在品牌的打造和推广上极大地缩短时间。

7. 售后服务不同

专业美容师在推荐专业线产品时不仅会仔细分析顾客的皮肤类型和状况并据此选

择和配搭产品，还要指导顾客正确使用产品，提供全面的售后跟进服务，使顾客用得安全、放心。售后服务包括咨询顾客产品的使用情况、皮肤反应及解答疑难问题。日化线销售一般不提供专业售后服务。

8. 专业线产品性价比更高

对于问题皮肤特别是明显的皮肤衰老、色素沉着和痤疮等皮肤问题，使用或混合使用更高级别的功效性专业线产品，效果往往更加显著，并且性价比可能比注重投入精致包装和品牌营销的大品牌更高。专业线产品一般更加注重经济和环保，没有华丽的包装。另外，无论是专业线还是日化线，都有不同定位、档次和价格的产品，不能单独以价格作为标准来作比较。

相关链接

欧盟有机认证（ECOCERT）是全球第一个"天然和有机化妆品"专业认证机构，其认证标准是目前化妆品领域中最高、最为苛刻的，其要求产品的制造过程、天然成分的来源、有机比例和安全性等方面必须符合严谨规范的要求，禁止产品含有合成香料、染料、对羟基苯甲酸酯、苯氧乙醇等任何有害物质。

第十四章 常见护肤品主要成分与功效

本章主要介绍美容院护肤品中常见的主要成分及功效。护肤品的选择、使用方法和注意事项详见本系列教材的相关内容。

第一节 补水保湿成分与功效

皮肤天然保湿系统主要由天然保湿因子、脂类和水分组成,因此补水保湿类护肤品具有以下特点:一是根据人体天然保湿系统的特点,在护肤品中添加含有类似天然保湿因子和皮脂的人工合成成分；二是在护肤品中添加从动植物中提取的天然保湿物质和油脂；三是采用脂质体保湿载体形式，将保湿功效成分靶向性输送，达到促进透皮吸收的效果。

一、补水和保湿的基本含义

在美容界，补水（hydrating）和保湿（moisturizing）两个术语常互换使用，实际上两者的概念是有区别的。补水成分和保湿成分的作用机理不同，两者分别通过吸湿和锁水来达到补水和保湿的目的。

1. 补水

补水是指补充皮肤水分。补水成分可将水分吸附到皮肤表面，为角质层细胞注入水分，提高角质层吸收水分和营养成分的能力，使皮肤柔软、光滑、有弹性。补水成分是水溶性的，包括天然燕麦、蜂蜜、芦荟、海洋提取物、透明质酸、甘油、尿素等，不堵塞毛孔，适合缺水和任何类型的皮肤。补水产品包括爽肤水、保湿精华液、无油乳液、保湿面膜等。

2. 保湿

保湿是指保持皮肤水分。保湿成分能锁住水分（包括补充的水分），并在皮肤表面形成一层保护膜，防止和减少水分流失，保持皮肤柔软、光滑和滋润。保湿成分是脂质成分，包括神经酰胺、角鲨烷、黄油、霍霍巴油等，保湿产品有润肤乳、润肤霜（膏）、润肤油等，特别适合偏干的皮肤以及使用维A酸、去角质、换肤护理后的皮肤保湿，以及干燥环境和冬季。

许多补水保湿类产品同时具有补水和保湿的特性，各产品因侧重点不同，适应的皮肤、季节、用途及效果也不同。有的产品侧重补水，即含更多的水分、吸湿剂和其他补水成分，不含或少含脂质成分，水分蒸发快，保湿时间短，效果偏清爽；有的则侧重保湿，含更多的封闭剂，水分不易蒸发，保湿时间较长，质地从轻薄到厚重，皮肤更滋润。

二、保湿剂

护肤品中的保湿剂主要分为亲水性的吸湿剂和脂质性的封闭剂,护肤品只有将这两种功能的保湿剂相结合使用,才能达到更加全面有效的补水保湿效果。

1. 吸湿性保湿剂

吸湿性保湿剂具有黏性、水溶性和吸湿性,既能帮助皮肤将水分从真皮层吸收到角质层,也能从周围正常湿度的环境中吸收水分,提高角质层的吸水性和结合水的能力,使皮肤保持湿润。常用的吸湿剂有透明质酸、尿素、甘油、泛醇、胶原蛋白、山梨醇、木糖醇、氨基酸、乳酸、小分子肽、蜂蜜、海藻糖等。

(1)透明质酸。又名玻尿酸,是广泛存在于人体组织中的一种重要天然生物分子,真皮中含有大量的透明质酸。透明质酸属于酸性黏多糖,具有超强的吸湿性和补水储水功能,可结合相当于自身重量1 000倍的水,被称为"海绵分子",是目前最佳的天然保湿成分,对保持皮肤的含水量有重要作用。

护肤品中的透明质酸的提炼包括动物组织提取、微生物发酵和化学合成三种方法。应用时要根据其不同的分子量的特点,并结合先进的渗透技术使透明质酸进入皮肤的不同层次,增加皮肤表面的含水量和保水性,起到立体的补水保湿效果。许多高端产品都含有三种不同分子量的透明质酸。大分子透明质酸有较好的水合性、润滑性、成膜性、锁水性,能在皮肤表面形成一层透气的保护薄膜,防止皮肤水分流失,既能起到补水润滑的作用,也能保护皮肤免受外界有害因素损害,有利于皮肤的自我修复,但其渗透性低;中分子透明质酸可软化角质层,促进后续小分子透明质酸和其他活性营养成分的吸收;小分子透明质酸有的具有亲水亲油性,有的超小分子量,能渗透入皮肤深层,起到深度锁水保湿、紧肤抗皱等作用。

(2)尿素。是皮肤天然保湿因子(natural moisturizing factor,NMF)的主要成分。护肤品中添加的合成尿素具有极好的吸湿性,对表皮层具有补水保湿、锁水、减少经皮水分流失等作用。尿素是天然的去角质剂,能软化溶解角质、提高皮肤的水结合能力、促进其他有效成分的渗透和细胞再生修复、增强皮肤屏障功能。尿素还具有抗菌、抗病毒和抗微生物的作用,可改善湿疹、特应性皮炎、干燥症、牛皮癣和痤疮等皮肤问题。

(3)甘油。又称丙三醇,是一种来源于植物的水溶性黏性液体,是高效的天然保湿剂。它的吸湿和保湿能力强，可使皮肤长时间保持柔软光滑，同时能保护皮肤免受外界有害物的侵害。甘油质地温和，常用于给婴幼儿、老年人、敏感性等肤质使用的护肤品中。在湿度低或干燥的环境中甘油会从皮肤中吸收水分，导致皮肤脱水，当它与其他保湿剂和封闭剂混合使用时，对促进皮肤屏障修复、皮肤创伤愈合、辅助治疗湿疹和干燥症等皮肤病更加有效。

（4）泛醇。又称维生素原 B_5，是一种分子量小、渗透性好的湿润剂，具有强大的吸湿性及保湿功效，能有效地渗透至角质深层，加强皮肤的水合功能，促进皮肤正常角质化，加强皮肤屏障的防御力和修复功能。泛醇还具有抗炎、抗敏、舒缓和促进伤口修复等功效，可预防过敏和发炎，改善皮炎、银屑病等皮肤病的发红、瘙痒、干燥等不适症状。

（5）胶原蛋白。它是皮肤的主要成分之一，有支撑皮肤和锁水等作用。护肤品中的胶原蛋白主要提炼于动物体和生物合成，属于生物大分子亲水基质，不易被吸收，对皮肤主要起到保湿、锁水和润滑的作用。水解胶原蛋白或胶原蛋白多肽的分子小，能有效深入地渗透入皮肤，提高皮肤的保水能力，促进透明质酸的合成和皮肤细胞正常生长，起到保湿、紧肤和修复皮肤功能等作用。

2. 封闭性保湿剂（封闭剂、保水剂）

封闭性保湿剂通常为油脂成分的润肤剂，能在皮肤表面形成一层油脂膜，锁住水分，减少水分经皮蒸发流失。护肤品中的油脂成分来源于植物油脂（橄榄油、霍霍巴油等）、动物油脂（羊毛脂、卵磷脂等）、矿物油脂（凡士林、石蜡油等）、生物脂质（神经酰胺、角鲨烷等）。

（1）角鲨烷。为天然保湿因子、屏障修复成分。角鲨烷是一种存在于鲨鱼等大型鱼肝脏中的天然酯类成分，是亲和力强的高效保湿剂，能调节角质细胞的吸水性和脂质屏障结构，保持角质层含水量，在皮肤表面形成天然的保护屏障，阻止水分经皮流失。它还能有效渗透入皮肤，起到高度保湿滋润、强化皮肤屏障、延缓皮肤衰老等作用。

（2）神经酰胺。是皮肤角质层细胞间脂质的主要成分，它通过在角质层中形成网状结构锁住水分，减少经皮水分流失，促进表皮水合作用，对保持皮肤水分和维持屏障功能正常化起到至关重要的作用。合成神经酰胺具有强大的保湿功效，能起到缓解皮肤干燥脱屑、敏感、修复受损皮肤屏障以及抗衰老的作用。

（3）卵磷脂。是皮肤天然保湿膜中的重要脂质成分，也是良好的天然保湿剂。动物磷脂主要来源于蛋黄、牛奶等，植物磷脂主要来源于大豆（大豆磷脂）。护肤品中的卵磷脂具有较强的亲水性和保湿性，可提高皮肤的含水量、保湿功能、弹性，稳定和修复皮肤屏障，可改善皮肤干燥、敏感问题，并能减少皱纹生成。另外，高端护肤品中的磷脂微囊载体可穿透角质层，将护肤品的有效活性成分载送至皮肤深层而发挥高效的护肤作用。

第二节　美白淡斑成分与功效

美白剂按来源分为合成类、生物发酵类和动植物提取类，其中合成类及生物发酵类产品占据美白剂主要市场。美白淡斑护肤品通常按照黑色素生成和代谢的途径（黑色素细胞生成→转运至角质细胞→随角质细胞移行至表皮浅层→脱落），利用多种美白淡斑成分的不同作用机理，覆盖抑制酪氨酸酶活性、阻断黑色素合成、干扰黑色小体运送、促进角化细胞脱落等多个途径，采用复合配方来达到全面淡化后天性色斑的目的。但一般的美白、淡斑护肤品由于原料配方及技术受限，不能使用复杂整合的多重原料及渗透技术作用于皮肤深层的黑素细胞，淡斑效果通常不理想。

一、抑制酪氨酸酶的活性

酪氨酸酶是催化生成黑色素的关键酶，抑制酪氨酸酶活性能起到抑制黑色素生成的作用。植物提取物中的维生素C及其衍生物、熊果苷及其衍生物、曲酸及其衍生物、谷胱甘肽、原花青素、光果甘草等都是酪氨酸酶的抑制剂。许多美白成分也是抗氧化剂，能使黑色素产生还原反应，从而抑制黑色素合成。

1. 维生素C及其衍生物

维生素C又称抗坏血酸，是一种强的抗氧化剂，水溶性，主要有天然植物提取或合成两种获取途径。护肤品中的左旋维生素C具有多种功效：中和活性氧，起到抗氧化作用；通过抑制酪氨酸酶活性来减少黑色素的合成，起到提亮皮肤、美白淡斑的作用；高浓度维生素C能促进胶原蛋白产生，起到抗皱的作用。但维生素C具有不稳定、易被氧化变黄的特点。

维生素C衍生物亲水又亲油，稳定性更好，具有较强的渗透力，不易被氧化，比水溶性维生素 C 更易被皮肤吸收。维生素 C 衍生物刺激小，除能抑制酪氨酸酶活性外，还能阻断黑色素往角质层运送的路径，以及还原黑色素，从多途径减少色素沉积。其成分包括维生素 C 磷酸镁、维生素 C 棕榈酸酯、维生素 C 糖苷、乙基维生素 C 等。

2. 熊果苷及其衍生物

熊果苷又称熊果素，主要来源于熊果叶和人工合成，水溶性物质，具有多种功能：能通过抑制酪氨酸酶活性来减少黑色素合成，达到美白淡斑效果；具有抗氧化、消炎止痛和修复的作用，常用于烧伤烫伤药中，可加快伤口愈合。熊果苷衍生物包括 D- 熊果苷，维生素 C 熊果苷磷酸酯、脱氧熊果苷等，其美白淡斑的效果更佳。

3. 曲酸及其衍生物

曲酸主要提取于多种真菌，这种弱酸化合物能抑制酪氨酸酶活性，从而抑制黑色素的产生。曲酸还有一定的抗氧化性、抗菌性，可作为护肤品的防腐剂。但曲酸具有对光、热敏感、不稳定、易被氧化的特点。曲酸衍生物一般为油溶性，不易被氧化，对酪氨酸酶有更佳的抑制作用。

4. 谷胱甘肽

谷胱甘肽是人体内自然存在的一种小分子三肽，也存在于西红柿、黄瓜、小麦胚芽等植物、动物肝脏和酵母菌中。谷胱甘肽能通过抑制酪氨酸酶活性而抑制黑色素的生成，起到美白淡斑的功效，同时还具有抗氧化、抗衰老的作用。

二、阻断黑色素转运

黑色素颗粒在基底层的黑素细胞生成后，会通过树状突起转运至邻近的角质细胞，含黑色素颗粒的角质细胞逐渐向表层移行，因此，可在皮肤表面形成肉眼可见的色斑。烟酰胺、传明酸、维 A 醇、维 A 酸、维生素 B_3、亚麻酸、亚油酸等成分可阻止已产生的黑色素向角质层运转和扩散，减少角质层的黑色素沉积，从而起到美白淡斑的作用。

1. 烟酰胺

烟酰胺是水溶性物质，它能阻止黑色素向表皮转运，减少黑色素的沉积，还能促进角质细胞的新陈代谢，进而促进黑色素的分解、脱落，达到美白淡斑的功效。此外，烟酰胺还具有锁水、保湿、修复皮肤屏障、控油祛痘和抗衰老的作用。

2. 传明酸

护肤品中的传明酸通常为合成物质，其分子量小，易被皮肤吸收，既能抑制黑色素的生成，也能阻止黑色素的转运和扩散，起到美白淡斑的作用。此外，传明酸还有抗炎、止血的功效。

3. 维A醇、维A酸

维A醇、维A酸能阻止已形成黑色素的转运和扩散，同时也能加速角质层的代谢，使已生成的黑色素随角质细胞脱落。此外，此类成分还有抗衰老和祛痘的作用。更多的内容详见《美容师（高级）》的换肤内容。

三、促进黑色素脱落

果酸、水杨酸等去角质剂可通过加速角质层细胞的更新脱落，来促进黑色素的代谢，使黑色素随角质层死细胞一起脱落，达到美白淡斑、光泽皮肤的效果。另外，PHA多羟基酸（果酸衍生物，被称为第二代果酸）、LHA辛酰水杨酸（水杨酸衍生物）都具有温和去角质和淡化色素的作用，比果酸和水杨酸温和，不刺激，不致光敏性，更适合较敏感皮肤，但美白效果不及果酸、水杨酸理想。

第三节　抗衰成分与功效

真正有效的抗衰老是促进真皮层胶原蛋白和弹性蛋白的合成，目前大多数抗衰老护肤品不能作用于真皮层，只能对表皮层起到保湿和滋润作用。长期使用含有活肤、焕肤、补充皮肤营养成分的产品，同时减少阳光照射的伤害，能够在一定程度上起到延缓皮肤衰老的作用。

一些活性成分可以通过促进成纤维细胞的生长，来改善肌肤合成胶原蛋白及弹性蛋白的能力，达到改善皱纹及延缓皮肤衰老的功效。如维A醇、维A酸、肽类、玻色因等是已被公认的有效抗衰老成分。此外还有高浓度果酸、干细胞、β-葡聚糖等也是效果显著的抗衰成分。

一、维A醇类

维A醇及其衍生物是目前最有效的抗衰老成分之一，能刺激胶原蛋白的合成，紧致皮肤和增加皮肤厚度，减少皱纹和改善肤质。维A醇也具有去角质的特性，能加速表皮细胞分裂和更新，改善肤色不均和色斑，同时也是治疗痤疮的有效成分。维A醇及其衍生物浓度差异大，它们既是护肤品（如维A醇），也是药品（如维A酸）。对维A醇的详解请见《美容师（高级）》的换肤内容。

二、肽类

肽是一种由两个或两个以上的氨基酸以肽键连接组成的化合物，对人体内多种细胞功能起着重要的生理作用。肽介于小分子的氨基酸和大分子的蛋白质之间，能以氨基酸为底物合成无数种肽。如由两个氨基酸组成的蛋白质片段称为二肽，以此类推，有三肽、五肽、六肽、寡肽（由少数几个氨基酸组成）、多肽（由多个氨基酸组成），不同的肽类化合物发挥的作用也有所不同。

抗衰老多功能活性肽包括棕榈酰三肽-5、棕榈酰五肽-4、胶原三肽等，可促进胶原蛋白、弹性蛋白、透明质酸的增生，从而起到增加皮肤厚度和紧致度、提升皮肤弹力、提高皮肤含水量和减少细纹的作用；乙酰化六肽（六胜肽）、赖氨酸多肽等能抑制乙酰胆碱释放，阻断神经传递肌肉收缩的信号，从而弱化表情纹及细小皱纹的产生。

护肤品中肽成分的来源主要有植物、动物、微生物、海洋生物和合成。其成分温和，分子小，通过高科技载体技术容易透过角质层间隙进入真皮层，发挥有效的抗衰老作用。肽类抗衰老护肤品通常采用含维A醇、保湿剂、抗氧化剂、修复剂的复合配方，以提高抗衰老、抗氧化和保湿的效果。

三、玻色因

玻色因的学名叫羟丙基四氢吡喃醇,是一种提取于山毛榉树的木糖衍生物,护肤品中多以合成为主,温和、不刺激。玻色因能刺激细胞外基质中糖胺聚糖的合成,从而促进真皮层透明质酸的生成,增加皮肤的水合度、滋润度和光泽度。同时,玻色因还能促进表皮和真皮连接处胶原蛋白Ⅶ和胶原蛋白Ⅳ的合成,使表皮和真皮更加紧密贴合,从而起到改善皮肤的紧致度、弹性和细纹的作用。

四、干细胞提取液

表皮干细胞和真皮干细胞是皮肤中存在的两种干细胞,其最主要的作用是具有分裂和增殖的再生能力,可分裂和增殖成纤维母细胞,提升新生细胞的数量,促进胶原蛋白生成,使皮肤紧致有弹性,但目前仅自体干细胞能够用于临床。护肤品中的活性成分主要来源于干细胞提取物,包括动物来源与植物来源,其中植物来源有玫瑰叶、坚果树苗、红米、苹果、葡萄、竹子、褐藻等,动物来源如蜗牛黏液、动物胎盘、脐带血来源间充质干细胞和脂肪干细胞等中提取,能促进胶原蛋白的生长,减少皱纹。目前对于干细胞用于护肤品的安全性尚未完全明确,生产和使用均应在符合国家监管法规的前提下进行。一般而言,含干细胞的护肤品抗皱效果有限。

五、抗氧化剂

抗氧化是预防皮肤衰老的有效手段之一。抗氧化剂除有美白淡斑的功效外,还可清除自由基,保护皮肤,增强细胞的再生能力,从而起到预防和减少皮肤光老化迹象的作用。抗氧化剂还能提高皮肤的免疫抵抗能力,促进皮肤愈合。护肤品中添加的抗氧化成分很多,常见的有维生素 C、维生素 E、多酚类、EUK-134、熊果酸、虾青素、白藜芦醇、富勒烯、辅酶 Q_{10}、肽等。

第四节　抗炎舒缓、修复成分与功效

抗炎舒缓、修复成分可起到镇静、舒缓、保湿、退红、消炎、修复等作用，常用于抗过敏和修复类的产品中，适合敏感皮肤、干燥症、痤疮、光电治疗和换肤后修复以及湿疹、银屑病等皮肤病。抗炎、舒敏成分包括尿囊素、燕麦葡聚糖、甘草酸二钾等，植物提取物包括马齿苋、迷迭香叶、积雪草、北美金缕梅、春黄菊等。很多保湿剂都含有修复成分，包括神经酰胺，角鲨烷、维生素 B_5 等。

红没药醇。是一种有机化合物，这种活性成分主要提取于春黄菊，具有抑菌抗炎的作用。它有较好的稳定性和皮肤相溶性，能预防皮肤炎症及降低炎症水平，减轻皮肤刺激和止痛，促进受损皮肤修复愈合。

尿囊素。呈白色粉末状，是尿素的衍生物。原从紫草中提取，现今多来自合成。它主要有软化角质、消炎和愈合伤口的作用。能促进角质层的水合作用和细胞新陈代谢，保持皮肤湿润，缓解皮肤干燥和刺激，舒缓受损皮肤，加快伤口修复。

马齿苋提取物。具有一定的抗炎消肿、抗过敏、镇静、抗氧化和补水保湿功效；能增加皮肤含水量，修复皮肤屏障，帮助减轻皮肤干燥、湿疹、过敏性皮炎等皮肤炎症反应，抑制致敏源对皮肤的刺激。

第五节　控油、祛痘成分与功效

对粉刺、痤疮的预防和护理主要是通过抑制油脂分泌、疏通毛孔、抑制角化过度和抑菌消炎来达到目的的，护肤品中具有这些功能的成分来自植物提取物和人工合成。《美容师（初级）》的去角质和《美容师（高级）》的换肤内容中详细介绍了有关成分与功效，以下只列举一些常用成分。

一、抑制油脂分泌成分

抑制油脂分泌成分包括果酸、水杨酸、类视黄醇,大豆异黄酮,旱芹籽、甘草、黄檀、牛蒡、虎杖根、知母、绿茶等植物提取物。

二、抗菌消炎成分

抗菌消炎成分包括抗菌肽、过氧化苯甲酰、壬二酸、烟酰胺、红没药醇,甘草、金盏花、芦荟、马齿苋、印度楝叶、积雪草、丹参花及叶或根、黑莓叶等植物提取物。

三、去角质、疏通毛孔、抑制角化过度成分

去角质、疏通毛孔、抑制角化过度成分包括木瓜酵素、菠萝酵素、PHA、LHA、果酸、水杨酸、维A醇、维A酸等。

四、常见致粉刺成分

常见致粉刺成分包括亚麻籽油、椰子油、矿物油、橄榄油、可可脂、羊毛脂、山梨糖醇等。这些成分会堵塞毛孔,导致痤疮,油性和痤疮皮肤应避免使用。

第六节 护肤品的透皮吸收

一、透皮吸收的定义

护肤品的透皮吸收是指产品中的功效成分按产品的有效性作用于皮肤表面或者透入表皮、真皮层并发挥有效作用的过程。透皮吸收的途径主要有三种：第一种是通过角质细胞间隙的被动扩散；第二种是依次穿透角质细胞层的主动吸收；第三种是少量难以通过富含脂质的角质层的大分子物质，可经皮肤附属器汗腺、皮肤腺、毛囊直接透入皮肤。一般脂溶性物质容易透过富含脂质的角质细胞间隙扩散，并易被皮肤吸收；水溶性物质则难以透过角质细胞间隙，难以被皮肤吸收。

抗衰老和保湿成分如果不能深入渗透，对皮肤问题的改善作用不大，因为皮肤屏障是不易渗透的，对进入的物质有高度的选择性。由于角质层屏障坚实紧密，角质细胞间隙均匀狭窄，渗透性较差，所以绝大部分护肤营养成分会被阻挡停留在皮肤表面，只有极少量的小分子和脂溶性有效成分能渗透过角质层进入真皮层。水溶性成分则以表皮的透皮吸收渗透为主，只能在皮肤表面发挥作用，对皮肤深层抗衰老护理并没有多大的作用，如大分子亲水成分玻尿酸、胶原蛋白等（并不需要渗入皮肤深层，只需在皮肤表面发挥作用）。另外，极少量的大分子及脂溶性物质能通过毛孔、汗孔被皮肤吸收。

二、护肤品传递系统

护肤品中的抗衰老和深层保湿等功效成分，必须有效地透过表皮这道屏障，达到相应的作用位置并维持一定的效应时间，才能发挥其生物作用，这需要与皮肤屏障结构相溶性好的媒介、载体等协助才能达到目的。随着高科技的发展，诞生了脂质体纳米微球载体、纳米乳载体制剂等护肤品传递系统。例如，将维A醇及其衍生物、胜肽（又名肽或多肽，它是小分子的蛋白）和透明质酸等功效成分包封于类脂双分子的薄膜中间，形成超微型球状的纳米载体制剂，透过角质层屏障渗入皮肤深层甚至真皮层，有的可经汗腺、皮肤腺、毛囊通道直接渗入皮肤深层，达到功效成分透皮吸收的深层护理效果。

三、影响护肤品透皮吸收的因素

1. 皮肤的水合作用

皮肤的水合作用利于经皮吸收。当提高角质层细胞的角蛋白中含氮物质的水合力后，细胞自身发生膨胀，结构的致密程度降低，物质的渗透性增加，这时水溶性和极性物质更容易从角质层细胞透过。因此，增加皮肤含水量可促进皮肤对护肤品的吸收，如使用柔肤水等。

2. 皮肤屏障功能的损坏或不完整

皮肤屏障功能损坏或不完整的情况下皮肤对护肤品的吸收作用将增强。一般认为角质层是有效物质的渗透被动扩散经皮肤吸收的主要屏障之一，将皮肤角质层清除即皮肤表皮受损情况下，可增加护肤品有效物质的渗透。皮肤在受损时，不管是物理因素还是化学因素均能加速有效物质吸收。此外，皮肤病变会损伤表皮基底膜的结构和微血管的功能，也引起皮肤吸收能力的增强。美容操作中的"去死皮术""嫩肤术"等均利用的是该性质。

3. 环境温度升高，皮肤血流加速

在这种情况下皮肤的吸收率也相应增加，环境湿度大也可使角质层水合度增加而明显提高皮肤吸收率，如蒸汽、按摩、热膜等都是利用这个原理。

4. 护肤品原料

具有与皮肤组成成分结构及性质相似的护肤品原料和配方更容易被皮肤吸收。

5. 光、电美容仪等辅助设备

光、电美容仪等辅助设备可增加护肤品中有效物质的吸收，促进皮肤对护肤品的渗透吸收效应，如美容超声波导入法就是利用机械高频振动作用产生热效应，提高皮肤表面的温度和细胞的通透性，从而促进有效成分被更好地吸收。

相关链接

有人指出不同年龄皮肤的渗透吸收存在差异,年龄越小或年龄越大的皮肤吸收速度与吸收量越多,中间年龄次之。女性皮肤对护肤品的吸收强于男性。皮肤的渗透吸收存在"皮肤生物钟"现象,在一天的24个小时中,由于生物活动的关系,下午3点营养物质吸收丰富,皮肤循环加快,皮肤对护肤品的有效物质吸收能力也随之加强,是一天之中的高峰。所以这段时间做皮肤护理有利于皮肤吸收有效物质。研究发现,人体在睡眠状态下,有利于皮肤对有效物质的渗透吸收。

第十五章
护肤品的安全性

　　护肤品是直接涂抹于皮肤表面，而且是长期反复接触皮肤的物质，其安全性与人的健康息息相关。由于使用不合格化妆品或因对化妆品的选择、使用不当而引起的种种不良反应或危害健康的事例屡见不鲜，这也是引起美容纠纷的主要原因之一。为了向广大消费者提供符合卫生要求的合格化妆品，确保化妆品的质量和使用安全，更好地保护消费者的知情权，我国颁布并实施了《中华人民共和国产品质量法》《化妆品监督管理条例》《化妆品卫生规范》《化妆品标签管理办法》和《消费品使用说明－化妆品通用标签》等法律法规。因此，美容师应该高度重视护肤品的安全性，了解国家相关法律法规，掌握识别合格产品的常识和一定的预防措施。

第一节　如何识别合格、劣质和假冒护肤品

识别护肤品是否合格涉及其安全性、稳定性、使用性能、有用性和符合标签上注明的产品标准等许多方面，这是产品上市所要求的检验检测项目，通常由符合国家有关部门规定或具有资质的检验机构来完成。美容师在选用产品时可以通过感观评估产品的质地、色泽、香气、使用感、包装等方面，必要时可向供应商索要检验报告，来综合识别护肤品是否合格。

一、合格的护肤品应具备的基本条件

1. 质地

从外观上看，合格的乳、霜、膏体结构细腻，均匀一致，无颗粒状或杂质斑点；无油水分离、干缩、发霉或充气等不正常现象。反之则为劣质、变质产品。

2. 色泽

颜色纯正、均匀，无变黄或棕色，颜色与标样一致。

3. 香气

气味符合标签标注的香型，无异味或怪味、发臭，精油等油性产品无油腻味。

4. 使用感

皮肤感觉自然舒适、滑爽。有些高档天然护肤品没有或很少添加润滑剂，刚涂抹时不够滑爽，需要按摩后才均匀、滑爽，这属于正常现象。

5. 包装

合格产品的包装精细、不粗糙；瓶身光滑、无裂痕和疤痕，瓶口无毛刺，瓶盖与瓶身咬合紧密，无松漏现象；包装印刷清晰，色正。反之则可能为劣质或假冒产品。

6. 来源和价格

如果同一产品，在电子商务平台、小店铺或经传销购买的价格与大型商场的价格相差太大，则可能是假冒产品。

二、化妆品标签识别

化妆品标签是指产品销售包装上用以辨识说明产品基本信息、属性特征和安全警示等的文字、符号、数字、图案等标识，以及附有标识信息的包装容器、包装盒和说明书。根据《化妆品监督管理条例》等有关法律法规规定，国家药监局组织起草了《化妆品标签管理办法》，自2022年5月1日起施行。

《化妆品标签管理办法》规定，化妆品中文标签应当至少包括以下内容。

1. 产品中文名称、特殊化妆品注册证书编号。
2. 注册人、备案人的名称、地址，注册人或者备案人为境外企业的，应当同时标注境内责任人的名称、地址。
3. 生产企业的名称、地址，国产化妆品应当同时标注生产企业生产许可证编号。
4. 产品执行的标准编号、全成分、净含量、使用期限、使用方法、必要的安全警示用语。
5. 法律、行政法规和强制性国家标准规定应当标注的其他内容。

具有包装盒的产品，还应当同时在直接接触内容物的包装容器上标注产品中文名称和使用期限。

第二节 护肤品受污染的途径和表现

护肤品在制造过程中（作业环境、设备、工具、包装容器原料等）引起的微生物污染，称为一次污染。由使用者在护肤品使用过程中造成的污染，称为二次污染。

护肤品受微生物污染的表现：微生物一旦侵入护肤品内就能在护肤品中生长繁殖，主要表现为发霉和腐败。真菌只能在护肤品表面繁殖，即所谓发霉；细菌可以在护肤品内部繁殖，即为腐败。一旦出现以下不正常现象，即使在使用期内也要立即停止使用。

变色：原产品鲜艳的纯正，如果被细菌污染会产生色素而变色。

发胀：出现絮状或发散，是由于微生物分解有机物产生气体或产生很难闻的气味所致。

发霉：产品表面形成红、黑、绿等颜色的霉斑，是由于潮湿使霉菌污染护肤品所致。

酸败：产生气泡和怪味，是由于细菌、霉菌等产生有机酸使护肤品 pH 降低所致。

油水分离：是乳化性受到破坏的表现，由于护肤品被细菌或霉菌等污染后，在不同的酶类作用下，可以分解膏体内的蛋白质或脂类，使乳化体受到破坏。

第三节　护肤品的保存方法

护肤品不宜长期保存，一般来说应随买随用，不正确的保存会缩短护肤品的保质期。护肤品的保质期一般为 1~3 年，具体参照产品的标签。许多功能性或天然护肤品很少添加防腐剂，保质期往往较短，一般建议护肤品开盖后 3~6 个月用完。护肤品通常放置在阴凉通风处，在保存时应注意以下六点。

一、防污染

大包装护肤品打开后应分出一部分置于消毒后的小容器中，将大包装按照卫生标准重新封存。使用护肤品时应用消毒的取物棒取出，用后立即旋盖紧瓶盖，防止在使用过程中造成二次污染。此外，不能使用打开包装后存放时间过长的护肤品，以防止因护肤品中的营养物质氧化分解，使用过程中受到外界的污染，细菌或霉菌等微生物大量繁殖引起皮肤发炎、过敏。

二、防晒

强烈的紫外线有一定的穿透力，容易使油脂和香料产生氧化现象并破坏色素，因此护肤品应避光并存放在阴凉干燥处。

三、防热

高温会使护肤品的乳化体遭到破坏,造成脂水分离,粉类及膏类护肤品干缩,使护肤品变质失效。因此,护肤品应在常温或尽可能在 25 ℃以下的环境中保存,有条件的美容院可使用冷藏箱保存护肤品。

四、防冻

如果护肤品保存的温度过低,会使护肤品中的水分结冰,乳化体遭到破坏,融化后质感会变粗、变散,而使护肤品失效。

五、防潮

护肤品应存放在通风干燥的地方,过于潮湿的环境会使含有蛋白质和脂肪的护肤品中的细菌加快繁殖而发生变质。

六、防挤压

护肤品的摆放要有序,防止因挤压而造成包装损坏,使护肤品氧化或污染。

此外,不能使用过期的护肤品。过期的护肤品活性成分已失效,有的成分已被氧化而变成黄色或棕色(如维生素 C),不仅营养失效护理效果不佳,还可能造成皮肤刺激;过期的防晒霜则会失去保护作用;化妆品中的防腐剂失效后容易滋生细菌,会直接影响皮肤的健康。

第五部分
美容美学基础知识

第五部分　美容美学基础知识

"云想衣裳花想容",爱美之心人皆有之。爱美是人的一种精神追求,这个愿望的实现需要依托一定的物质基础和专业技术。为此,求美者通过美肤、美体、化妆、美甲、美睫、文绣等美容活动来塑造美的形象、享受美的愉悦、激发美的信心、憧憬美的未来。可见,美容活动是一门追求美、发现美、创造美、展示美、传播美的艺术活动,为美的探索行动提供了实践平台,创造美是这一活动的核心。

社会的进步就是人类对美追求的结晶。美容美学探索人在美容活动过程中对于美及审美的一般规律,涉及自然美、社会美、艺术美、技术美等审美形态,是应用美学的一个分支,研究它的目的是为美容实践提供理论依据和科学方法。随着美容实践的丰富与发展,美容美学也在不断建构与完善中。

美容师是美容活动的主创者,学习美容美学基本知识有助于美容师了解关于美的基本观念,树立正确的美容审美观,提高美学修养,培养认识美、表现美和创造美的能力,对美容职业价值也有更深入的认识与理解,为爱岗敬业、提升职业成就感打下良好基础。

要点提示

1. 了解美容美学基本概念。
2. 了解和谐、仁善、愉悦等关于美的基本观念。
3. 熟悉自然美、社会美、艺术美、技术美等不同形态美的内涵。
4. 掌握艺术作品创作中的形式层与意蕴层。

关键术语

和谐　仁善　愉悦　自然美　社会美
艺术美　技术美　形式层　意蕴层

第十六章
美容美学概述

第一节　美容美学的概念

一、美容美学是基于美容实践的应用美学

"美学"（aesthetics）从词源上讲是"感性"的意思，美学即为"感性学"。皮肤护理、化妆修饰、美甲美睫等美容活动是让人能感知美、体验美、享受美的实践活动，美容美学是美容实践活动中关于美及审美的理论研究，与医学、艺术学、社会学及心理学等学科有着紧密的联系。

二、美容美学是关于生活的美学

美能引发人愉悦的感受与精神的满足，发现美是一种特殊的能力。美是一种体验，一种感受，也是一种念想，它需要的是被唤醒。美能够治愈内心的慌张，如果有发现美的能力和善良的性情，则能够提亮人生的底色。

美容是探寻生活之美的实践活动，对"美的形象"的追求使人积极向上，更能悦人悦己，让人充满自信，焕发绚烂的生命力，引发人愉悦的感受与精神的满足。"美容"呈现的是高品质的生活方式，是对美好生活追求的践行。

第二节　美容审美活动核心

一、美容活动的本质

花作为自然之物而存在，客观来说并没有审美的价值。而我们之所以觉得康乃馨温馨、玫瑰热情、菊花清雅、兰花高洁、梅花孤傲，是因为人们在赏花时寄情其上，即"美不自美，因人而彰"。"美"离不开人的参与，"情景交融"是一切审美活动的本质。

美容活动也是如此。求美者就像一块璞玉，需要美容师精心雕琢，只有在美容师注入审美和关爱并施以技艺，求美者才能成为"变美的她（他）"。因此，美容活动的本质是在求美者与美容师的协同作用下完成了美容活动，求美者达成了"变美"的目的，即以人体的美为核心，通过维护、美化和提升人的生命健康活力与外在形象气质，实现"健"与"美"的和谐统一。

二、美容审美活动的主客体

人作为美容活动的核心，既是审美的主体，又是审美的客体。当作为被服务对象或者被欣赏的对象（如顾客）时，是美容审美的客体；当处于美容创作或鉴赏他人的角色（如美容师）时，是美容审美的主体。

三、美容美感体验

美容活动是一种艺术活动，其核心是提升顾客的美感体验。容貌变美的喜悦、身心减压的轻松、充满关爱与温暖的美好时光等，这些让顾客获得满足感与幸福感、带来身心和谐、精神愉悦、美丽自信的体验就是美感体验，是审美活动中的心理感受。如 SPA，SPA 中舒适的环境、和缓的音乐、芳香的气味、放松的按摩、清香的花茶等带给顾客的"五感"体验，以及经由服务过程传递的爱的呵护让顾客身心得以放松，精神上感受到愉悦（见图 16-1）。又如形态逼真、浓淡相宜、自然生动的文眉技艺让顾客眉眼立体和谐，面部整体美感提升而更加自信。

图 16-1　SPA 中的身体护理

四、美容审美的个性与趣味

我国著名美学家朱光潜认为，景是个人性格和兴趣的反照。除了个体先天神经生理机制的差异，人的天性、社会角色、审美观及审美眼光等也存在较大差异，因此不同审美主体有着不同的审美个性，正所谓"萝卜白菜，各有所爱"。

审美趣味是指个人在审美活动和审美评价中所表现出来的主观爱好和倾向，是个人的审美偏爱、审美标准与审美理想的总和。受时代、种族、阶级、文化等社会因素影响，不同时代、不同地域环境生活的人有着不同的审美趣味。有影响力的人，能在一定范围内引导大众审美趣味。在当下，每个人都有自由自主的审美观，在这个"一枝独放不是春，百花齐放春满园"的时代，美容师的审美观不仅要有包容性和多元性，更要有健康高雅的审美趣味与艺术修养，这样才能在美容活动中作出正确的审美判断与评价，进行健康的审美引导，创造出更具感染力的作品，提供有审美价值的美容服务。

第十七章
美容的审美形态

　　美容审美狭义上是指人的形体与容貌的形态美，广义上是指人的外在美与内在美的有机统一体，即外在的形体结构、形态功能、美化修饰等，与内在的生理健康、心理状态、个性气质等，处于多样统一的和谐状态。美容的美具体表现为容貌美、形体美、修饰美和气质美等方面，涉及自然美、艺术美、社会美、技术美等审美形态，而和谐、仁善、愉悦是蕴含于其中的核心审美观。和谐是指一个整体中各部分或各个因素间的有机匹配关系，是重要的审美特征；仁善即仁爱与善良，是指不仅要关注外表的美，更要注重内在品行与修养；愉悦是一种令人感觉良好的正面情绪。

第一节　美容的自然美

一、自然美的含义

自然美是指具有审美价值的自然物和现象表现出来的美，和壮美的山川河流一样，人的肌体也是经历了漫长进化后才成为自然界美的结晶。正如英国剧作家莎士比亚所说，人是宇宙的精华、万物的灵长。人体美是自然美中的高级形态。

二、美容的自然美内涵

美容的自然美是指以人的骨骼、肌肉、皮肤、毛发等构成的自然体貌为审美对象，其形态、比例、颜色、质地等方面表现出的形式美感，主要体现在人的容貌美与形体美。人的肌体具有天然的差异性，因地域文化不同，人们对美容的自然美认知也有差别，尽管美容的潮流层出不穷，但追求和谐与健康的自然美是美容活动的永恒主题。

1. 自然美体现"和谐"的审美观

我国美学史论家郭因提出，人与自然、人与人、人与自身的三大和谐，是人类的根本追求。人的生活与大自然保持和谐，人与人之间建立和保持和谐的人际关系，人的穿戴与身形、年龄、身份及外部环境等保持和谐，人体各系统和器官生理功能之间、心灵与行为之间保持和谐等，这些都是让人身心愉悦、生活幸福的重要因素。可见，和谐就是自然美，是最基本的美感。

2. 自然美的核心是肌体健康

健康是指一个人在身体、心理、社会适应性等方面处于良好状态，健康之所以美，是因为它遵循了生命的本质规律。正如古罗马哲学家西塞罗认为"优雅和美不可能与健康分开"，美容的自然美其核心是健康美。从生物医学观点看，健康美整体表现为器官发育良好、功能正常、体格健壮，精力充沛、坐立挺拔、步伐矫健及心理健康等，头面部的健康美体现为面色红润、皮肤光洁、肌肉紧实、毛发光亮、耳聪目明等。

3. 自然美是美容活动的永恒追求

自古以来，人们就用源自大自然的原料与磨制的器具进行美容，无论是我国的刮痧、艾灸等中医自然美容养身疗法，还是西方的芳香疗法及 SPA 等美容自然疗法，或是时下非常流行的沙滩妆、裸妆、野生眉、仿真睫毛、裸色甲等高仿自然型修饰美容，这些美容活动的目的都是追求和谐健康的自然美。

三、人体自然美主要表现形态

1. 容貌美

（1）容貌美的概念。容貌美是人的面容在形态结构、生理功能和心理状态等综合因素下所展现的协调、匀称与和谐等的整体之美，主要包括面型轮廓及眉、眼、鼻、唇、颏等部位的形态及其比例关系和色泽美、肤质美等。容貌能表达人丰富的情感与个性，是人体审美的核心部分。

（2）容貌美的表现形式。

1）色泽美。色泽美是指人体自然色及其之间的一种和谐搭配关系。人体自然色包括肤色、发色、眉色、瞳孔色、唇色、牙齿色等，如唇红齿白。其中皮肤因面积最大而成为关注的重点，肤色受自然气候和人种遗传基因的影响而天生有别，不同肤色的人种审美观也不一样。"肤若凝脂，面如白玉"的描述，我国有以白皙为美的传统，但随着时代的发展，肤色美的观点也在改变，健康自然的肤色才是永恒的美。

2）肤质美。肤质美是指皮肤呈现的健康美与年轻态，主要表现为紧致红润、光泽柔和、质地均匀、毛孔细小、富有弹性等。暗沉、色斑、暗疮、粗糙、过敏等皮肤瑕疵会在一定程度上影响肤质美，美容皮肤护理和营养保健是皮肤保持肤质美的重要途径。

3）比例美。头面部的比例美是指脸型轮廓与五官之间的尺度关系协调，主要表现为五官端正、对称均衡等。中国古代画论《写真古诀》中就总结出面部横向与纵向之间审美的比例关系，即"三庭五眼"比例规律（见图17-1）。

4）轮廓美。容貌的轮廓是指脸部骨骼与肌肉所建构的体面关系，主要由脸型轮廓、五官轮廓及其比例关系构成。对于女性来说，轮廓美是指线条流畅柔和、形态对称、比例协调。容貌的外形轮廓分为正面轮廓与侧面轮廓。正面轮廓是指以面部正面为视角，由圆脸、方脸、长脸、鹅蛋脸、瓜子脸、梨形脸等脸型轮廓，以及额头、颧骨、眉型、眼缘线、鼻部、唇缘线、下颌及耳朵等各部位结构线构成。侧面轮廓则是由4个"S"形的曲线组成，即额到鼻尖，鼻尖到上唇缘，上唇缘到下唇缘，下唇缘到下颌底，如图17-2所示。

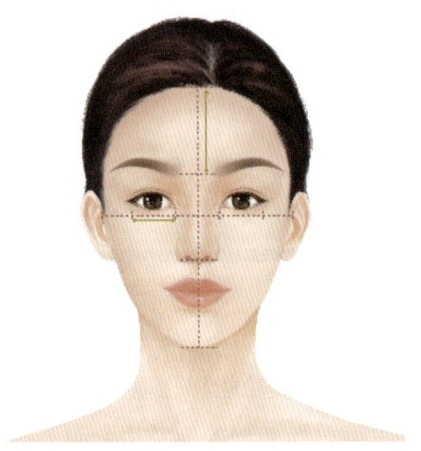

图17-1 三庭五眼

图17-2 侧面轮廓图

5）立体美。立体美是指面部轮廓及五官所构建的空间层次及明暗对比关系。如饱满的额头、挺拔的鼻梁、深邃的眼睛、圆润的颧骨、丰满的嘴唇、微翘的下颌等在脸型的轮廓映衬下高低起伏、错落有致。此外，浓密长翘的睫毛和栩栩如生的眉毛突出于体表，其向外延伸的姿态增加了眉眼的立体感，增添了容貌的美感度。美容化妆的核心就是通过调和面部及五官的立体感来修饰美化面容。

6）表情美。"回眸一笑百媚生，六宫粉黛无颜色"，表情神态能体现出人内心丰富的情感。人的长相千差万别，不同的心境流露出不同的表情，自然、愉悦、真诚、善意的表情能打动人、感染人。

7）头发美。人的头发在面部审美中占据非常显眼的位置，发量、发质、发色和发型影响着容貌美。健康光泽、浓密的秀发能体现出人体健康美和生命活力，而发型及发色与头型、脸型、职业、年龄等适宜才能产生和谐之美。

2. 形体美

（1）形体美的概念。形体美是指人的身体在形态结构、生理功能和心理状态等的综合因素下，所展现出的肌体形态比例和谐、充满生机活力的美。具体表现为形态完整、形体对称、比例均衡、线条柔和、动姿协调等。形体美分为静态的体型美和动态的体姿美。人的形体主要由头颅、肩颈、胸廓、腰部、臀部、四肢等部位构成。其中，骨骼是形体美的基础，端正的脊柱能体现良好的精神面貌，能展示身姿挺拔之美；肌肉和脂肪是形体美的直观体现，健硕丰满的肌肉能体现力量之美，适度的脂肪能呈现整体轮廓的柔和之美；光洁的皮肤能焕发肌体的质感之美。

（2）形体美的表现形式。

1）形态美。头颅：长宽合度，脸型端正。颈部：粗细适中，肩颈线条流畅。两肩：对称圆润，无耸肩、垂肩或缩肩。胸廓：男性胸部结实挺括，胸肌发达；女性乳房丰满挺拔，肌肤细腻，乳头红润，形如圆锥状或碗状。腰臀：腰部呈扁圆形，男性腰肌壮实，女性纤细柔韧。臀部：肌肉对称，结实而有弹性，半圆弧形线条流畅。四肢：男女皆为柱形，上粗下细，肌肉结实、线条流畅；女性双腿修长、小腿肚的部位稍高和丰满。手足：女性皮肤光滑细腻饱满，手指纤长，指甲健康红润。

2）比例美。身体的比例是否匀称协调是衡量体形美的重要指标，体现在身体各部位构成的关系比例中，包括头与身、上身与下身、身高与体重、体脂与肌肉以及体围之比等。"黄金分割率"是形体比例美的重要标志，例如，肚脐在人体美学中是身长的一个重要黄金分割点，膝盖骨是大腿和小腿的黄金分割点，肘关节是手臂的黄金分割点等。

3）轮廓美。男性身体直线条多，肌肉分明，肩宽体阔，整体呈"V"形，体现出阳刚与健美；女性身体曲线起伏多变，整体呈"S"形，体现出优雅与柔美。女性的三围（胸围、腰围、臀围）是构成女性身体轮廓美的主要标志。女性体内脂肪含量是影响女性身体轮廓美的重要因素，正常的脂肪含量使轮廓线圆润柔和，富于曲线之美，脂肪过少则显得干瘪、病态和老气，脂肪过多则显得体态臃肿，更有损健康。

4）体姿美。"娴静时如娇花照水，行动处似弱柳扶风"，《红楼梦》中描写的林黛玉，除了静态美之外，动态中也风姿绰约。当人体的头、颈、躯干及四肢处于有节奏、有韵律的运动中时，便能体现出身体良好的仪态与韵味，鲜明生动地传递内心丰富的情感，展示出人的体姿美。例如，

图17-3 米隆雕塑《掷铁饼者》

希腊雕塑家米隆作品《掷铁饼者》（见图 17-3），把运动中人体的和谐、健美和青春的力量表达得淋漓尽致。

把人体视作为自然物进行审美时，人们一般会按依照"先轮廓，后形质"的审美顺序及习惯，即按照全身轮廓、局部轮廓（头部五官轮廓等）、肌肤、毛发等顺序审视人体之美，对称匀称、比例和谐则是最基本的尺度和标准。

第二节　美容的艺术美

一、艺术美的含义

在审美活动中，高级且典型的形式是艺术美。艺术美一般是指艺术作品的美，存在于造型艺术、表演艺术、综合艺术、语言艺术等具体的艺术形式中，是创作者根据其审美经验、审美趣味、审美理想对现实生活进行创作的产物。艺术美来源于生活，高于生活。

二、美容艺术美的内涵

美容的艺术美主要指美容艺术作品的美，即顾客通过美容后呈现的新形象、新面貌。主要体现在两个方面：第一，人化的自然形象，即通过美容美体等手段适度地保养与美化形象，是人自然美的另一种艺术表达；第二，风格化的艺术形象，即通过化妆、发型及服装服饰等造型手段，突出形象的个性化特征和艺术表现力。此外，美容作为一项商业艺术活动，其艺术美感还体现在营造一种和谐美的整体氛围，例如，职业化的员工形象、温馨体贴的技术服务以及美容技术呈现的美感等（见图 17-4）。

1. 美容艺术美追求人化自然

人化自然即人工自然。自然界的风吹雨打、岁月的沧海桑田，都会在人的脸上、身体上留下痕迹，通过皮肤护理、生活日妆等美容方式可以修复印迹、美化形象。人追求自然形象，其本质是对健康美的追求，也是对美好青春的致礼。

图 17-4 面部肌肤护理

2. 美容艺术美受艺术风格的影响

艺术风格是作品整体呈现出的具有代表性的独特面貌，艺术风格具有稳定性与多样性，在绘画、雕塑、音乐、建筑、服装等领域都有具体的形式呈现，其多样性也丰富了人们对美容艺术美的理解。例如，古希腊的雕塑艺术被誉为"高贵的单纯，静穆的伟大"，以其为代表的"沉静、朴素、理性、单纯"被视为古典艺术风格的基调。在古典风格的化妆造型中，也应遵循单纯、平衡、简洁等形式美法则，妆容自然纯净、肤色白皙洁净，面容轮廓清晰，线条流畅，简洁而精致，体现高贵、文雅、沉静的形象气质。

3. 美容艺术美是一种综合的美感体验

美容活动中的 SPA 是一种典型的综合美感体验，项目针对人的视觉、听觉、味觉、嗅觉、触觉等"五觉"进行形式要素的艺术设计，温馨的环境、美妙的音乐、适宜的温度、宜人的芳香、整洁的用品等，能营造一种和谐的艺术氛围，这种舒适自然的气息，让人安享其间，流连忘返。

让顾客悦耳悦目，是一种初级的美容美感体验，然而美容师的专业素养、悉心周到的服务以及精湛的美容技艺，更是一种高级的美容美感体验。不仅能让顾客的形象焕然一新，更能让顾客感受到真诚、关爱与尊重，让顾客悦心畅神。正如明代美学大师李渔所说"乐不在外而在心"，让顾客沐浴在艺术与人文交织的美容氛围里、沉浸在和谐、愉悦和仁善的情感交流中，让顾客在精神层面得到真正的满足，这便是美容艺术美的魅力。

4. 美容艺术美应超越功利性

美容活动同时也是一种商业活动，隐藏在美容背后鱼龙混杂的价值观、审美观也悄然转化为消费商品及各种营销噱头，一些承载着太多的商业利益的商品会让顾客权益受损，美容师需要有双"拨开云雾见青天"的慧眼，保持正确的审美观及独立性，才能超越功利性，创造健康、高雅的美容作品。

5. 美容艺术美遵循形式美规律

色彩、线条等感性物质要素，按照一定的规律组合便能显现出美的特性，这种规律就是形式美规律。在美容审美活动中蕴含着丰富的形式美规律，例如，关于身体的审美，横向上优先选择对称与均衡的结构关系为视点，纵向上特别以黄金分割比例为审美依照。而面部的化妆，其用色与肤色、发色及服饰色密切相关，它们之间蕴含着节奏与韵律的关系。理解和掌握这些形式美规律美容师提高审美感知力与鉴赏力，在实践环节有助于提升美容技术美的艺术表达。

三、美容艺术美的形式美规律

1. 整齐一律

整齐一律是最简单的形式美，包含"单纯"与"齐一"两个基本要素，各构成要素保持高度的一致性，给人以秩序感。例如，在阅兵式方阵中，战士们整齐划一的着装、步伐、眼神及口号声，在视觉上与听觉上整齐一律，体现出气势如虹的壮美。

整齐一律在美容活动中体现在整洁有序的环境、美容师统一规范的形象、整齐有序的物品摆放等方面。在美容技法中，体现在法式甲微笑线在幅度、均匀度的一致性等方面，如图17-5所示。

2. 对称与均衡

图17-5 艺术美甲作品

对称是物体在中心线的两侧呈现一种相等的关系，给人稳定感、秩序感、庄严感、神圣感。均衡则是物体在中心线的两侧有差异，但在形体、色彩、质地等诸多方面大致相等，在量感方面平衡，均衡是稳定的，又是活泼生动有规律的。在艺术美甲设计中常用对称与均衡法则来构图，如图17-6所示。

图 17-6 美甲图案的对称式与均衡式构图

人体几乎就是一个完全对称的肌体,对称均衡的形体给人以完整、健康、平稳、安静和谐的视觉美感,因此对称是人体美的首要因素,也是所有美容技术的操作的重要依据。在美容化妆中,眉毛、眼影、腮红、口红等在形态、位置、颜色、体量上的对称性是重要的技术指标。在矫形化妆时,往往通过色彩与线条去修饰不对称的形态,调整到均衡状态。

3. 对比与调和

法国哲学家狄德罗提出"美是关系"。对比与调和是相互依存的关系,对比是指在差异中突显对立,通过强调差异性、突出个性,以达到生动的艺术效果;调和是指在差异中趋向一致,通过强调共性,加强同质要素间的联系,使对象获得和谐统一的艺术效果。对比与调和体现在线、形、体、色、光、质等形式上,表现在其组成的浓淡、疏密、虚实、繁简等关系中。例如,女性的"三围"因高低起伏的形态对比而体现出生命律动与曲线美,容貌因"明眸皓齿"等的色彩对比而显得明艳与灵动。在美容化妆中,常用粉底色的明暗对比关系来突出面部的结构,凸显立体效果,为了使这种效果显得自然,需要通过色彩的调和来淡化明暗交界线,形成浑然一体的自然结构关系,如图 17-7 所示。

4. 比例与尺度

比例是对象各部分之间、各部分与整体之间的大小关系,以及各部分与细节部之间的比较关系。尺度是对象的整体或局部与某种特定标准之间的大小关系。早在古代,人们就总结出许多关于比例与尺度的审美规律,例如,希腊毕达哥拉斯学派提出的"黄金分割率"被公认为是最能引发美感的比例关系(见图 17-8),而"三庭五眼"则被认为是关于容貌美的最佳比例关系。比例与尺度的合理规划与设计应用,能让人产生和谐的美感。例如，修饰化妆与美容整形术就是依据人体美的比例关系，对比例失调的面部及五官进行比例及量感的调整，使其达到更加趋于完美平衡的状态。

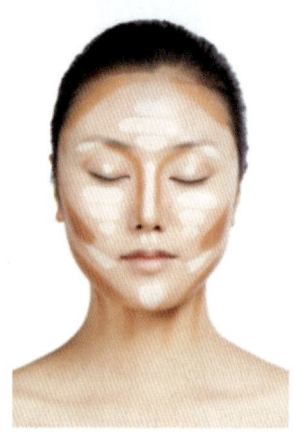
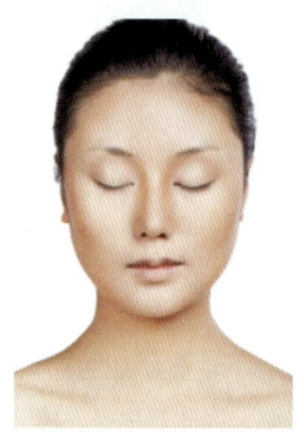

图 17-7　粉底明暗色对比与调和关系

图 17-8　达·芬奇油画《蒙娜丽莎》中的"黄金分割率"

5. 节奏与韵律

节奏与韵律都是指相同因素的不断出现，构成事物的整体性、秩序性、规律性和生动性。节奏是有规律、比较简单的重复。韵律是有变化的重复，如连续、渐变、交错、起伏等。例如，在身体按摩过程中，美容师调整呼吸，与顾客同频共振，身体带动四肢及手部顺着顾客身体结构而起伏变化，在轻与重、快与慢、高低起伏及不断重复变化中，演绎出有秩序的节奏感和优美的韵律感，与背景音乐有机融合、相得益彰，达到趋于完美的艺术境界，给顾客带来身、心、灵放松和美好舒适的审美体验。

例如，以花卉和如意纹样为设计元素的美甲图案设计中，在五个指甲的不同位置进行方向、比例大小以及色彩搭配上的变化组合，便形成了动态化的节奏与韵律，如图 17-9 所示。

6. 多样统一

多样统一综合了上述各个形式美的要素，既保持事物的千差万别，又体现出共性与整体感。多样统一是形式美中最普遍的规律，同时也是最高原则。它体现出一种丰富多彩与协调统一的美感，所谓大美，即和谐之美。

图 17-9　多种元素的节奏与韵律

人之所以是大自然中最具美感的动物，是因丰富多彩的构成元素形成了多样协调人体的美态。例如头面部流畅立体的轮廓、挺拔秀丽的鼻子、光洁亮丽的皮肤、红光满面的气色、深邃明亮的眼眸、卷翘浓黑的睫毛、深浅交织的眉毛、唇红齿白的嘴巴、飘逸灵动的长发等形态，这些功能、质感、色彩各异又协调统一的五官、毛发构成了充满和谐又个性十足的面容，体现出丰富多彩而又协调统一的高级美感。

第三节　美容的社会美

一、社会美的含义

社会美是指存在于社会生活各领域的一切事物之美，是由人的社会实践活动等构成的社会生活美。包括文化美、环境美、人文美等多种体现方式。如果说自然美侧重于鲜明的形象和生动的形式，那么社会美就以表现丰富的内涵见长。人是社会关系的总和，因此社会美的核心是人的美。

二、美容的社会美内涵

美容的社会美主要是指人在社会生活中表现出的精神风貌之美，广义上是指人的个人气质风度与时代的审美风尚，狭义上是指美容师通过技术和服务提供给社会关于形象美的产品，这种职业属性具有社会美的价值。

1. 人的气质风度是美容的社会美主要体现形式

人的内在气质风度美是高级形态的美，它体现着人类社会的文明与进步，是社会美的主要表现形态。美容可以通过特定的技艺，助人增强其特殊的个性气质，重塑人的气质风度之美。

2. 美容审美观体现一个时代的风貌

人的审美观受社会文化、民族心理等诸多方面的影响，集中在一起便体现为一个时代的审美风尚。不同历史时期有不同的审美风尚，美容审美观也不断地在发生变化。就人体本身的审美而言，几千年来也绕不开"肥"与"瘦"的纠葛，作为身体形态互为对照的两极，此消彼长，各领风骚，成语"环肥燕瘦"就体现了审美风尚的变幻多姿与时代性。现代人们更加重视身体的健康，各种美容保养与健身健美活动盛行，健美的身材已然成为审美风尚，健康美才能展现这个时代的精神风貌。

3. 精湛技艺与优质服务是美容社会美的核心关键

在美容活动中，美容师精湛的技艺能给顾客带来靓丽的形象，优质的服务能给顾客带来愉悦的感受，可以使顾客容光焕发、倍添自信，给社会带来美的价值。精湛技艺体现为高雅的审美趣味、精湛的技能等，优质服务体现为优雅得体的举止、和蔼亲切的态度、温婉柔和的语调等，这些都体现了美容师的职业行为美、职业语言美、职业素养美等，彰显出美容师职业丰富的社会美属性，如图17-10所示。

图17-10　美容技术与服务

三、人的气质风度美

我国著名画家黄永玉说:"人呢,最美好的东西是品行、气质。"气质是人在其全部心理活动及行为中所体现出的较为稳定的心理特征,包含文化修养、审美情趣、意志品格、精神境界等要素。风度是人内在气质的外在显现,表现为个人特有的言谈举止、仪容姿态等。气质风度美是指在社会人际交往过程中,人的言行举止、体态神情、着装打扮体现出的人内在的精神风采美。气质风度美超越了具体的人体形态美,闪耀着灵性之光。

1. 气质风度美的含义

(1)气质美首先是心灵美。现代美学家宗白华说:"一切美的光是来自心灵的源泉;没有心灵的映照,是无所谓美的。"可见心灵之美是人内在美的核心。人的心灵世界是丰富多彩的,包含着理想、道德、信仰、兴趣等思想情感,体现了特定的人生观、世界观、价值观。对理性"求真"的科学精神,仁爱"持善"的道德觉悟,与超越物质功利追求"达美"的审美情怀等,即为心灵美的核心内容。

(2)气质美其次是修养美。修养美包含着一个人的文化知识、生活态度、情感心理、社会经历、兴趣爱好、言谈举止及行为模式等。"腹有诗书气自华",文化水平在一定程度上影响着人的气质,丰富的社会阅历也滋养着人的气度,所谓"历经沧桑终不改,洗净铅华呈素姿",是一种丰厚而耐人寻味的内心安然之美。

(3)气质美最后是个性美。所谓个性,即指某个人或某个群体在外表或行为上所带有的独特气质和特征。不同的时代与种族群体,常有着其特有的共同审美趋向,中华民族具有勤劳、勇敢、善良、仁义等民族气质美,"刚健笃实,辉光日新"体现了中华民族人格美的美学思想。现实生活中每个人的性格各有不同,有的开朗活泼,有的沉稳淡定,有的粗犷豪放,有的温文尔雅,无论哪一种性格都有自己的美感存在。美是多元化的,美容师应该接受、欣赏和创造多元化的美。

2. 气质风度美的外在呈现

(1)神情之美。"神情"是指人的表情动作所呈现出的神韵。人通过眼神、微笑、语言等,传递出情绪及思想感情,拉近人与人的距离。美容师关切的眼神、专注的神情、温暖的笑容等,能体现出对顾客的尊重、关爱、真诚,如图17-11所示。

（2）举止之美。英国哲学家培根认为："在美方面，相貌美高于色泽美，而优雅合适的动作之美又高于相貌之美，这是美的精华。"人的行为举止是一种修为，是人在社会化过程中习得的，一方面来源于内心真实的情感，另一方面又是社会交往须遵守的礼节礼貌。优雅得体的行为举止是个人修养与风度的最直观表现，如图 17-12 所示，美容师在工作中举止应文雅得体、礼貌待客，做到"站有站相，坐有坐相"。

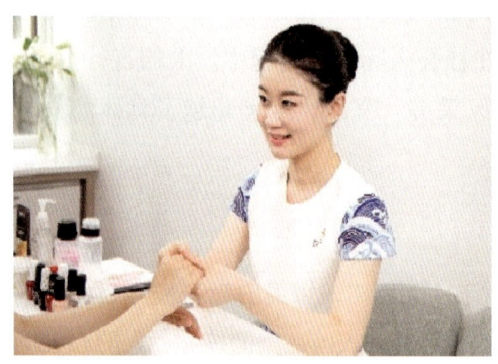

图 17-11　美容师的神情

图 17-12　美容师的举止

（3）装扮之美。装扮之美在于和谐。人的着装与妆发既要与年龄、身材、容貌、肤色等生理特点及职业身份协调，也要与出入的场合、担任的角色及周围环境相和谐。既要扬长避短，自然得体，也要体现出独特的个性之美。美容师的装扮应整洁大方、素净文雅，如图 17-13 所示。

图 17-13　美容师的装扮

参考文献

1. 叶朗.美学原理［M］.北京：北京大学出版社，2009.
2. 胡家祥.审美学［M］.修订版.北京：北京大学出版社，2010.
3. 柯汉琳.美的形态学［M］.2版.广州：中山大学出版社，2008.
4. 刘悦笛.东方生活美学［M］.北京：人民出版社，2019.
5. 张晓梅.中国美容美学［M］.成都：四川科学技术出版社，2002.
6. 刘荣志.美容解剖学与组织学［M］.3版.北京：人民卫生出版社，2020.
7. 中国就业培训技术指导中心.美容师（基础知识）［M］.北京：中国劳动社会保障出版社，2005.
8. 裘炳毅，高志红.现代化妆品科学与技术［M］.北京：中国轻工业出版社，2016.
9. 何黎.美容皮肤学［M］.北京：人民卫生出版社，2008.
10. Michalak M，Pierzak M，Kr ecisz B，et al. Bioactive Compounds for Skin Health: A Review［J］. Nutrients，2021（13）：203.
11. Cheryl M Burgess. Cosmetics dermatology［M］. Springer，2004.
12. Burns D，Breathnach S，Cox N，et al. Rook's textbook of dermatology［M］. 8th ed. Oxford, UK：Wiley-Blackwell，2010.

湛的技术而求"美"，只能是纸上谈兵。技术的练就是熟能生巧的过程，一门高超的技术需要经过千锤百炼，需要有"匠心精神"，正如"庖丁解牛"带来的启示，技术的最高境界是"技术即艺术"，只有在美容技术与艺术和谐统一时，才能创造出真正的美。

四、现实的相对性与绝对的理想化相统一

黑格尔在美的定义中阐述：美就是绝对理念的感性显现。作为美的创造者，美容师在努力追求完美的同时，也要清醒地认识到绝对的理想化与现实的相对性之间的关系。由于人的生理条件、美容产品及美容技术等方面的差异性和局限性，任何一个产生于现实中的美容结果，都不可能达到绝对完美的效果，这种绝对的完美只能出现在人的理想之中或影视艺术作品里。美容师和顾客都必须理解和接受人身体上的瑕疵和不完美，认同美容的相对性和局限性。

五、时尚与经典和谐共生

时尚又称流行，指在一定时期内社会上或一个群体中普遍流行的，并为大多数所仿效的生活方式或行为模式。美容实践是生活美学很重要的呈现方式，它从一定程度上体现着时尚。美能创造流行，但流行并非总是美的。正如老子说："天下皆知美之为美，斯恶矣。"这个"非美"论告诉我们，"美"不是一种教条，也不只有一种范式，它没有共性标准，如果不加辨别的遵奉、追逐与模仿的结果就会呈现"东施效颦"的丑态。

经典作品经过时间的沉淀和风雨的洗礼，是具有典范性和权威性的。同时，审美趣味是具有流变性的，昨日的时尚和流行，转眼成为今天的历史。美是有鲜活的生命力和特立独行个性的，适合自己的才是最美的，这个世界也因为多样共生而美。美容师应潜心领悟经典作品背后的逻辑，把握好时尚流行内涵，不盲目追从，在美容活动中将时尚与经典有效结合，才能创造出经典且更有价值的美容作品。

第二节　美容艺术的审美创造法则

一、自然美与社会美相融合

人具有自然属性，即人自身的生理结构特点、个性特征等形成了人的自然美，但人同时又是高度社会化的生物，只有将个性化的自然美与社会美自然融合，才能创造出美容的整体和谐之美。在化妆设计等美容活动中，美容师除了要仔细观察顾客的自然外貌特征，还应悉心了解顾客的身份、职业、年龄、个性特征、审美趣味等社会属性，这样创作出的艺术形象才能既表现个性的自然美，又符合角色所蕴含的社会美。

二、艺术美与社会美密不可分

艺术创作的作品总是来源于生活，而高于生活。在社会活动中人们需要美化自己的形象以符合自身社会角色的需求，从而营造一种得体的氛围。例如，婚礼中的新娘新郎，晚宴中的女士和先生，职场中白领蓝领，舞台表演的主角配角，商业广告中的女模特和男模特，节日狂欢中的歌者舞者等，这些充满了生活意趣和审美情感的人物角色蕴含着丰富的社会美，美容师只有在这些生活场景中去细心观察、用心领悟，才能创作出更好的作品。

三、技术美与艺术美有机结合

美容技术是将人变得更美的艺术实践，美容技术与艺术有着天然紧密的联系。从美容审美角度看，艺术是形而上的理想与观念，"美"是美容技术的出发点和终极目标，无论是美容修饰还是美容护理，偏离"美"的技术或者只关心技术不求"美"的观念都是错误的。技术是形而下的路径与方法，是达成"美"的梦想的阶梯，没有精

4. 光影与光源色

光照的角度与光源的冷暖对化妆造型效果都会产生一定的影响。光影与光源色所形成的独特造型艺术语言常用在化妆及摄影作品中。通过运用妆色的明暗变化来强化面部及五官的光影关系，可使面部轮廓及五官变得立体生动。在人像摄影作品中，光能渲染一种浓烈的氛围，传递富有诗意的造型效果，表达创作者富有意蕴的思想情感。

二、意蕴层

意蕴是指深藏在艺术作品中的内在含义与意味，其表达方式含蓄而内敛，蕴含着创作者丰富的思想情感和高超的艺术修养，是艺术作品的灵魂。

1. 作品具有多义性、模糊性与朦胧性

透过作品的形式层所表现出的主题思想，需要观察者仔细探究与用心感悟，才能体会出其中的意境与神韵。如达·芬奇的作品《蒙娜丽莎》，其中，蒙娜丽莎的微笑看上去时而端庄优雅，时而安详严肃，时而略带忧伤，因其意蕴的宽泛性与不确定性，而被称为"神秘的微笑"。

2. 作品表达形而上的哲思或诗情

"立象以尽意"是中国传统的哲学与美学观，"象"与"意"，即外物形象与内心情意的结合。观齐白石名画《蛙声十里出山泉图》，可闻不可见的"蛙声"使人产生无限联想，凸显出"画有尽而意无穷"艺术魅力，如图 18-3 所示。

在美容艺术创造活动中，每一个作品都应该既有形式层，又有意蕴层，其审美表达既符合形式美规律，又能做到内涵层次丰富，或诗情画意，或富有哲思。

图 18-3 齐白石《蛙声十里出山泉图》

图 18-1　同一人物的不同色彩产生的不同情调（图片提供：赵伟月）

3. 材料与质感

如果说色彩与感情相关，那么材料的选用则与作品的质感和美感息息相关。作品创作过程中材料的质地、品质和肌理效果等直接影响其艺术表现力。美容师在艺术创作中应了解和掌握不同材料的特质和特征，充分发挥材料的特性及表达力。例如，在美甲艺术作品中融入水钻、珍珠、金箔、贝壳、亮粉等不同质感的材料和贴饰，可以形成风格迥异的艺术美甲，给人以不同的视觉美感，如图 18-2 所示。

图 18-2　不同肌理效果的沙龙甲

第一节　美容艺术作品创作中的层次结构

艺术作品可分为"外在因素"及"意蕴"两个层次：外在因素是指直接呈现给人们看的形式层；意蕴则是一种灌注生气于外在形式的内在主题，是使形式显得更有价值的内容。富含意蕴的艺术作品往往能将人感官的愉悦带入悦心悦意的层面，是更高一级的审美感知。

在美容修饰性审美创作活动中，应遵循造型艺术的创作特点：一方面要考虑形式的美感，追求"有意味的形式"，在创作中把握线条、色彩、材料、光源及光色等造型的"外在因素"，运用对称均衡等形式美法则，结合顾客的美感诉求去完成创作；另一方面，要注重美容艺术作品的"意蕴"的设计，创作主题内容立意要深远，情趣要健康，品味要高雅。

一、形式层

1. 线条与轮廓

描绘对象的美从轮廓开始，线条是表现轮廓最直接的方式，它既可确定物体形态的轮廓线，也是造型中细节描绘的主要手段。线条的形式丰富，蕴含着情感，直线与折线给人以力量和方向感，而且曲线与弧线则充满着跳跃和弹性。例如，在化妆设计中，柔美弯曲的柳叶眉能表现女性的温柔妩媚，而棱角分明的小刀眉则体现出女性的英武之气。

2. 色彩与感情

从色彩心理学角度讲，不同的颜色可以引起人情绪的不同反应。例如，不同颜色与材质的服装能表达出人物的不同情调，白色呈现朴素、金色呈现华贵、银色呈现典雅（见图18-1）。因此，美容师也应将这种色彩与情感之间的关联性带入相关的造型设计中，让作品更能打动人。

第十八章
美容艺术的审美创造

作为美容活动中美的创造者，美容师首先要有一颗爱美的心，善于在生活中去追求美、发现美和欣赏美，理解不同形态美的丰富内涵，按照"形式美的规律"，遵从"美容艺术的审美创造法则"，运用美容的专业技术与方法去创造美、展示美、传播美，并在此过程中让自己和顾客获得美的感受和喜悦。

之产生共鸣,从而自然地呈现出打动人心的卓越服务,创作出具有灵魂、生命力、感染力的美容艺术作品。

图 17-21　美容师对顾客的关爱

性，更具有叠加性、延续性、隐性和延迟性等特点。修饰类功效美则直接显现出扬长避短、美化形象、立竿见影、方便省时等方面。

2. 精细美

人体本身就像是一台精密的仪器，美容师进行护理时的严谨专注、细致耐心、精准操作展现的是一种精细美。例如，文绣中根根分明、线条流畅、生动细腻、层次丰富、宛若天生的野生眉（见图17-19），美甲中设计精妙、构造精巧、描绘精美、装点精致的装饰艺术甲等。这些令人惊叹的精微之术背后则是心灵手巧的美容师对技艺完美、极致的执着追求。匠人匠心、至诚至精是美容技术美的灵魂。

3. 艺术美

护理类美容技术的艺术美主要体现在面部、身体按摩操作时，美容师在音乐的伴奏下，不仅操作姿态优美、动作协调、手法娴熟，如行云流水，给顾客带来美妙的体验感，其操作本身也呈现一种令人赏心悦目的艺术美感。修饰类美容技术的艺术美主要体现在对美化修饰后呈现的自然逼真、精致和谐；或个性的图案、缤纷的色彩、漂亮的形态呈现的艺术风格美，如图17-20所示。

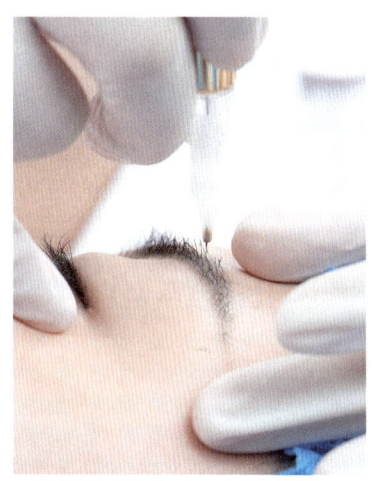

图17-19　精细的文绣技艺

图17-20　精美的艺术彩绘甲

4. 情感美

情感美是指在美容服务过程中，美容师将认真负责、一丝不苟、无微不至的工作态度和对顾客的关爱融入自己的专业技术中，给顾客带来满足感，给自己带来成就感与幸福感，如图17-21所示。这种美的情感能提高技术表现力，带动顾客的情感并与

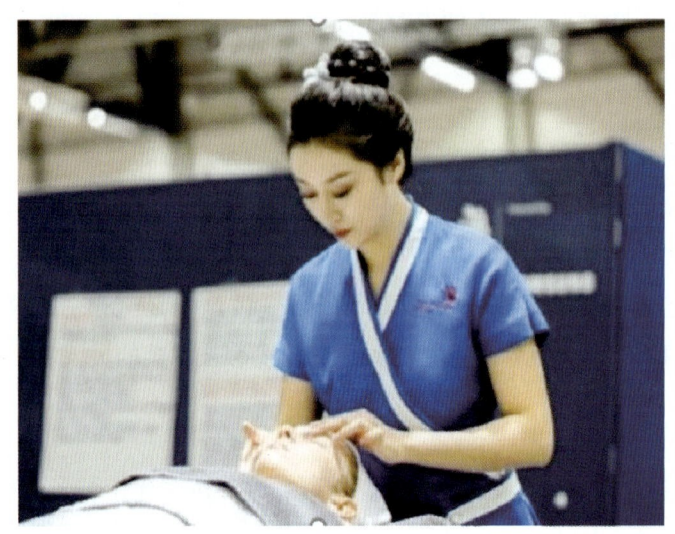

图 17-17　世界技能大赛美容项目冠军王珮在比赛现场

三、美容技术美的特性

美容技术主要分为护理类和修饰类。从技术特点及展示性角度而言，美容美体等护理类技术主要呈现的是规范性、有序性、娴熟性、流畅性、精美性、艺术性、功效（能）性与情感性等技术美特点；化妆、文绣、美甲、美睫等修饰技术呈现的是功效（能）性、展示性、美观性、艺术性等技术美特点。其中，规范、有序、功效（能）是技术美的基础层次，精细、艺术、情感是技术美的高级层次。热石疗法技术中展现的艺术与情感，如图 17-18 所示。

美容技术美的特性主要体现在以下几个方面。

1. 功效（能）美

美容技术美的核心是要具有功效（能）性，护理类功效（能）美体现在美化容颜、延缓衰老、放松身心、美体塑身等妙手回春的功效（能）上，其功效有一定的及时性和外显

图 17-18　热石疗法中展现的技术美

2. 美容技术蕴含丰富的情感表达

在美容活动中,每一件精美的美容艺术作品、每一次令人愉悦的美容体验,都蕴含着美容师对工作的热爱、对职业的敬畏、对顾客的关爱、对美和技艺的执着追求等丰富的情感表达。例如为美容师专注地为顾客涂眼膜,如图 17-15 所示。

3. 科技的发展是美容技术美的驱动力

科技可使美容的技术美效果更加突显。美容产品结合介入外源性的光、电、波等物理仪器,能快速改变皮肤的吸收、排泄等功能,各种高分子材料化妆品的更新换代可以使化妆技术日趋精湛。科技

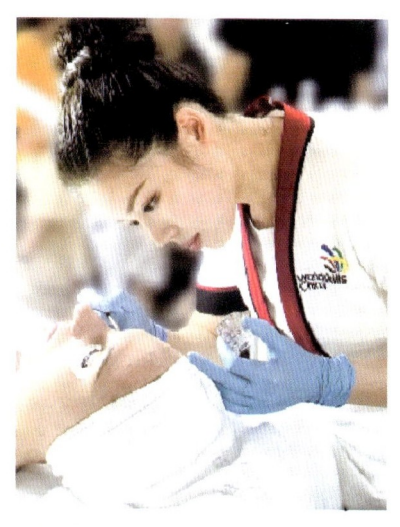

图 17-15　专注地为顾客涂眼膜

的发展为美容技术赋能,也为人的美增添着光芒,成为美容技术美的"隐形翅膀"。例如,美容师利用微电流仪为顾客进行颈纹护理,如图 17-16 所示。

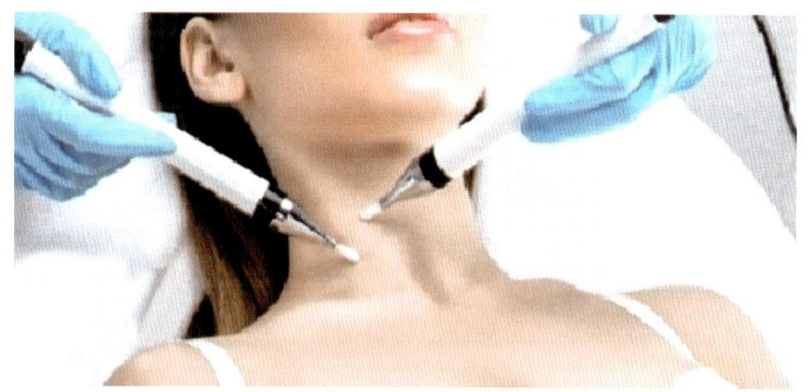

图 17-16　利用微电流仪进行颈纹护理

4. 美容技术美的传承和创新

纵观美容实践的历史,前辈们不懈努力所创造发明的各种美容技术、积累的丰富经验、研究的专业知识与传承的实用技艺,成就了美容行业无数的能工巧匠。她(他)们的精湛技术实现了广大求美者的梦想,美容技术也随着行业的不断进步和健康发展日趋完善与精湛。例如,美容面部护理技术展示,如图 17-17 所示。

第四节　美容的技术美

一、技术美含义

技术美广义而言是社会美的一个特殊领域，研究的是工业、建筑、服务等各个技术领域的审美因素，技术美要求在产品的设计与生产中，把实用的要求与美感的表达统一起来。"技无大小，贵在能精"，技术美的核心在于精其道，其价值在体现功效（能）。

二、美容的技术美内涵

1. 美容是技艺并重的审美活动

美容是美容师通过美肤、美体、化妆、美甲、美睫、文绣等技术手段和审美经验，按照形式美法则，对影响人整体形象的某些审美缺陷进行修护、修饰和再塑造，以达到更加健康、对称、均衡、协调等美观的视觉形象的活动过程。美容技术形态蕴含着丰富的美感表达，这种特殊的艺术创作形式更需要精湛的技术来支撑，这技术与艺术密不可分。例如，浑然天成的文绣技艺，如图17-14所示。

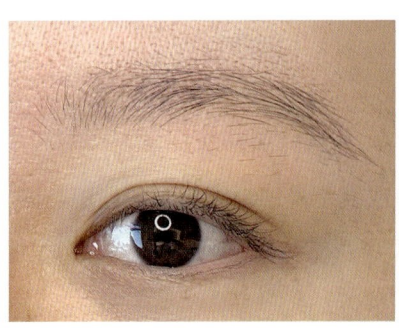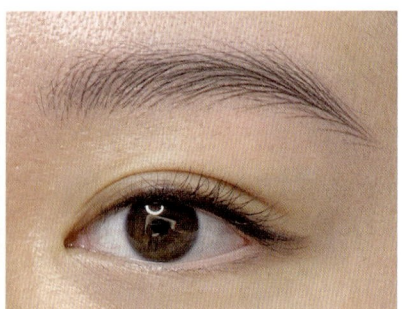

图17-14　文绣前后对比图